光学材料の屈折率制御技術の最前線
Frontiers of Refractive Index Control in Optical Materials

《普及版／Popular Edition》

監修 渡辺敏行，魚津吉弘

シーエムシー出版

まえがき

　2008年に全国でFiber To The Home（FTTH）の普及率がADSLを上回り，家電量販店では大型の液晶ディスプレーやプラズマディスプレーが売り場面積の大部分を占める状況になった。近い将来，遠く離れた地点とも大画面のディスプレーを介して，リアルタイムで情報のやりとりができるようになるであろう。このような現代社会における情報通信，情報表示，情報記録技術を支えているキーマテリアルが光学材料である。

　この光学材料の開発には電磁気学，光学，物理学，有機化学，無機化学，高分子科学，機械工学等幅広い分野の知識が要求される。本書では，光学材料を扱うさまざまな分野の方が読まれることを想定して，基礎編（第1編から第3編）として基礎理論，光学特性計測方法，屈折率精密制御という光学材料開発の土台になる部分と，その応用編（第4編）として，光学材料の開発状況に関するトピックスをそれぞれの分野で著名な研究者の方々にご執筆いただいた。

　基礎編の部分はできるだけ長期に渡って，教科書的に使用できるような題材をピックアップした。この分野の著書としては1998年に刊行された季刊化学総説「透明ポリマーの屈折率制御」（日本化学会編，企画・編集：井手文雄ら）が有名であるが，それ以降明らかになった材料設計の考え方を多数盛り込むようにした。

　特に，光学材料の実装技術と関連する，屈折率精密制御に関する実例は本書でも力を入れて執筆していただいた部分である。

　また，光学材料の将来像として，光学材料の発展を担っていく新しい概念を第5編に組み入れた。残念ながら，フォトニック結晶に関する項目を織り込めなかったが，この部分に関しては同じシーエムシー出版より刊行の計画があるようなのでそちらを参考にしていただけたらと思う。

　本書がこれから光学材料を扱う研究者の参考になれば幸いである。

2009年4月

渡辺敏行，魚津吉弘

普及版の刊行にあたって

　本書は2009年に『光学材料の屈折率制御技術の最前線』として刊行されました。普及版の刊行にあたり，内容は当時のままであり加筆・訂正などの手は加えておりませんので，ご了承ください。

2015年5月

シーエムシー出版　編集部

執筆者一覧（執筆順）

渡辺　敏行	東京農工大学　大学院共生科学技術研究院　教授
魚津　吉弘	三菱レイヨン㈱　東京技術・情報センター　アソシエイトリサーチフェロー
梅垣　真祐	慶應義塾大学　理工学部　電子工学科　教授
谷尾　宣久	千歳科学技術大学　総合光科学部　バイオ・マテリアル学科　准教授
近藤　高志	東京大学　大学院工学系研究科　マテリアル工学専攻　准教授
斎藤　拓	東京農工大学　工学部　有機材料化学科　教授
大谷　幸利	東京農工大学　大学院共生科学技術研究院　准教授
高橋　聡	㈱科学技術振興機構 ERATO-SORST　小池フォトニクスポリマープロジェクト　応用グループリーダ
安藤　慎治	東京工業大学　大学院理工学研究科　物質科学専攻　教授
入江　菊枝	三菱レイヨン㈱　情報デバイス開発センター　光学材料グループ　主任研究員
杉原　興浩	東北大学　多元物質科学研究所　准教授
戒能　俊邦	東北大学　名誉教授
黒田　和男	東京大学　生産技術研究所　教授
服部　俊明	三菱レイヨン㈱　中央技術研究所　機能材料研究グループ　主任研究員
長島　広光	三菱エンジニアリングプラスチックス㈱　技術本部　開発センター　材料開発グループ　主任研究員
楠目　博	帝人デュポンフィルム㈱　開発センター　第1開発室　グループリーダー
小野　光正	帝人デュポンフィルム㈱　フィルム技術研究所　フィルム研究室　グループリーダー
小原　禎二	日本ゼオン㈱　総合開発センター　高機能樹脂研究所　所長
小島　弦	㈱産業技術総合研究所　ナノテクノロジー研究部門
青崎　耕	旭硝子㈱　化学品カンパニー　統括主幹技師
村越　裕	NTT アドバンステクノロジ㈱　営業本部　第四営業部門　担当課長

村田 則夫	NTTアドバンステクノロジ㈱ 先端プロダクツ事業本部 光プロダクツビジネスユニット 技術アドバイザー
上野 信彦	㈱三菱化学科学技術研究センター 機能商品研究所 光硬化樹脂設計技術室長
村井 幸雄	日揮触媒化成㈱ ファイン総合研究所 A&I研究所 A&I名古屋分室室長
後藤 顕也	東海大学 開発工学部 教授;㈰科学技術振興機構 ERATO-SORST 小池フォトニクスポリマープロジェクト 研究顧問
谷口 孝	東レ㈱ 研究本部 顧問
岡 渉	住友ベークライト㈱ 神戸基礎研究所 研究部 主任研究員
後藤 英樹	住友ベークライト㈱ FKZプロジェクトチーム 主席研究員
楳田 英雄	住友ベークライト㈱ FKZプロジェクトチーム 主任研究員
内山 昭彦	帝人㈱ エレクトロニクス材料研究所 テーマリーダー
カランタル カリル	日本ライツ㈱ R&Dセンター 専務執行役員
山下 友義	三菱レイヨン㈱ 研究企画推進室 主席研究員
熊谷 吉弘	新日本石油㈱ 研究開発本部 中央技術研究所 化学研究所 情報化学材料グループ チーフスタッフ
高松 健	HOYA㈱ ビジョンケアカンパニー レンズテクノロジーセンター 開発部 ゼネラルマネジャー
梅田 倫弘	東京農工大学 大学院共生科学技術研究院 教授
田中 拓男	㈰理化学研究所 基幹研究所 田中メタマテリアル研究室 准主任研究員
高原 淳一	大阪大学 大学院基礎工学研究科 准教授
吉田 哲也	綜研化学㈱ 研究開発センター商品開発室 主任研究員
神山 三枝	帝人ファイバー㈱ 新規事業推進プロジェクト ナノファイバー推進チーム ナノファイバー推進チーム長;研究開発部門長付 技術主幹

執筆者の所属表記は,2009年当時のものを使用しております.

目 次

序論　　渡辺敏行……1

第1編　基礎理論

第1章　基礎理論Ⅰ　フォトニクスの基礎　　梅垣真祐

1　はじめに……7
2　マクスウェルの方程式から導かれる波動方程式とその解……7
3　屈折率と2つの媒質の境界での光波……9
　3.1　屈折の法則……9
　3.2　フレネルの公式……9
4　フレネルの公式からわかる基本事項……12
　4.1　偏光角……12
　4.2　全反射……12
　4.3　楕円偏光……13
5　複屈折……14
　5.1　均一な異方性媒質中の光伝搬……14
　5.2　結晶と複屈折……15
　5.3　複屈折性を用いた光素子……16

第2章　基礎理論Ⅱ　光学ポリマーの屈折率制御・高透明化・エイジング　　谷尾宣久

1　はじめに……18
2　屈折率制御……18
　2.1　屈折率と分子構造……18
　2.2　光学ポリマーの屈折率予測システム……20
3　高透明化……22
　3.1　高透明化のための高次構造制御……22
　3.2　高透明化のための分子設計……24
　　3.2.1　光散乱損失と分子構造……24
　　3.2.2　ポリマーの分子構造と光吸収損失……25
　　3.2.3　高透明化のための分子設計……26
　3.3　光学ポリマーの透明性予測システム……26
4　光学ポリマーのエイジング……27
5　おわりに……28

Ⅰ

第3章　基礎理論Ⅲ　外部電界による屈折率の制御　　渡辺敏行

1 屈折率と分子分極率および分子配向との関係・・・・・・・・・・・・・・・31
   1.1　はじめに・・・・・・・・・・・・・・・・・・31
   1.2　屈折率 n_X の導出・・・・・・・・・・・33
   1.3　屈折率 n_Y の導出・・・・・・・・・・・35
   1.4　屈折率 n_Z の導出・・・・・・・・・・・36
2 膜厚方向の分極処理による屈折率制御・・・・・・・・・・・・・・・・・・・・・・・・37

第2編　光学特性計測方法

第1章　屈折率測定法　　近藤高志

1 臨界角法・・・・・・・・・・・・・・・・・・・・・・・・45
2 最小偏角法・・・・・・・・・・・・・・・・・・・46
3 液浸法・・・・・・・・・・・・・・・・・・・・・・・・47
4 干渉法・・・・・・・・・・・・・・・・・・・・・・・・48
5 楕円偏光解析法（エリプソメトリ）・・・・50
6 プリズムカップリング法・・・・・・・・・・・・52

第2章　複屈折の発現機構　　斎藤　拓

1 はじめに・・・・・・・・・・・・・・・・・・・・・・・55
2 複屈折について・・・・・・・・・・・・・・・・・55
3 複屈折の発現要因と特異性・・・・・・・・56
4 配向複屈折と歪み複屈折・・・・・・・・・・58
5 一軸延伸中の複屈折挙動・・・・・・・・・・60
6 弾性変形回復と複屈折・・・・・・・・・・・・61
7 複屈折の波長依存性・・・・・・・・・・・・・・62
8 おわりに・・・・・・・・・・・・・・・・・・・・・・・62

第3章　液晶ディスプレイのための2次元複屈折計測　　大谷幸利

1 はじめに・・・・・・・・・・・・・・・・・・・・・・・64
2 複屈折・偏光特性評価法・・・・・・・・・・65
3 分光偏光分散計測法・・・・・・・・・・・・・67
4 ミュラー行列偏光計・・・・・・・・・・・・・・71
5 ストークス偏光計・・・・・・・・・・・・・・・・72
6 おわりに・・・・・・・・・・・・・・・・・・・・・・・73

第3編　屈折率精密制御

第1章　プラスチック光ファイバー　　　高橋　聡

1　光ファイバーについて······77
2　プラスチック光ファイバーの特徴······79
3　プラスチック光ファイバーの開発······81
4　GI形POFの屈折率分布形成技術······83
5　おわりに······86

第2章　量子化学計算に基づく屈折率と波長分散の予測技術　　　安藤慎治

1　はじめに······88
2　低分子有機化合物・光学ポリマーの物性予測······88
3　おわりに······93

第3章　屈折率分布型プラスチックロッドレンズ　　　入江菊枝

1　はじめに······95
2　屈折率分布型ロッドレンズアレイの結像原理······95
3　色収差低減のための材料設計······97
4　プラスチックロッドレンズの製造方法······102
5　低色収差プラスチックロッドレンズの光学特性······104
6　ロッドレンズアレイの用途······105
7　おわりに······105

第4章　ポリマー光回路　　　杉原興浩

1　はじめに······107
2　ポリマー光回路材料······107
3　ポリマー光回路簡易作製技術······109
　3.1　複製技術······110
　3.2　フォトブリーチング······110
　3.3　直接描画······110
　3.4　直接露光······111
　3.5　自己形成······111
4　簡易評価技術······111
　4.1　カットバック代替技術とエレメント評価チップ······111
5　ポリマー光導波路を用いたコネクター例······113
6　おわりに······114

第5章　非線形光学材料にかかわる屈折率制御　　戒能俊邦

1　まえがき······················116
2　EO効果とEOポリマー材料········117
3　EOポリマーの光導波路化···········123
4　EOポリマーの応用················124
5　あとがき·······················125

第6章　フォトリフラクティブ材料　　黒田和男

1　はじめに······················127
2　電気光学効果··················127
3　フォトリフラクティブ効果··········128
4　縮退2光波混合と光増幅··········131
5　おもな材料····················132
　5.1　LiNbO$_3$····················132
5.2　BaTiO$_3$······················133
5.3　Sn$_2$P$_2$S$_6$·····················134
5.4　化合物半導体················134
5.5　有機ポリマー材料·············135
6　位相共役鏡···················136

第7章　光硬化性樹脂による光波制御フィルム　　服部俊明

1　はじめに······················140
2　微細相構造···················141
3　相構造の光学特性··············142
4　光波制御素子への応用例·········144
5　おわりに······················145

第4編　光学材料の特性・開発状況
〈材料・素材〉

第1章　光学用ポリカーボネート　　長島広光

1　はじめに······················149
2　光学レンズ用PC················149
3　位相差フィルム・導光板用PC······151
4　光学用特殊PC··················153
5　おわりに······················154

第2章　光学用フィルム—バックライト用反射フィルム，偏光散乱フィルム—　　楠目　博，小野光正

1　はじめに······························155
2　バックライト用反射フィルム········155
3　偏光散乱フィルム······················157

第3章　シクロオレフィンポリマー　　小原禎二

1　シクロオレフィンポリマー············161
2　光学用プラスチック····················162
3　COPの特長······························162
3.1　吸湿性······························163
3.2　複屈折······························164
4　おわりに································165

第4章　フッ素系樹脂　　小島　弦，青崎　耕

1　フッ素元素の特徴······················166
2　各種フッ素樹脂の特性················166
3　透明フッ素樹脂「サイトップ」········168
3.1　オプト分野への応用性··············169
3.2　オプト以外の分野への可能性······170

第5章　高屈折率ポリイミド　　安藤慎治

1　はじめに······························172
2　含硫黄ポリイミドの分子設計と屈折率···························173
3　含硫黄ポリイミドの屈折率と分散係数の関係······························179
4　今後の展開································181

第6章　光部品の光路結合用接着剤における屈折率制御技術　　村越　裕，村田則夫

1　はじめに······························183
2　光路結合用接着剤の屈折率制御技術···183
3　光路結合用接着剤の主な特性········186
4　光路結合用接着剤の応用例············188
4.1　PLCと光ファイバーの結合········188
4.2　PLCに挿入された光フィルターの固定······························189
4.3　LN導波路と光ファイバーの結合···189
4.4　光導波路形成用樹脂················189

5 おわりに······190

第7章　高屈折率光硬化ナノコンポジット材料　　上野信彦

1 開発背景······192
2 光硬化樹脂ナノコンポジット材料の意義······193
3 ナノ粒子の種類と物性······193
4 MCRCの高屈折率ナノコンポジット材料紹介（開発中）······194
5 今後の課題と展望······197

第8章　金属酸化物ナノ粒子を用いたコーティングと屈折率制御　　村井幸雄

1 はじめに······199
2 金属酸化物ナノ粒子を用いたハードコート······199
　2.1 熱硬化型ハードコート······200
　2.2 UV硬化型ハードコート······201
3 ハードコート剤の屈折率制御······202
4 金属酸化物ナノ粒子の屈折率制御······202
5 金属酸化物ナノ粒子を用いたプライマーコート······203
6 今後の課題······203

〈用途展開・製品〉

第9章　光ディスク材料（ポリマーカバー）の光学特性　　後藤顕也

1 はじめに······205
2 マレシャル基準やストレールの定義について······205
　2.1 点像強度分布（point spread function：PSF）······206
　2.2 ストレールデフィニション（Strehl Definition, Strehl Ratio）······206
　2.3 マレシャルの規準（Maréchal Criterion）······206
3 半導体レーザービームを対物レンズで極限まで絞り込む······207
4 許容波面収差はレンズ開口数とポリマーカバー厚とその厚さ誤差精度で決まる······207
5 光ディスクピックアップヘッドに適用するMaréchal Criterion······209
　5.1 CD用ピックアップ······210
　5.2 DVD用ピックアップ······211

5.3 HD DVD用ピックアップ……211	8 光ディスクのワーキングディスタンスと表面付着塵埃……214
5.4 BD用ピックアップ……212	
6 ビーム傾きによるコマ収差劣化……212	9 おわりに……215
7 光ディスク生産方式……213	

第10章　精密光学用プラスチックレンズ　　谷口　孝

1 はじめに……217	2.2.2 耐摩耗性……219
2 光学用プラスチック……218	2.2.3 光学特性……219
2.1 透明プラスチック材料……218	2.2.4 成型性……221
2.2 精密光学用プラスチックレンズ材料……219	2.2.5 表面加工……221
2.2.1 耐光性……219	2.2.6 生体適合性……222

第11章　ディスプレイ用プラスチック基板　　岡　渉，後藤英樹，楳田英雄

1 はじめに……224	2.2 耐熱性……226
2 開発品の特性……225	2.3 光学特性……226
2.1 低線膨張率化……225	3 おわりに……228

第12章　位相差フィルム　　内山昭彦

1 はじめに……229	……233
2 位相差フィルムの機能……229	5 位相差フィルムの広帯域化……233
3 位相差フィルムの種類……231	6 まとめと今後の課題……236
4 位相差フィルムとLCD広視野角化の関係	

第13章　液晶バックライト用導光板の光学　　カランタル　カリル

1 はじめに……238	4 光学反射素子の導光板……239
2 印刷素子の導光板……238	5 光学偏向素子の導光板……242
3 エッチング素子の導光板……239	6 光学偏光素子の導光板……242

7	光整形プリズム･･････････243
7.1	LGP 入光面微小光学系による入射光の整形･･････････243
7.2	LGP 裏面入光近傍のインコヒーレント回折格子による光整形･･････244
8	おわりに･･････････245

第14章　プリズムシート　　山下友義

1	はじめに･･････････247
2	屈折型プリズムシートを用いた BL システム･･････････247
3	全反射型プリズムシート（Total Reflection Prism Sheet：TRPS）を用いた BL システム･･････････248
4	プリズムシートに対する要求性能･････250
5	高輝度全反射型プリズムシート（Y タイプ TRPS）･･････････250
5.1	高輝度 TRPS･･････････250
5.2	超高輝度 TRPS･･････････251
6	TRPS を用いた LED 高輝度バックライト技術･･････････252
6.1	小型モバイル用 TRPS･･････252
6.2	TRPS を用いたモバイル用 LED-BL の開発･･････････254
6.3	サーキュラー型 TRPS-LED バックライト･･････････256
7	おわりに･･････････256

第15章　視野角拡大フィルム　　熊谷吉弘

1	はじめに･･････････258
2	位相差フィルムの種類と製法･････････258
3	液晶フィルム･･････････259
3.1	液晶フィルムの種類と配向構造･･･259
3.2	「日石 LC フィルム」シリーズ･････260
4	視野角拡大フィルム･･････････261
4.1	TN モード用液晶フィルム･･････261
4.2	ECB モード用液晶フィルム･･････262
5	おわりに･･････････264

第16章　眼鏡用レンズ　　高松　健

1	はじめに･･････････265
2	プラスチック材料の分子構造と屈折率, 分散･･････････266
3	眼鏡レンズ用高屈折率プラスチック材料･･････････266
4	プラスチック眼鏡レンズ高屈折率化の流れ･･････････267

第5編　ナノテクノロジーを利用した屈折率制御と新規光学デバイス

第1章　ナノフォトニクスデバイス～複屈折コントラスト近接場顕微鏡による観測～　　梅田倫弘

1 はじめに ···················· 273
2 近接場光学顕微鏡の構成 ········ 274
 2.1 SNOM の観測モード ········ 274
 2.2 プローブ ················ 274
3 複屈折近接場光学顕微鏡 ········ 275
 3.1 複屈折分布の取得条件 ······ 275
 3.2 高速複屈折計測法 ·········· 276
 3.3 装置構成 ················ 277
4 液晶薄膜の分子配向観測 ········ 278
5 AFM ナノラビングによる液晶薄膜デバイス ···················· 280
 5.1 AFM ナノラビング直接配向法 ··· 281
 5.2 実験結果 ················ 281
6 おわりに ···················· 283

第2章　プラズモニック・メタマテリアル　　田中拓男

1 はじめに ···················· 285
2 メタマテリアルの構造 ·········· 285
3 可視光用メタマテリアルの設計 ··· 287
4 メタマテリアルの新光学素子への応用 ························ 291
 4.1 反射抑制素子への応用 ······ 291
 4.2 メタマテリアルを用いた屈折率制御 ······················ 292
5 おわりに ···················· 293

第3章　プラズモニクス　　高原淳一

1 はじめに ···················· 295
2 プラズモニクスとは ············ 295
3 プラズモニクスの特徴 ·········· 296
4 プラズモニクスの物理的原理 ···· 297
5 プラズモニクスの最近の話題 ···· 300
 5.1 ナノイメージング ·········· 300
 5.2 金属微粒子とホットスポット ··· 300
 5.3 ナノ光導波路 ············ 301
 5.4 発光・受光デバイス ········ 301
6 おわりに ···················· 302

第4章 バイオミメティック

1 高分子コロイド微粒子結晶を用いた構造色発色・・・・・・・・吉田哲也・・・・・・304
　1.1 はじめに・・・・・・・・・・・・・・・・・・・・・304
　1.2 構造発色のメカニズム・・・・・・・・・・304
　1.3 3次元コロイド結晶の作製法・・・・・305
　　1.3.1 キャピラリー移流集積・・・・・・305
　　1.3.2 電気泳動・・・・・・・・・・・・・・・・・・・307
　　1.3.3 高濃度コロイド・・・・・・・・・・・・・307
　1.4 発色に影響する因子・・・・・・・・・・・・309
　1.5 色材への応用・・・・・・・・・・・・・・・・・・310
　1.6 おわりに・・・・・・・・・・・・・・・・・・・・・・311
2 光干渉構造発色繊維モルフォテックス®・・・・・・・・・・・・・・・神山三枝・・・・・・313
　2.1 緒言・・・・・・・・・・・・・・・・・・・・・・・・・・313
　2.2 発色原理・・・・・・・・・・・・・・・・・・・・・・313
　2.3 繊維化技術・・・・・・・・・・・・・・・・・・・・314
　2.4 モルフォテックス®の特徴・・・・・・・316
　2.5 用途開発状況・・・・・・・・・・・・・・・・・・317
　2.6 今後の展開・・・・・・・・・・・・・・・・・・・・318
3 モスアイ型反射防止フィルム・・・・・・・・・・・・・・・・・・・・・魚津吉弘・・・・・・319
　3.1 はじめに・・・・・・・・・・・・・・・・・・・・・・319
　3.2 テーパー状アルミナナノホールアレイの作製・・・・・・・・・・・・・・・・・・・・・・・・321
　3.3 モスアイフィルムの光インプリント・・・・・・・・・・・・・・・・・・・・・・・・・・・・・・323
　3.4 反射率と写り込み・・・・・・・・・・・・・・324
　3.5 大型ロール金型を用いた連続賦形・・・・・・・・・・・・・・・・・・・・・・・・・・・・・・324
　3.6 おわりに・・・・・・・・・・・・・・・・・・・・・・325

序論

渡辺敏行＊

　屈折率の精密制御は光学材料を扱う研究者にとって長年の課題である。特にフラットディスプレーや光通信，あるいは情報記録に有機・高分子材料が利用され，その機能が高度化してくると，様々な理由で屈折率の絶対値，複屈折，屈折率波長分散，屈折率分布を精密に制御する必要性が生じてくる。本書はこのような光学材料の屈折率制御に関する基本的な考え方を様々な観点からまとめたものである。

　光学材料設計の基本的な考え方は以下のようになる。

① 屈折率あるいは分極率および吸収スペクトルの予測
② 歪み，配向の制御
③ 屈折率分布の制御
④ 周期構造の導入による屈折率制御
⑤ 能動的屈折率制御

① 屈折率あるいは分極率および吸収スペクトルの予測

　屈折率の予測には現在，原子・分子屈折を利用する手法あるいは量子化学計算を利用する方法がある。これに関しては本書の第1編2章，第3編2章に詳しく述べられている。予測精度の面でいうと，汎用高分子に関しては量子化学計算による分極率をベースとした屈折率の推定よりも，原子・分子屈折から推定する屈折率の方が良く一致しているようである。特に谷尾らは，化学構造から高分子の屈折率や波長分散，散乱損失等を推定するシステムを構築し，その有用性を実証している[1]。原子・分子屈折は経験則によるものなので，これまでに合成されていない骨格構造に対しては適用できない。また，可視域に吸収のある材料の屈折率およびアッベ数は，その推定値が実測値と大きくずれてしまう。また，複屈折を予測するための異方性に関するデータが少ない。

　一方，量子化学計算は第一原理に基づき，あらゆる分子の分極率が計算可能である。特に近年発展した密度汎関数（DFT）法により，精度よく新規高分子材料の屈折率が予測できることが安藤らによって報告されている[2]。今後基底関数の精度がさらにあがれば，屈折率の精度も原子・

＊ Toshiyuki Watanabe　東京農工大学　大学院共生科学技術研究院　教授

分子屈折と同等になるであろう。特にアッベ数の計算に不可欠な光吸収スペクトルの再現が可能であることから、吸収端に近い領域での屈折率も精度良く推定できる点が優れている。また、さらに重要な点は、すべての分子の分極率の異方性が計算できる点である。配向度がわかっていれば、第1編3章の渡辺らのように配向ガスモデルを利用して複屈折の予測も可能となる[3]。一方、量子化学計算による屈折率推定の精度をあげるためには van der Waals 体積を分子容で除した凝集係数の推定精度をあげることが重要である。これには分子動力学法の発展が大いに貢献するであろう。

② 歪み、配向の制御

歪み、分子配向の屈折率への影響に関しては本書の第1編3章および第2編2章に詳しく記述してある。特に延伸による複屈折の3次元制御に関しては第4編12章および15章に、分極処理（外部電界による配向制御）による屈折率および複屈折の制御は第2編3章に述べられている。延伸および分極処理による屈折率、複屈折の制御を行うためには、屈折率、複屈折、配向度、歪みの正しい評価が重要である。これに関しては第2編1章〜3章に詳しく記してある。

③ 屈折率分布の制御

屈折率分布を制御するためには異種材料間の相互拡散を利用する手法が重要である。低分子と高分子間の相互拡散、および異種高分子間の相互拡散をうまく利用することにより、屈折率分布型の光ファイバーやレンズアレイが作製できる。これに関しては第3編1章および3章に詳しく述べてある。

また、光照射によるフォトブリーチングを利用した屈折率制御も可能であり、チャネル型光導波路の作成に有効である。これに関しては第3編4章で解説してある。また、本書では取り上げなかったが、二光子励起を利用したフォトブリーチングによる屈折率制御も可能である。二光子励起とはエネルギーの低い2つのフォトンを同時に吸収する現象である。この現象はレンズで光を集光した焦点付近のみに誘起されるので、幅200nm、奥行き1μmの微小領域の屈折率を制御することができる[4]。

光照射によって発現する相分離を利用した屈折率制御に関しては第3編7章に概説してある。

④ 周期構造の導入による屈折率制御

屈折率の周期構造の導入による屈折率制御、禁制帯を材料中につくりだすことができる。また、この禁制帯中に欠陥を導入すれば、その中に光を閉じこめることができる。このような現象はレーザーキャビティーや光ルーターなどへの応用が期待され、ナノテクノロジーの発展と相まって、その研究が急速に進展している分野である。特に、メタマテリアルによって発現する負の屈折率は学術的にも工学的にも興味深い。今後この分野の実材料への展開が期待される。これらの材料群に関しては第5編1章および2章、4章1節〜3節で詳しく議論している。また光と

強結合でき,その電場増強効果が期待できるプラズモニクスに関しては第5編3章で取り上げている。

⑤ アクティブな屈折率制御

能動的屈折率制御とは,外部刺激により,材料の屈折率を制御することを意味する[5]。①～④まではパッシブな屈折率制御であったが,アクティブな屈折率制御では,光照射や外部電場に応じた屈折率制御が可能になる。これらの材料に関しては第3編5章および6章で解説してある。

文　　献

1) 谷尾宣久,北川洋和,松原潤樹,高分子学会予稿集,**55**, 3693 (2006)
2) S. Ando and M. Ueda, *J. Photopolym. Sci. Technol.* **16**, 537 (2003)
3) J. C. Kim, T. Yamada, C. Ruslim, K. Iwata, T. Watanabe, S. Miyata, *Macromolecules*, **29**, 7177 (1996)
4) Y. Lu, F. Hasegawa, T. Goto, S. Ohokuma, S. Fukuhara, Y. Kawazu, K. Totani, T. Yamashita, T. Watanabe, J. Mater. Chem., **14** (1), 75–80 (2004)
5) H. S. Nalwa, T. Watanabe, S. Miyata, "Organic Materials for Second-order Nonlinear Optics" in *Nonlinear Optics of Organic Molecular and Polymeric Materials* (eds. H. S. Nalwa and S. Miyata), p. 89, CRC Press, Inc., Boston (1996)

第1編
基礎理論

第 1 編

基礎理論

第1章　基礎理論Ⅰ　フォトニクスの基礎

梅垣真祐*

1　はじめに

21世紀はフォトニクス時代と言われる。20世紀後半には，量子力学を基にしてエレクトロニクスが発展し，レーザーが発明された。エレクトロニクスに加えて光を利用し，光とエレクトロニクスを融合した技術を発展させようという発想から「フォトニクス」という言葉が生まれた。

「フォトニクスの基礎」は「光学」である。「光学」は「電磁気学」の完成と共に誕生した。一般に古典物理の体系では，まず「法則」が存在する。電磁気学ではクーロン，ビオ・サバール，アンペール，ファラデーの法則があり，数学を駆使してマクスウェルの方程式としてまとめられたのである。ただ1点，法則でないのはマクスウェルの導入した変位電流の考え方である。

2　マクスウェルの方程式から導かれる波動方程式とその解

マクスウェルの方程式は，上記4つの法則に対応して順に，以下の4つで表される。

$$\begin{cases} \text{div } \boldsymbol{D} = \rho & \text{(1a)} \\ \text{div } \boldsymbol{B} = 0 & \text{(1b)} \\ \text{rot } \boldsymbol{H} = \boldsymbol{J} + \partial \boldsymbol{D}/\partial t & \text{(1c)} \\ \text{rot } \boldsymbol{E} = -\partial \boldsymbol{B}/\partial t & \text{(1d)} \end{cases}$$

ここで，$\boldsymbol{D}$：電気変位あるいは電束密度，$\boldsymbol{B}$：磁束密度，$\boldsymbol{E}$：電場，$\boldsymbol{H}$：磁場，$\boldsymbol{J}$：電流密度，ρ：真電荷密度である。div, rot は発散 (divergence), 回転 (rotation) を意味する。また，$\boldsymbol{D} = \varepsilon \boldsymbol{E}$，$\boldsymbol{B} = \mu \boldsymbol{H}$（$\varepsilon$, μ：誘電率，透磁率）は物質の方程式とよばれる。(1c)式右辺第2項がマクスウェルの導入した変位電流である。

誘電率，透磁率が場所によって変わらず一定であるような媒質を一様または均一な媒質，印加電場によって生じる電気分極の大きさが電場印加方向によらず同じであるような媒質を等方性媒質という。この場合，誘電率，透磁率は単なるスカラーで表される定数となる。本節では，この

＊　Shinsuke Umegaki　慶應義塾大学　理工学部　電子工学科　教授

ような等方性均一媒質中の光波を扱うが，媒質は非導電（$\sigma = 0$ または $J = 0$）・非磁性（$\mu = \mu_0$）の絶縁体あるいは誘電体とする。また，摩擦電気を帯びさせたり，熱あるいは歪みを与えたりしない限り，真電荷 $\rho = 0$ としてよい。このとき，(1)式は E, H のみを含む以下の4式となる。

$$\begin{cases} \text{div} E = 0 & \text{(2a)} \\ \text{div} H = 0 & \text{(2b)} \\ \text{rot} H = \varepsilon \, \partial E / \partial t & \text{(2c)} \\ \text{rot} E = - \mu \, \partial H / \partial t & \text{(2d)} \end{cases}$$

本来独立である4つの(2)式を連立すると，電場 E あるいは磁場 H の各成分はすべて

$$\varepsilon \mu \, \partial^2 u / \partial t^2 = \Delta u \tag{3}$$

（Δ：ラプラシアン）の形の波動方程式を満たすことがわかる。

いま，空間依存は z のみであるとすると，(3)式は $z - vt$ や $z + vt$ を変数とする $u = f(z \pm vt)$ を解としてもつ。ただし $v = 1/\sqrt{\varepsilon \mu}$ である。ダ・ランベールの解とよばれるこの解は単位時間に z 軸に沿って $\pm v$ だけ平行移動する。すなわち，v は速度を表している。$u = u_0 \sin k(z - vt)$ などの正弦波も解である。通常，数学的扱いを容易にするために $u = u_0 \exp ik(z - vt)$ が用いられるが，物理的に意味があるのはその実部あるいは虚部である。これらは $z = $ 一定の xy 平面内どの点においても同一位相で振動する。同一位相で振動する面が平面であるので平面波という。

$k = 2\pi / \lambda$（λ：波長）を波数あるいは伝搬定数という。振動数（周波数）は $\nu = 1/T = v/\lambda$（T：周期）で与えられるが，ν よりも時間 2π 内の振動数，角振動数 $\omega = 2\pi \nu$ がしばしば用いられる。空間内を任意の方向 a（単位ベクトル）に伝搬する平面波の電場・磁場は，z 軸に垂直な xy 平面に代わり，a に垂直な平面「$a \cdot r = a_x x + a_y y + a_z z = $ 一定」を用いて次式で表される。

$$E = E_0 \exp\{i(k \cdot r - \omega t)\}, \quad H = H_0 \exp\{i(k \cdot r - \omega t)\} \quad (k = ka) \tag{4}$$

(3)式の解である(4)式は元の (2a) ～ (2d) 式を満たさなければならない。満たす条件は順に

$$a \cdot E = 0, \quad a \cdot H = 0, \quad a \times H = -\sqrt{\varepsilon/\mu} E, \quad a \times E = \sqrt{\mu/\varepsilon} H \tag{5}$$

（・，×：ベクトルの内積，外積）である。前2式からは E, H の振動方向は伝搬 a 方向成分が無い，すなわち，「光波は横波」であること，後2式からは「$E \perp H$」かつ「$\sqrt{\varepsilon}|E| = \sqrt{\mu}|H|$」の関係があることがわかる。光波，電磁波は電場と磁場が相伴った波なのである。

第1章 基礎理論Ⅰ フォトニクスの基礎

3 屈折率と2つの媒質の境界での光波

3.1 屈折の法則

単色平面波が異なる2つの媒質の境界に入射する場合を考える。光波にとって媒質の相違とは屈折率の相違である。屈折率 n は次式で定義される。

$$n = \sqrt{\varepsilon\mu}/\sqrt{\varepsilon_0\mu_0} = c/v \tag{6}$$

$c = 1/\sqrt{\varepsilon_0\mu_0}$ は真空中の光速である。磁性体を考えなければ，$\mu = \mu_0$ で $\varepsilon = \varepsilon_0 n^2$ である。

図1は屈折率が n_1 と n_2 の媒質の境界面を xy 平面で表したものである。境界で3つの光波，入射光，反射光，屈折光は以下の3条件を満たさなければならないことがわかる。

Ⅰ．境界面法線方向（図1では z 軸方向）と入射光伝搬方向の作る面は入射面というが，反射光も屈折光も入射面内にある。捻れた方向に反射したり，屈折したりしないのである。
Ⅱ．反射の法則：入射角 θ_i ＝反射角 θ_r が成立。
Ⅲ．屈折の法則，スネルの法則：$n_1 \sin\theta_i = n_2 \sin\theta_t$ が成立。

3.2 フレネルの公式

境界で生じる反射光，屈折光の入射光に対する割合を求める。境界面において光電場，光磁場が満たすべき条件として，$\rho = 0$ の場合の(1a)式および(1b)式からは「① : D, B の境界面法線方向成分が連続」，$J = 0$ の場合の(1c)式および(1d)式からは「② : E, H の境界面接線方向成分が連続」が得られる。後者，②の条件を直線偏光に対して考えてみる。

(4)式の E_0, H_0 が定ベクトルであれば，光電場ベクトル E，光磁場ベクトル H を伝搬方向 a に垂直な平面に射影して時間的な動きを見ると，その先は直線上を振動する。これを直線偏光とい

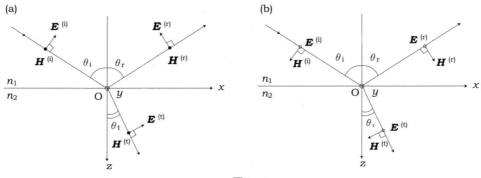

図1

う. 直線偏光電場ベクトルを表すための 2 つの独立なベクトル成分として, E が入射面内の場合 (図 1(a)) と入射面に垂直な場合 (図 1(b)) を考える. それぞれ p-偏光 (parallel), s-偏光 (senkrecht [独]) という.

p-, s-偏光に対する条件②は, 入射, 反射, 屈折光の電場 (磁場) の大きさ $E^{(i)}(H^{(i)})$, $E^{(r)}(H^{(r)})$, $E^{(t)}(H^{(t)})$ に対する連立方程式となる. これらより, 振幅反射率 $r = E^{(r)}/E^{(i)}$, 振幅透過率 $t = E^{(t)}/E^{(i)}$ を求めることができる. p-, s-偏光に対する結果は以下のようになる.

$$\begin{cases} r_p = (n_2 \cos\theta_i - n_1 \cos\theta_t) / (n_2 \cos\theta_i + n_1 \cos\theta_t) \\ t_p = 2n_1 \cos\theta_i / (n_2 \cos\theta_i + n_1 \cos\theta_t) \end{cases} \quad (7a)$$

$$\begin{cases} r_s = (n_1 \cos\theta_i - n_2 \cos\theta_t) / (n_1 \cos\theta_i + n_2 \cos\theta_t) \\ t_s = 2n_1 \cos\theta_i / (n_1 \cos\theta_i + n_2 \cos\theta_t) \end{cases} \quad (7b)$$

(7)式はフレネルの公式とよばれる.

以上は振幅に対する反射率, 透過率であるが, $10^{14} \sim 10^{15}$ Hz で振動する光波に追随してその電場, 磁場を観測する手段は無い. 光検出器の応答は速くて 10^{-10} s 程度である. 光波はその強度, パワーあるいはエネルギーの時間的平均のみを観測, 測定できる.

電場, 磁場の単位体積あたりのエネルギーつまりエネルギー密度はそれぞれ $w_e = \varepsilon E^2/2$, $w_m = \mu H^2/2$ で与えられるが, 既述のように電磁波の場合 $\sqrt{\varepsilon}|E| = \sqrt{\mu}|H|$ であるので, 全エネルギー密度は電場のみで表すことができ, $w = \varepsilon E^2$ となる. 光強度または光の強さは光波を観測する面の単位面積を単位時間あたりに通過する光エネルギーで定義される.

図 2 において, 光線方向 $\boldsymbol{a}$ に垂直な単位面積の断面 ABCD を dt の時間の間に通過する光エネルギー dI_0 は, 底面積 ABCD × 高さ vdt の直方体に含まれる光エネルギーが下方から断面 ABCD を通り抜けることに相当するから, $dI_0 = w \times$ (ABCD の面積) $\times vdt = \varepsilon E^2 vdt$. 光線方向に対して面の法線が θ 傾いた断面 ABEF を光波が通過する場合は, ABEF の面積 = ABCD の面積 /

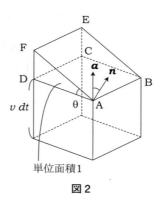

図 2

第1章 基礎理論Ⅰ フォトニクスの基礎

$\cos\theta = 1/\cos\theta$ なので，断面 ABEF の面の単位面積を dt 時間に通過する光のエネルギー dI_θ は，$dI_\theta = dI_0 \cos\theta$ である。したがって，

$$dI_\theta/dt = c\varepsilon \boldsymbol{E}^2 \cos\theta /n = \sqrt{\varepsilon/\mu}\boldsymbol{E}^2\cos\theta \tag{8}$$

この時間平均 $J_\theta = J_0\cos\theta = \overline{dI_\theta/dt}$ が観測される光強度を与えるが，光波を(4)式のように表すと，$J_0 = \sqrt{\varepsilon/\mu}\boldsymbol{E}\cdot\boldsymbol{E}^*/2$ によって計算すればよいことがわかる。

これを用いると，エネルギー反射率 R およびエネルギー透過率 T は以下で求められる。

$$\begin{cases} R = J^{(r)}/J^{(i)} = r^2 \\ T = J^{(t)}/J^{(i)} = (n_2\cos\theta_t/n_1\cos\theta_i)t^2 \end{cases} \tag{9}$$

r, t に(7a), (7b)式を代入して，さらにスネルの法則を用いると，p-偏光，s-偏光に対するエネルギー反射率・透過率は下記の式で表される。

$$\begin{cases} R_p = \tan^2(\theta_i - \theta_t)/\tan^2(\theta_i + \theta_t) & (10a) \\ T_p = \sin2\theta_i \sin2\theta_t/\sin^2(\theta_i + \theta_t)\cos^2(\theta_i - \theta_t) & (10b) \end{cases}$$

$$\begin{cases} R_s = \sin^2(\theta_i - \theta_t)/\sin^2(\theta_i + \theta_t) & (10c) \\ T_s = \sin2\theta_i \sin2\theta_t/\sin^2(\theta_i + \theta_t) & (10d) \end{cases}$$

エネルギー反射率・透過率に対するフレネルの公式：(10)式より，p-偏光，s-偏光に対して $R+T=1$ であること，入射光のエネルギーが反射光と屈折光のエネルギーに分配されることがわかる。また，任意の直線偏光に対する反射率，透過率もこれらを用いて記述できる。

図3に屈折率 $n_1 \sim 1$ の空気から，屈折率 $n_2 \sim 1.5$ のガラスなどの透明媒質に光波が入射するときの入射角に対する p-偏光，s-偏光のエネルギー反射率 R_p, R_s と p-偏光成分と s-偏光成分

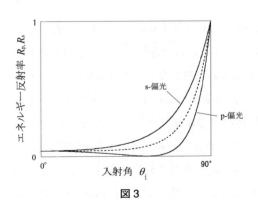

図3

が等価に混じっている光波（太陽光がこれにあたり，自然偏光，無偏光という）のエネルギー反射率（図の点線）を示す。一般に $R_s \geq R_p$ が成立する。

4 フレネルの公式からわかる基本事項

4.1 偏光角

(10)式中(10a)式は分母が無限大になる。すなわち $\theta_i + \theta_t = \pi/2$ のとき，図3でも示されているように $R_p = 0\,(T_p = 1)$ となる。p-偏光は無反射ですべて透過するのである。無偏光が入射すると，反射光はs-偏光のみとなるため，このような入射角は偏光角（ブリュースター角）とよばれる。偏光角 θ_B はスネルの法則と考え合わせると，$\tan\theta_B = n_2/n_1$ で与えられる。

4.2 全反射

スネルの法則から，入射側の媒質の屈折率が屈折側のそれより大きく $n_1 > n_2$ なら $\theta_i < \theta_t$ となり，屈折角 θ_t が先に90°に達する。このときの入射角 θ_i は，$\theta_c = \sin^{-1}(n_2/n_1)$ で与えられ，臨界角（critical angle）とよばれる。$\theta_i > \theta_c$ の場合，屈折光の電場・磁場の形を改めて考えてみる。

$$\boldsymbol{E}^{(t)}(\boldsymbol{H}^{(t)}) \propto \exp\{i(\boldsymbol{k}_t \cdot \boldsymbol{r} - \omega t)\} = \exp\{i(k_t(a_{tx}x + a_{tz}z) - \omega t)\}$$

スネルの法則を用いると，下線部は

$$(n_2\omega/c)(x\sin\theta_t + z\cos\theta_t) = (\omega/c)(n_1 x\sin\theta_i - \sqrt{n_2^2 - n_1^2\sin^2\theta_i}\,z)$$

$\theta_i > \theta_c$ では $n_1\sin\theta_i > n_2$ であるから，$\boldsymbol{k}_t$ の z 成分は純虚数となる。

$$\boldsymbol{E}^{(t)}(\boldsymbol{H}^{(t)}) \propto \exp\{i\omega(t - (n_1\sin\theta_i/c)x)\}\exp\{-(\omega\sqrt{n_1^2\sin^2\theta_i - n_2^2}/c)z\} \tag{11}$$

(11)式は，光波が z 方向に伝搬しないことを意味している。進行方向は x 軸方向すなわち境界面に沿った方向である。振幅は $\exp\{-(\omega\sqrt{n_1^2\sin^2\theta_i - n_2^2}/c)z\}$ の形で小さくなっていくが，いかなる z に対しても同一位相で振動する光波となり，エバネセント波（evanescent wave）とよばれる。もし，(11)式が $\exp\{i\omega(t - (n_1\sin\theta_i/c)z)\}\exp\{-(\omega\sqrt{n_1^2\sin^2\theta_i - n_2^2}/c)z\}$ の形であれば，z 方向に進行しながらその振幅が小さくなる減衰波（decaying wave）である。

エバネセント波となった場合のp-，s-偏光に対する反射率も(7a)，(7b)式を用いて計算できる。$\cos\theta_t = i\sqrt{n_1^2\sin^2\theta_i - n_2^2}/n_2$ をそれぞれに代入すると，r_p, r_s 共に，α, β を実数として $(\alpha - i\beta)/(\alpha + i\beta)$ の形となる。入射光電場の振幅 $E^{(i)}$ に対する反射光電場の振幅は，$E_{p,s}^{(r)}$

第1章 基礎理論Ⅰ フォトニクスの基礎

$= r_{p,s} E^{(i)}$，エネルギー反射率は $R_{p,s} = |r_{p,s}|^2 = 1$ となって，全反射が起こるのである．

4.3 楕円偏光

全反射に際して，反射光と入射光の間では初期位相の差が生じる．これを位相のとびが起こるという．$|r_{p,s}| = 1$ だから $r_{p,s} = \exp(-i\phi_{p,s})$ で表される位相のとび $\phi_{p,s}$ が生じるのである．一般に ϕ_p と ϕ_s とは大きさが異なるので，p-，s-成分を有する入射直線偏光に対して，全反射した光波のp-，s-成分の間に位相差が生じる．このとき反射光は楕円偏光になる．一般化して，図4(a)に示すように，z 方向に伝搬する光電場の x, y 成分の初期位相が ϕ_x，ϕ_y である場合を考える．$\varphi = kz - \omega t$ として，

$$E_x = E\cos\theta \exp\{i(\varphi - \phi_x)\}, \ E_y = E\sin\theta \exp\{i(\varphi - \phi_y)\}$$

図形的に考えるために，実数部を比較する．

$$E_x = E\cos\theta \cos(\varphi - \phi_x), \ E_y = E\sin\theta \cos(\varphi - \phi_y)$$

両式から，光伝搬を表す φ を消去すると，

$$E_x^2/E^2\cos^2\theta + E_y^2/E^2\sin^2\theta - 2(\cos\Delta/E^2\cos\theta\sin\theta)E_xE_y = \sin 2\Delta \tag{12}$$

ただし，$\Delta = \phi_x - \phi_y$ である．

(12)式は電場ベクトル $\boldsymbol{E} = (E_x, E_y)$ の先が楕円を描くことを示している．z 方向に伝搬する光波の $\boldsymbol{E}$ の動きを xy 平面に射影して見たのが図4(b)である．E_x と E_y の初期位相が異なっているため，直線偏光のように電場ベクトルの先が原点を通過することがない．ベクトル $\boldsymbol{E}$ の先は楕円上を1周期毎に1回転しながら伝搬していく．これを楕円偏光，軌跡が円になれば円偏光という．

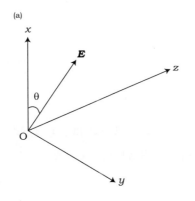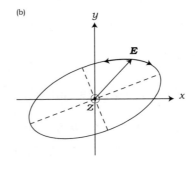

図4

5 複屈折

5.1 均一な異方性媒質中の光伝搬

電気分極 P は，物質に電場 E が印加されたときに生じ，$P = \varepsilon_0 \chi E$（χ：電気感受率）で表される。電場は単位電荷に働く力である。すなわち，電場に対する電気分極は，応力に対する変位あるいは歪みと考えることができる。結晶に応力，電場を加えると，方向に依存する歪み，電気分極が生じる。その大きさは方向によって異なる。このような物質を異方性物質という。電気感受率 χ はもはや単なるスカラーの定数では表すことができない。電気変位 D は，$D = \varepsilon_0 E + P = \varepsilon E = \varepsilon_0 (1+\chi) E$ と表されるので，誘電率 ε も単なるスカラーの定数ではなくなる。ε は以下のようにテンソル（ε_{jk}）で表されるのである。

$$D_j = \sum_k \varepsilon_{jk} E_k \quad (j, k = x, y, z) \tag{13}$$

ただし，物理的にエネルギー的考察，数学的に直交基底変換を行うと，適当な直交座標系をとることによって，下記のように必ず対角化することができる。

$$D_k = \varepsilon_k E_k \quad (k = x, y, z) \tag{14}$$

このような直交座標軸 x, y, z を誘電主軸または電気的主軸，$\varepsilon_x, \varepsilon_y, \varepsilon_z$ を主誘電率という。

D が E の定数倍でないことを考慮し，$\rho = 0$，$J = 0$ として元の4つの(1)式にもどって考える。ただし，ここでは均一媒質を扱うので E, D, H, B すべてを(4)式の形におくと(5)式と同様，以下の4式が得られる。

$$\mathbf{a} \cdot \mathbf{D} = 0, \quad \mathbf{a} \cdot \mathbf{H} = 0, \quad -(n/c)\mathbf{a} \times \mathbf{H} = \mathbf{D}, \quad (n/c)\mathbf{a} \times \mathbf{E} = \mu \mathbf{H} \tag{15}$$

この後2式から H を消去して

$$\mathbf{D} = (n^2/\mu c^2)\{\mathbf{E} - \mathbf{a}(\mathbf{a} \cdot \mathbf{E})\} \tag{16}$$

(14)式と比べると，

$$\mu c^2 \varepsilon_k E_k = n^2 \{E_k - a_k (\mathbf{a} \cdot \mathbf{E})\} \tag{17}$$

E_x, E_y, E_z についての斉一次方程式(17)が，$E_x = E_y = E_z = 0$ 以外の解をもつための条件は，主伝搬速度 $v_x = 1/\sqrt{\mu \varepsilon_x}$，$v_y = 1/\sqrt{\mu \varepsilon_y}$，$v_z = 1/\sqrt{\mu \varepsilon_z}$，位相速度 $v_p = c/n$ を用いて

$$\frac{a_x^2}{v_p^2 - v_x^2} + \frac{a_y^2}{v_p^2 - v_y^2} + \frac{a_z^2}{v_p^2 - v_z^2} = 0 \tag{18}$$

で与えられる。v_p^2 に関する2次方程式(18)式はフレネルの波面速度方程式とよばれ，結晶内の光波伝搬方向 a に対し，2つの位相速度 v_p，2つの屈折率 n（複屈折）があることを示している。

5.2 結晶と複屈折

誘電率テンソルを①：$\varepsilon_x = \varepsilon_y = \varepsilon_z$，②：$\varepsilon_x = \varepsilon_y \neq \varepsilon_z$，③：$\varepsilon_x \neq \varepsilon_y \neq \varepsilon_z$ のように分類して，結晶系との対応を見ることができる。①では対角成分がすべて等しく，誘電率は単なる定数として扱える。すなわち，媒質は等方的で等軸晶系がこれに属する。②では対角成分中1つだけ他と異なる。通常，他と異なる主軸を z 軸にとり，z 軸のまわりには等方的であるので，回転対称性のある三方晶系，正方晶系，六方晶系がこれに属する。③では対角成分がすべて互いに異なり，$\varepsilon_x > \varepsilon_y > \varepsilon_z$ となるように主軸が決められる。並進対称性のみある斜方晶系，単斜晶系，三斜晶系がこれに属する。2つの屈折率が一致する方向（光学軸）a が②では1つ，③では2つあり，それぞれ1軸晶，2軸晶という。

1軸結晶では，$\varepsilon_x = \varepsilon_y$ なので $v_x = v_y = v_o$，$v_z = v_e$ とおき，a と z 軸のなす角を θ とすると，(18)式の2つの解は，$(v_p^{(1)})^2 = v_o^2$ と $(v_p^{(2)})^2 = v_o^2 \cos^2\theta + v_e^2 \sin^2\theta$ である。$v_p^{(1)}$ は θ に依存せず常に v_o という値を示し，常光線 (ordinary ray) とよばれる。これに対して，$v_p^{(2)}$ は θ に依存して大きさが変わり，異常光線 (extra-ordinary ray) とよばれる。これらに対応する屈折率をそれぞれ n_o，n_e とおくと，次式で表される。

$$n^{(1)} = n_o, \quad 1/n^{(2)}(\theta) = \sqrt{\cos^2\theta / n_o^2 + \sin^2\theta / n_e^2} \tag{19}$$

n_o，n_e をそれぞれ常光線屈折率，異常光線屈折率という。また，方向によらない屈折率 $n^{(1)}$ をもって伝搬する光波を常光線，方向に依存する屈折率 $n^{(2)}(\theta)$ をもって伝搬する光波を異常光線という。z 軸方向に伝搬するとき，2つの屈折率は一致する。2つの屈折率が一致する方向が1つあるので1軸結晶とよばれ，z 軸を光学軸という。

1軸結晶内を伝搬する光波の方向に依存して屈折率がどのように変化するのか，$n^{(1),(2)} - \theta$ の極座標表示をして模式的に示したのが図5である。z 軸のまわりに回転対称であるため，$n^{(1)} = n_o$ は半径 n_o の球面，$1/n^{(2)}(\theta) = \sqrt{\cos^2\theta / n_o^2 + \sin^2\theta / n_e^2}$ は長・単軸が n_o・n_e の回転楕円面となる。このような曲面を屈折率面という。図5には z 軸を含む1断面が示されている。図は $n_o > n_e$ である結晶に対するものである。$v_o > v_e$，$v_e > v_o$ である結晶はそれぞれ正結晶，負結晶とよばれる。

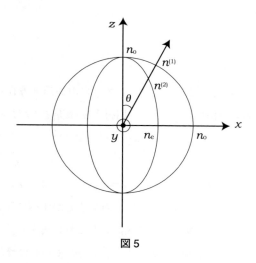

図 5

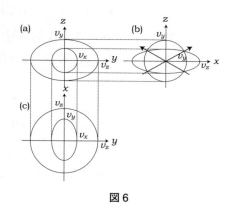

図 6

　光伝搬方向 a と z 軸で作られる平面は主断面とよばれ，常・異常光線に対する電気変位 D はそれぞれ主断面に垂直，平行に振動する。これらを誘起する入射光電場により常・異常光線を選択して伝搬させることができる。

　2軸結晶では，(18)式から得られる2つの屈折率を表す模式図は複雑である。特別な面内を伝搬する光波の位相速度の方向依存を見たのが図6である。v_p を動径として描いた図は楕円ではなく，卵型とよばれる。図6(b)は2つの位相速度が一致する光学軸2本が zx 平面内にあることを示している。2軸結晶では，一般に2つの屈折率は共に伝搬方向によって変化する。格子サイトが分子で形成される有機結晶はほぼすべて2軸結晶である。

5.3　複屈折性を用いた光素子

　方解石や水晶など1軸結晶を伝搬する光波の直交する2つの振動成分を常・異常光線成分に振

第1章　基礎理論 I　フォトニクスの基礎

り分けると，結晶透過後，2成分間に(12)式中の Δ と同様の初期位相差が生じる。結晶の厚さを制御して，$\Delta = \pi/2$，$\Delta = \pi$ とすると，入射直線偏光を円偏光に変えたり，直線偏光の振動方向を変えたりする位相板とよばれる光素子となる。前者は1/4波長板，後者は1/2波長板という。

単に屈折率の相異を利用して，直線偏光を分離する偏光プリズムとよばれるものもある。

第2章　基礎理論Ⅱ　光学ポリマーの屈折率制御・高透明化・エイジング

谷尾宣久*

1　はじめに

フラットパネルディスプレイ（FPD），光ディスク，光学レンズ，光ファイバーなど，情報の表示，記録，伝送を担う光技術分野の中心にあるのが光学ポリマーであり，技術の高度化により，高透明化，精密屈折率制御，低複屈折化など究極的な光学特性が要求されている。このような究極的な光学特性を引き出すためには，突き詰めればポリマーの構造を制御し，理想的な光学特性を実現するしかない。光学材料には非晶性のポリマーが用いられている。非晶構造を理解し，非晶構造制御による光学ポリマー設計を進める必要がある[1]。

ポリマーは，規則的な繰り返しの構造単位からできている。ポリマーの光学特性は繰り返し単位の化学構造と関係がある。また，高分子鎖のパッキング状態や構造的不均一性などの高次構造も光学特性に影響を及ぼす。ここでは，ポリマーの屈折率と透明性について，化学構造および高次構造と関係づけて定量的に述べ，屈折率を制御し，高透明化するにはどのようにして構造を制御し，どのような分子設計をしたらよいのかについて解説する。また，光学材料となりうる透明ポリマーは状態的にはガラスである。ガラス状態をキーワードに光学ポリマーのエイジングについても述べる。

2　屈折率制御

2.1　屈折率と分子構造

屈折率と分子構造を関係づける基礎となるのが，Lorentz–Lorenz式[2,3]である。これによれば，ポリマーの屈折率 n は，その繰り返し単位の分子体積 V と分子屈折 $[R]$ から(1)式を用いて計算することができる。

---

*　Norihisa Tanio　千歳科学技術大学　総合光科学部　バイオ・マテリアル学科　准教授

第 2 章　基礎理論 II　光学ポリマーの屈折率制御・高透明化・エイジング

$$n = \sqrt{\left(2\frac{[R]}{V}+1\right) \Big/ \left(1-\frac{[R]}{V}\right)} \tag{1}$$

分子屈折は一定波長において物質に固有な定数であり，原子屈折の合計として求められる。一方，ポリマーの繰り返し単位の固有分子体積 V_{int} は，構成される原子の原子体積の合計として，原子半径と結合距離より計算することができる[4]。しかし，実際のポリマーの分子体積 V は，分子鎖のパッキングのために空間を含み，V_{int} より大きな値となる。分子体積 V は，繰り返し単位の分子量 M_0 及びポリマーの密度 ρ から求めることができる（$V = M_0/\rho$）。非晶性ポリマーについて，密度から求めた V と分子構造から計算された V_{int} とをプロットしたところ，図 1 に示すように直線関係にあることがわかった。非晶性ポリマーの分子鎖パッキング状態がポリマーの種類によらず一様であることは非常に興味深い。

$$V = \frac{V_{\mathrm{int}}}{K} \tag{2}$$

ここで，K はパッキング係数といわれ，1 に近いほど分子のパッキングが密であることを表す係

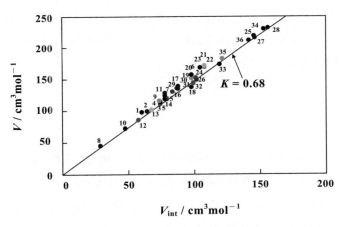

1: poly(4-methylpentene),　2: polystyrene,　3: poly(α-methylstyrene),　4: poly(o-methylstyrene),
5: poly(p-methylstyrene),　6: poly(p-tert-butylstyrene),　7: poly(m-trifluoromethylstyrene),
8: poly(vinyl chloride),　9: poly(vinylcyclohexane),　10: poly(vinyl acetate),
11: poly(tert-butyl acrylate),　12: poly(methyl methacrylate),　13: poly(ethyl methacrylate),
14: poly(propyl methacrylate),　15: poly(isopropyl methacrylate),　16: poly(sec-butyl methacrylate),
17: poly(tert-butyl methacrylate),　18: poly(isopentyl methacrylate),
19: poly(1-methylbutylmethacrylate),　20: poly(neopentyl methacrylate),
21: poly(1,3-dimethylbutyl methacrylate),　22: poly(3,3-dimethylbutyl methacrylate),
23: poly(1,2,2-trimethylpropyl methacrylate),　24: poly(cyclohexyl methacrylate),
25: poly(p-cyclohexylphenyl methacrylate),　26: poly(benzyl methacrylate),
27: poly(diphenylmethyl methacrylate),　28: poly(1,2-diphenylethyl methacrylate),
29: poly(2,2,2-trifluoro-1-methylethyl methacrylate),　30: poly(ethylene terephthalate),
31: poly(ethylene phthalate),　32: poly(ethylene isophthalate),　33: poly(tetramethylene isophthalate),
34: poly(cyclohexylenedimethylene terephthalate),　35: poly(4,4-methylenediphenylene carbonate),
36: poly(4,4-isopropylenediphenylene carbonate)

図 1　非晶性ポリマーの V–V_{int} プロット

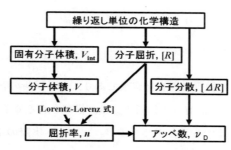

図2　屈折率およびアッベ数の計算法

数である。図1から非晶性ポリマーについては，$K = 0.68$ となる[5, 6]。よって，この値を用いることにより，非晶性ポリマーの分子体積 V を見積もることができ，ポリマーの屈折率を繰り返し単位の化学構造のみから計算することができる。

　屈折率については，その波長依存性(分散)も重要である。一般に，光の波長が長くなるに従って，屈折率は単調に減少する。光学ガラスの分散を表す量として，アッベ数 ν_D がある。フラウンホーファー線のC線(波長656nm)，D線(589nm)，F線(486nm)に対する屈折率をそれぞれ，n_C，n_D，n_F として $\nu_D = (n_D - 1)/(n_F - n_C)$ で定義され，この値は分散が大きいと小さくなることから逆分散率とも呼ばれる。波長による原子屈折の違いを原子分散といい，F線とC線の間の原子分散値が便覧[7]に示されているので，この波長範囲におけるポリマーの屈折率値を補正することができる。アッベ数は分子分散を $[\Delta R]$ として(3)式で表される。分子分散は繰り返し単位を構成する原子の原子分散の和である。

$$\nu_D = \frac{6n_D}{(n_D^2 + 2)(n_D + 1)} \cdot \frac{[R]}{[\Delta R]} \tag{3}$$

レンズ材料としては，高屈折率・高アッベ数のポリマーの開発が求められている。しかしながら，屈折率とアッベ数は，(3)式の関係があるので，一般には高屈折率なポリマーは低アッベ数となる傾向にある。Lorentz–Lorenz 式に基づき，繰り返し単位の化学構造から屈折率およびアッベ数を計算する方法を図2にまとめた。

2.2　光学ポリマーの屈折率予測システム

　ポリマーの光物性値を繰り返し単位の化学構造のみから定量的に予測する光物性値予測システムの構築を行うことにより，理想光学特性を持つポリマーの分子設計が可能となる。上で述べたポリマーの分子構造と屈折率の定量的関係から，ポリマーの屈折率およびその波長依存性を繰り返し単位の化学構造のみから定量的に予測するシステムを作成した[8]。繰り返し単位に含まれる

第2章 基礎理論Ⅱ 光学ポリマーの屈折率制御・高透明化・エイジング

原子の種類とその数を入力すると、図3に示すように屈折率値およびその波長依存性が表示される。表1に、この予測システムを用いて計算した光学ポリマーの屈折率とアッベ数を示す。ポリメタクリル酸メチル（PMMA）、ポリスチレン（PS）、ポリカーボネート（PC）について、このシステムから計算した屈折率とアッベ数は実測値とよく合った。また、様々な化学構造および結合様式を持つ新規光学ポリマーについても、このシステムから計算された屈折率値は報告値とよく合う。

FPD用光学フィルム等の種々の光学材料には、低分子含有ポリマーや共重合体などの多成分系ポリマーが用いられる。これらのポリマーの屈折率予測システムを、$[R]/V$の加成性を仮定することにより作成した。共重合体ポリマーの屈折率予測システムについては、それぞれのポリマーの化学構造および共重合体組成を入力することにより屈折率が計算される。また、低分子含有ポリマーの屈折率予測システムについては、それぞれのポリマーおよびドーパントの化学構造およびドーパント含有量を入力することにより屈折率が計算される。さらに、最近、我々は従来の未架橋透明樹脂だけでなく、架橋された樹脂についても屈折率予測が可能であることを報告し

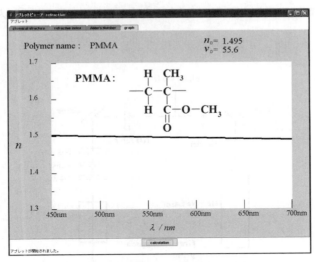

図3 光学ポリマーの屈折率予測システム

表1 光学ポリマーの屈折率とアッベ数

ポリマー	633nmにおける屈折率		アッベ数	
	計算値	実測値	計算値	実測値
PMMA	1.492	1.491	55.6	56
PS	1.618	1.588	33.5	31
PC	1.563	1.573	35.3	31

ている[9]。これらの屈折率予測システムは，光学ポリマーの屈折率制御・分子設計に有用であり，本システムを用いることにより，光学ポリマーの効率的な材料開発を行うことが可能となる。

3 高透明化

3.1 高透明化のための高次構造制御

　非晶性の透明ポリマー固体に数十ナノメートルのオーダーの屈折率の不均一構造が存在する場合，この不均一構造により光が散乱される。FPD用光学フィルムなど高透明性が要求されるような光学材料に非晶性ポリマーを応用する場合，このような不均一構造は大きな問題となる。散乱の面からポリマーを高透明化するためには，不均一構造の大きさと屈折率差を小さくさせる構造制御が必要である。

　光散乱法により，透明ポリマー固体内の不均一構造を解析することができる。光散乱測定の概略図を図4に示す。光源には偏光レーザーを用い，垂直偏光となるように設置する。入射光は中心に設置された円筒状サンプルに側面から入射される。そして，垂直偏光で入射し，垂直偏光で

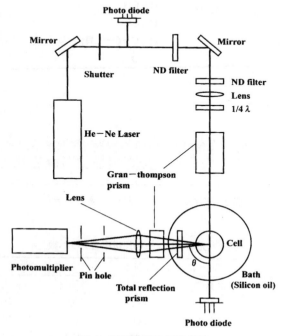

図4　光散乱測定の概略図

第2章　基礎理論Ⅱ　光学ポリマーの屈折率制御・高透明化・エイジング

散乱する散乱強度（V_V）および水平偏光で散乱する散乱強度（H_V）の散乱角度依存性を測定する。H_Vはサンプルの異方性に起因するものであり，フェニル基などの異方性基が存在する場合は大きくなる。

ポリマー固体内に屈折率不均一構造が存在する場合，V_V散乱に角度依存性が生じる。そこで，V_Vを角度依存性のない散乱強度V_{V1}と，ある大きさの不均一構造から生じる角度依存性を示すV_{V2}の二つに分けて解析を行う。V_{V2}はDebyeらにより(4)式[10]で与えられている。

$$V_{v2} = \frac{8\pi^3 \langle \eta^2 \rangle a^3}{\lambda_0^4 (1+v^2 s^2 a^2)^2} \tag{4}$$

ここでaは相関距離と呼ばれるもので，固体内の不均一構造の大きさの目安である。$\langle \eta^2 \rangle$は誘電率揺らぎの二乗平均を表し，$v = 2\pi n/\lambda_0$，$s = 2\sin(\theta/2)$である。λ_0は真空中の光線の波長，nはサンプルの屈折率，θは散乱角度である。(4)式を変形すると，$(V_{V2})^{-1/2}$ vs s^2のプロット（Debyeプロット）は直線になるため，この傾きと切片から相関距離が求まる。このようにDebyeプロットを行うことにより，ポリマー固体内の屈折率不均一構造を解析することができる。

非晶性ポリマーは，結晶領域による屈折率不均一構造を持たないため，透明ポリマーとなりうる。PMMAは代表的な非晶性光学ポリマーであり，光ファイバー材料として用いられている。しかし，以前より光散乱強度の角度依存性から，PMMA固体中には過剰散乱を招く屈折率不均一構造が存在することが認められていた[11,12]。筆者らはPMMA固体の光散乱の測定と高次構造の解析を行い，綿密な精製を行うことにより得られた高純度PMMA固体の光散乱損失は重合条件，熱処理条件に大きく依存することを明らかにしている[13～16]。そして，ポリマーをガラス転移温度T_g以上の温度で熱重合するか，熱処理することにより，内部に不均一構造を持たない低散乱損失なポリマー固体を作製できるという，高透明化のための高次構造制御法を得た。

図5は，異なる重合温度で塊状重合することにより得たPMMA固体の633nmにおける光散乱強度の散乱角度依存性を示したものである。異方性の散乱強度H_Vは，いずれの重合温度でも角度依存性を示さず，ほぼ同程度の値であったが，等方性のV_V散乱は，重合温度がT_g以下と以上では大きく異なった。T_g以下の70℃で重合すると，V_V散乱に角度依存性を示す過剰散乱が生じ，大きな損失値を持った。V_V散乱の角度依存性を解析すると，この固体内には数十nmの大きさで，10^{-4}オーダーの屈折率差を持つ不均一構造が存在することが明らかとなった。一方，T_g以上の130℃で重合すると散乱強度は角度依存性を示さなくなり，内部に不均一構造を持たない等方性の散乱損失が9.7dB/kmの低損失PMMA固体を作製することができた。ここで，「dB/km」とは，I_0の強度の光を光ファイバーに入射し，1km導波した後の出射光強度をIとす

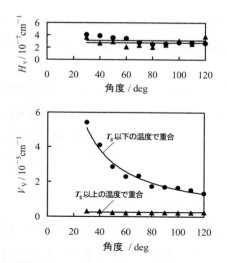

図5 70℃で96時間(●),および130℃で96時間(▲)重合させたPMMA固体の633nmにおける光散乱強度 V_V および H_V の散乱角度依存性

ると,$-10\log(I/I_0)$ で定義される光伝送損失の単位である.

過剰散乱を引き起こす非晶性ポリマー固体内の屈折率不均一構造については,PMMA以外の種々のメタクリル酸エステル系ポリマー固体についても観測されている[17].しかし,PS固体についてのみ,このような屈折率不均一構造は観測されていない[18].屈折率不均一構造の原因を解明し,非晶構造制御による高透明化に対する知見を深める必要がある.

3.2 高透明化のための分子設計
3.2.1 光散乱損失と分子構造

不均一領域を持たない純液体構造では,等方性の光散乱強度 V_V^{iso} は揺動説理論[19]である(5)式から求めることができる.

$$V_V^{iso} = \frac{\pi^2}{9\lambda_0^4}(n^2-1)^2(n^2+2)^2 kT\beta \tag{5}$$

ここで,n は屈折率,k はボルツマン定数,T は絶対温度,β は等温圧縮率,λ_0 は真空中の光線の波長である.

(5)式の揺動説に基づく V_V^{iso} では,熱運動によるゆらぎは T_g での状態が凍結されると考え,T_g における β を用いてポリマーのガラス状態での V_V^{iso} を見積ることができる.T_g 付近におけるPMMA固体の β の文献値[20]を用いて計算すると,等方性の光散乱損失値は,波長633nmに

第2章 基礎理論Ⅱ 光学ポリマーの屈折率制御・高透明化・エイジング

おいて9.5dB/kmとなる。この値は不均一構造を持たないPMMAの損失値(9.7dB/km)に非常に近い値である。PS固体などPMMA以外の種々のガラス状透明ポリマーについても，液体の揺動説が適用できることを確認している[21]。

揺動説理論によれば，PMMAよりも本質的に低散乱損失なポリマー固体を得るには，低屈折率でなおかつ等温圧縮率の低いポリマーを分子設計すればよい。ポリマーの屈折率は，すでに述べたように，繰り返し単位の分子構造から計算することができる。しかし，物質の揺らぎ易さを表す等温圧縮率とポリマー分子構造の関係については定量的に明らかにされていない。そこで筆者らは非晶性ポリマーについて，物性値間の関係を明らかにし，分子構造からβを予測する方法を提案した[6,22]。紙面の関係で詳細は省略するが，ポリマーの等温圧縮率は，繰り返し単位の分子構造より定量的に予測することができ，分子体積が大きいほど大きくなる。以上より，ガラス状態におけるポリマー固体の本質的な光散乱損失を，液体の揺動説理論に基づき，繰り返し単位の分子構造のみから計算することができる[6,22,23]。

3.2.2 ポリマーの分子構造と光吸収損失

光学材料へ応用する際，問題となるポリマーの本質的な光吸収損失要因としては，近紫外領域から裾を引く電子遷移による吸収損失および原子間結合の振動による赤外領域での吸収損失があげられる。電子遷移による吸収は，主にベンゼン環などの$\pi \rightarrow \pi^*$遷移によって生じる。分子骨格にフェニル基を有するPSやPCなど芳香族系ポリマーの場合には，電子遷移吸収による損失が大きくなり，透明性に影響を与える。PSの電子遷移吸収による損失は，波長500nmにおいて98dB/km，波長600nmにおいて9dB/kmであると報告されている[24]。一方，PMMAの場合，短波長側(紫外光域)での光の損失は，電子遷移吸収よりも光散乱が支配的であり，可視から近赤外光領域では，電子遷移吸収による損失は光散乱損失の大きさに比べると無視できるほど小さい。PMMAの電子遷移吸収による損失は，波長500nmにおいて1dB/km以下である[24]。

可視から近赤外光域における光の吸収は，主に原子間結合の伸縮振動の倍音によってもたらされる。その中で，C–C，C=C，C–Oなどの結合基は，その基準振動が長波長側に現れるので可視光域にはほとんど影響を及ぼさない[25]。しかし，大半のポリマーが構成基として有するC–H結合では，水素原子が軽量で振動しやすいため，基本振動吸収は，赤外域において低波長側の3390nmに現れる。従って，近赤外域では，このC–H伸縮振動の比較的低倍音がとびとびに現れ，これが吸収損失の大きな原因となっている。これらの分子振動の倍音吸収が，どの波長にどの程度の大きさで現れるかを計算できる[22,23,26]。図6に炭素原子と各種の原子が結合した場合の倍音振動吸収の位置と強度を示す。縦軸の値E_v/E_1^{CH}は，C–H結合の基本振動強度に対するその倍音での振動強度の大きさの比であり，吸収損失の大きさの目安となる。損失に換算すると$E_v/E_1^{CH} = 3.1 \times 10^{-8}$が約1dB/kmに対応する。

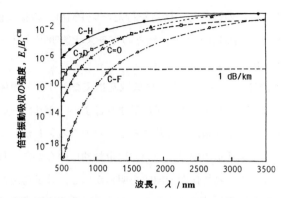

図6 炭素原子と各種の原子が結合した場合の倍音振動吸収の位置と強度

ポリマーの低吸収損失化のためにはC-H結合の水素原子をより重い原子に置換する必要がある。例えば、ポリマー中の水素をフッ素に置換すれば、図6より、近赤外域において吸収量は10^{-10}倍に大きく減少することから、実質的に光吸収損失がゼロになることが予想される。

3.2.3 高透明化のための分子設計

以上の光散乱及び光吸収と分子構造の関係より、高透明ポリマーに要求される分子特性をまとめると、次のようになる。

① 結晶領域による不均一構造を持たない非晶性ポリマーであること。
② 屈折率および等温圧縮率の値が小さいポリマーであること。
③ 振動吸収の小さい原子間結合で構成されるポリマーであること。

フッ素は原子屈折は水素とほぼ同じであるが、原子体積が大きいため、ポリマーのフッ素化は低屈折率化に有利である。また、フッ素ポリマーは、振動吸収の小さい原子間結合であるC-F結合から構成されるため、低吸収損失化についても有利となる。非晶性全フッ素化ポリマーは最も透明なポリマーの一つであるといえる。非晶性全フッ素化ポリマーとして、主鎖に環構造を有するパーフルオロポリマーが報告されている[27]。

3.3 光学ポリマーの透明性予測システム

ポリマーの透明性と分子構造との定量的関係[22,23]から、ポリマーの本質的な透明性を、繰り返し単位の分子構造のみから予測するシステムを作成した[28]。光散乱損失と光吸収損失を計算し、透明性を予測する方法を図7にまとめた。図8に、上で述べたパーフルオロポリマーの理論伝送損失値の波長依存性の予測システム出力画面を示す。C-F結合の倍音ピークが現れるものの、$1.3\mu m$における全フッ素化ポリマーの本質的な損失値は、0.3dB/km程度であり、これは現在用いられている長距離幹線用シリカ光ファイバーの伝送損失に匹敵する透明性である。

第2章 基礎理論II 光学ポリマーの屈折率制御・高透明化・エイジング

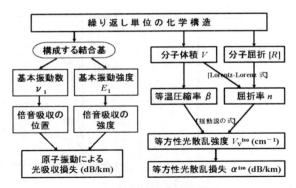

図7 本質的透明性の計算法

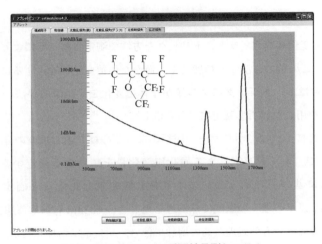

図8 光学ポリマーの透明性予測システム

ポリマーを高透明化するには，化学構造および高次構造の両面からの制御が必要である。化学構造からのアプローチとしては，光散乱損失および光吸収損失の小さい原子団から構成される分子を設計する必要がある。また，高次構造からのアプローチとしては，不均一構造の大きさと屈折率差を小さくするような非晶構造制御が必要になる。

4 光学ポリマーのエイジング

PMMA，PSなどの非晶性ポリマーは，ガラス状態では熱力学的に非平衡な状態であり，図9に示すように，T_g付近の温度では体積やエンタルピーなどの熱力学量が緩和し，化学的な変化を伴わない物理的エイジングが起こる[29]。ガラス状高分子のエイジングによる体積緩和につい

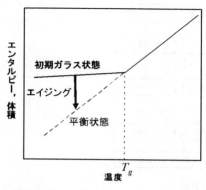
図9　ガラス状ポリマーのエイジング

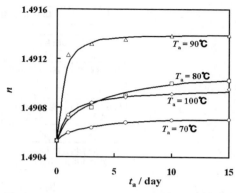
図10　PMMAガラスを種々の温度で熱処理したときの633nmにおける屈折率の変化

ては，これまで体積変化量をディラトメトリックな方法で測定することにより多くの研究がなされてきた。しかし，この種の方法で，精度良く，僅かな体積変化を検出するには大変な努力を要する。そこで筆者らは，エイジングによる僅かな体積変化を，光学的手法，すなわちプリズムカップリング法[30]を用いた屈折率測定により評価している[31,32]。

　Lorentz-Lorenz式によれば，ポリマーの屈折率は，その繰り返し単位の分子体積と分子屈折で表される。よって，エイジングによる屈折率変化量を精度良く測定することができれば，Lorentz-Lorenz式に基づいた取り扱いにより体積緩和量を正確に評価することができる。PMMAガラスをT_g以下の種々の温度で熱処理したときの633nmにおける屈折率の変化を図10に示す[32]。いずれの温度でも熱処理時間の増加に伴い，屈折率は増加したが，T_gより20℃低い90℃で熱処理をしたときが，最も屈折率変化が大きかった。PSガラスについても，T_gより20℃低い温度で熱処理をしたときが，最も体積緩和速度が大きくなる結果が得られている[33]。エイジングによる屈折率変化，すなわち体積緩和挙動の熱処理温度依存性がPMMAおよびPSガラスにおいて同様であることは興味深い。また，エイジングによる構造緩和は均一に起こっており，本質的に体積緩和は過剰な光散乱損失を招かないことが明らかとなっている[34]。

　エイジングがポリマーの光学特性に及ぼす影響について研究することは，ポリマーを光学材料へ応用する場合の，光学特性の安定性・信頼性を吟味する上で重要である。

5　おわりに

　高透明化，屈折率制御，そして信頼性の向上，このような光学ポリマーに要求される理想的な光学特性を実現するためには，ポリマーの光学特性を，その構造および状態と関連づけて明らか

第 2 章　基礎理論 II　光学ポリマーの屈折率制御・高透明化・エイジング

にし，理解を深める必要がある．ポリマーの光学材料としての可能性をさらに高めるためには，非晶構造，ガラス状態の本質を明らかにしていくことが重要である．

文　献

1) 谷尾宣久，高分子，**55**，734 (2006)
2) H. A. Lorentz, *Ann. der Phys.*, **9**, 641 (1880)
3) L. V. Lorenz, *Ann. der Phys.*, **11**, 70 (1880)
4) G. L. Slonimskii, A. A. Askadskii, A. I. Kitaigorodskii, *Vysokomol.Soedin., Ser. A*, **12**, 494 (1970)
5) N. Tanio, M. Irie, *Jpn. J. Appl. Phys.*, **33**, 3942 (1994)
6) N. Tanio, Y. Koike, *Jpn. J. Appl. Phys.*, **36**, 743 (1997)
7) 日本化学会編，化学便覧基礎編改訂 4 版，丸善 (1993)
8) 谷尾宣久，「光機能性高分子材料の新たな潮流—最新技術とその展望—」，第 II 編第 6 章 "光学ポリマーの屈折率予測システム"，p. 144 ～ 158，シーエムシー出版 (2008)
9) 中村将啓，余田好浩，横川弘，山木健之，高濱孝一，谷尾宣久，高分子学会予稿集，**57**，1348 (2008)
10) P. Debye, H. R. Anderson, H. Brumberger, *J. Appl. Phys.*, **28**, 679 (1957)
11) R. E. Judd, B. Crist, *J. Polym. Sci., Polym. Lett. Ed.*, **18**, 717 (1980)
12) M. Dettenmaier, E. W. Fischer, *Kolloid Z. Z. Polym.*, **251**, 922 (1973)
13) Y. Koike, N. Tanio, Y. Ohtsuka, *Macromolecules*, **22**, 1367 (1989)
14) N. Tanio, Y. Koike, Y. Ohtsuka, *Polym. J.*, **21**, 119 (1989)
15) N. Tanio, Y. Koike, Y. Ohtsuka, *Polym. J.*, **21**, 259 (1989)
16) 谷尾宣久，小池康博，高分子論文集，**53**，682 (1996)
17) 谷尾宣久，金子倫子，高分子学会予稿集，**52**，554 (2003)
18) 谷尾宣久，瀬川真司，高分子学会予稿集，**55**，757 (2006)
19) A. Einstein, *Ann. Phys.*, **33**, 1275 (1910)
20) K. H. Hellwage, W. Knappe, P. Lehman, *Kolloid Z. Z. Polym.*, **183**, 110 (1962)
21) 谷尾宣久，春日健，松田高明，高分子学会予稿集，**52**，2183 (2003)
22) N. Tanio, Y. Koike, *Polym. J.*, **32**, 43 (2000)
23) 谷尾宣久，高分子論文集，**61**，12 (2004)
24) T. Kaino, K. Jinguji, S.Nara, *Appl. Phys. Lett.*, **42**, 567 (1983)
25) O. H. Wheeler, *Chem. Rev.*, **59**, 629 (1959)
26) W. Groh, *Makromol. Chem.*, **189**, 2861 (1988)
27) K. Oharu, N. Sugiyama, M. Nakamura, I. Kaneko, *Reports of the Research Laboratory, Asahi Glass Co., Ltd.*, **41**, 51 (1991)

28) 谷尾宣久, 北川洋和, 松原潤樹, 高分子学会予稿集, **55**, 3693 (2006)
29) L. C .E. Struik, "Physical Aging in Amorphous Polymers and Other Materials", Elsevier, Amsterdam, 1978.
30) N. Tanio, M. Irie, *Jpn. J. Appl. Phys.*, **33**, 1550 (1994)
31) N. Tanio, *Polym. J.*, **34**, 466 (2002)
32) N. Tanio, T. Nakanishi, *Polym. J.*, **38**, 814 (2006)
33) 谷尾宣久, 塚原直樹, 高分子学会予稿集, **55**, 758 (2006)
34) N. Tanio, H. Kato, Y. Koike, H. E. Bair, S. Matsuoka, L. L. Blyler, Jr., *Polym. J.*, **30**, 56 (1998)

第3章 基礎理論Ⅲ 外部電界による屈折率の制御

渡辺敏行*

1 屈折率と分子分極率および分子配向との関係

1.1 はじめに

有機・高分子材料の屈折率は，その物質を構成している分子の分極率，およびその配向によって決まる。本節では，分子分極率とその配向度および屈折率の関係を導く。また，分極処理による屈折率制御の実例を紹介する。分極処理とは高分子のガラス転移温度付近で高電界を印加して双極子モーメントを有する分子を配向させ，その後冷却後電界を除去することにより，分子の配向を凍結するプロセスである。分極処理のプロセスを図1に示す。図中の矢印は分子の双極子モーメントを表している。

有機・高分子材料の屈折率と分極率の関係は配向ガスモデルを用いて計算することができる[1]。これは有機分子同士の分極状態には相互作用が働いていないために，分子自体の分極率を計算し，その配向状態を考慮することにより，材料の屈折率を予測することができるというものである。分子分極率から材料自体の屈折率を推定するためには，以下のような手順を踏む(表1)。

① バルク材料の誘電主軸方向に印加された電界(光の偏光方向)が，分子主軸に対してどのぐらいの射影成分を持っているかを計算する。
② 分子主軸に印加された電場から，どのぐらいの分子分極 p が生じるかを計算する。

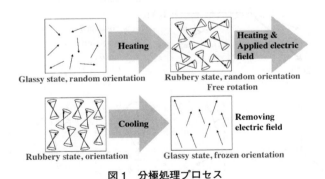

図1 分極処理プロセス

* Toshiyuki Watanabe 東京農工大学 大学院共生科学技術研究院 教授

③ 分子主軸に沿って発生した分極から誘電主軸に対するマクロな分極 P を計算する。

④ 誘電主軸方向のマクロな分極 P より，Lorentz-Lorenz の関係式より誘電主軸に沿った屈折率 n_z, n_y, n_x を算出する。

表1 分極率から屈折率を計算する手法

E (1, 2, 3) ［誘電主軸に印加される電場］
→ E (x, y, z) ［分子主軸に印加される電場］
→ p (x, y, z) ［分子主軸に発現する分極］
→ P (1, 2, 3) ［誘電主軸に発現する分極］

誘電主軸方向に沿った外部電場 E_1, E_2, E_3 より分子主軸方向に沿った内部電場 E_x, E_y, E_z を計算する。誘電主軸1は屈折率 n_x, 誘電主軸2は屈折率 n_y, 誘電主軸3は屈折率 n_z と関係のある座標軸である。誘電主軸と分子主軸 x, y, z の関係は図2に示してある。

$$\begin{Bmatrix} E_x \\ E_y \\ E_z \end{Bmatrix} = \begin{pmatrix} a_{11} & a_{12} & a_{13} \\ a_{21} & a_{22} & a_{23} \\ a_{31} & a_{32} & a_{33} \end{pmatrix} \begin{Bmatrix} E_1 \\ E_2 \\ E_3 \end{Bmatrix}$$

$$\begin{cases} E_x = a_{11}E_1 + a_{12}E_2 + a_{13}E_3 \\ E_y = a_{21}E_1 + a_{22}E_2 + a_{23}E_3 \\ E_z = a_{31}E_1 + a_{32}E_2 + a_{33}E_3 \end{cases}$$

ここで行列 a_{ij} は以下のような成分からなる（オイラーの関係式）。

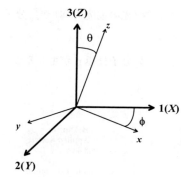

$a_{11} = \cos\alpha \cos\varphi \cos\theta - \sin\alpha \sin\varphi$
$a_{12} = \cos\alpha \sin\varphi \cos\theta + \sin\alpha \cos\varphi$
$a_{13} = -\cos\alpha \sin\theta$

$a_{21} = -\sin\alpha \cos\varphi \cos\theta - \cos\alpha \sin\varphi$
$a_{22} = -\sin\alpha \sin\varphi \cos\theta + \cos\alpha \cos\varphi$
$a_{23} = \sin\alpha \sin\theta$

$a_{31} = \cos\varphi \sin\theta$
$a_{32} = \sin\varphi \sin\theta$
$a_{33} = \cos\theta$

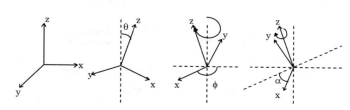

図2 誘電主軸1, 2, 3 (X, Y, Z) と分子主軸 x, y, z の関係

第3章 基礎理論Ⅲ 外部電界による屈折率の制御

分子主軸に沿って印加された電界より発生する分子分極 p_x, p_y, p_z は以下のようになる。ここで α_{ij} は分子分極率である。

$$\begin{pmatrix} p_x \\ p_y \\ p_z \end{pmatrix} = \begin{pmatrix} \alpha_{xx} & \alpha_{xy} & \alpha_{xz} \\ \alpha_{yx} & \alpha_{yy} & \alpha_{yz} \\ \alpha_{zx} & \alpha_{zy} & \alpha_{zz} \end{pmatrix} \begin{pmatrix} E_x \\ E_y \\ E_z \end{pmatrix}$$

$$p_x = \alpha_{xx}E_x + \alpha_{xy}E_y + \alpha_{xz}E_z$$
$$p_y = \alpha_{yx}E_x + \alpha_{yy}E_y + \alpha_{yz}E_z$$
$$p_z = \alpha_{zx}E_x + \alpha_{zy}E_y + \alpha_{zz}E_z$$

分子分極から誘電主軸方向に生じるマクロな分極 P_1, P_2, P_3 は以下のようになる。

$$\begin{pmatrix} P_1 \\ P_2 \\ P_3 \end{pmatrix} = \begin{pmatrix} a_{11} & a_{21} & a_{31} \\ a_{12} & a_{22} & a_{32} \\ a_{13} & a_{23} & a_{33} \end{pmatrix} \begin{pmatrix} p_x \\ p_y \\ p_z \end{pmatrix}$$

$$\begin{cases} P_1 = a_{11}p_x + a_{21}p_y + a_{31}p_z \\ P_2 = a_{12}p_x + a_{22}p_y + a_{32}p_z \\ P_3 = a_{13}p_x + a_{23}p_y + a_{33}p_z \end{cases}$$

1.2 屈折率 n_x の導出

$$P_1 = a_{11}p_x + a_{21}p_y + a_{31}p_z$$
$$= a_{11}(\alpha_{xx}E_x + \alpha_{xy}E_y + \alpha_{xz}E_z) + a_{21}(\alpha_{yx}E_x + \alpha_{yy}E_y + \alpha_{yz}E_z) + a_{31}(\alpha_{zx}E_x + \alpha_{zy}E_y + \alpha_{zz}E_z)$$
$$= (a_{11}^2 \alpha_{xx}E_1 + a_{11}a_{12}\alpha_{xx}E_2 + a_{11}a_{13}\alpha_{xx}E_3 + a_{11}a_{21}\alpha_{xy}E_1 + a_{11}a_{22}\alpha_{xy}E_2 + a_{11}a_{23}\alpha_{xy}E_3 + a_{11}a_{31}\alpha_{xz}E_1 + a_{11}a_{32}\alpha_{xz}E_2 + a_{11}a_{33}\alpha_{xz}E_3) + (a_{11}a_{21}\alpha_{yx}E_1 + a_{12}a_{21}\alpha_{yx}E_2 + a_{13}a_{21}\alpha_{yx}E_3 + a_{21}^2\alpha_{yy}E_1 + a_{21}a_{22}\alpha_{yy}E_2 + a_{21}a_{23}\alpha_{yy}E_3 + a_{21}a_{31}\alpha_{yz}E_1 + a_{21}a_{32}\alpha_{yz}E_2 + a_{21}a_{33}\alpha_{yz}E_3) + (a_{11}a_{31}\alpha_{zx}E_1 + a_{12}a_{31}\alpha_{zx}E_2 + a_{13}a_{31}\alpha_{zx}E_3 + a_{21}a_{31}\alpha_{zy}E_1 + a_{22}a_{31}\alpha_{zy}E_2 + a_{23}a_{31}\alpha_{zy}E_3 + a_{31}^2\alpha_{zz}E_1 + a_{31}a_{32}\alpha_{zz}E_2 + a_{31}a_{33}\alpha_{zz}E_3)$$

$$P_1 = \alpha_1 E_1$$
$$P_1 = \begin{bmatrix} a_{11}^2\alpha_{xx} + a_{11}a_{21}\alpha_{xy} + a_{11}a_{31}\alpha_{xz} + a_{11}a_{21}\alpha_{yx} + a_{21}^2\alpha_{yy} + a_{21}a_{31}\alpha_{yz} + a_{11}a_{31}\alpha_{zx} \\ + a_{21}a_{31}\alpha_{zy} + a_{31}^2\alpha_{zz} \end{bmatrix} E_1$$

ここで分極率はその対角成分だけが有効であるので α_{xx}, α_{yy}, α_{zz} 以外はゼロになる。

$$\therefore \alpha_1 = a_{11}^2\alpha_{xx} + a_{21}^2\alpha_{yy} + a_{31}^2\alpha_{zz}$$

$$a_{11}^2 = (\cos\alpha\cos\phi\cos\theta - \sin\alpha\sin\phi)^2 = \langle\cos^2\alpha\rangle\langle\cos^2\phi\rangle\langle\cos^2\theta\rangle + \langle\sin^2\alpha\rangle\langle\sin^2\phi\rangle$$

$$= \frac{1}{4}[L_2(p)+1]$$

$$a_{21}^2 = (-\sin\alpha\cos\phi\cos\theta - \cos\alpha\sin\phi)^2 = \langle\sin^2\alpha\rangle\langle\cos^2\phi\rangle\langle\cos^2\theta\rangle + \langle\cos^2\alpha\rangle\langle\sin^2\phi\rangle$$

$$= \frac{1}{4}[L_2(p)+1]$$

$$a_{31}^2 = (\cos\phi\sin\theta)^2 = \langle\cos^2\phi\rangle[1-\langle\cos^2\theta\rangle] = \frac{1}{2}[1-L_2(p)]$$

$$\therefore \alpha_1 = \frac{1}{4}[L_2(p)+1]\alpha_{xx} + \frac{1}{4}[L_2(p)+1]\alpha_{yy} + \frac{1}{2}[1-L_2(p)]\alpha_{zz}$$

ただし,αとϕに関する回転はランダムであると仮定し,$\langle\cos^2\alpha\rangle = \langle\cos^2\phi\rangle = \frac{1}{2}$としてある。$\langle\ \rangle$は平均値を表している。
上式中の$L_2(p)$は2次のLangevin関数であり,

$$\langle\cos\theta^2\rangle = \left(1+\frac{2}{p^2}\right) - \left(\frac{2}{p}\right)\coth p = L_2(p)$$

また $p = \mu E/kT$
ここでμは分子の双極子モーメント,Eは分極処理時の印加電界,kはボルツマン定数,Tは分極処理時の温度である。
θは分子の双極子モーメントと誘電主軸Zのなす角である。

Lorentz-Lorenzの関係式より

$$\frac{(n_1^2-1)}{(n_1^2+2)} = \frac{4}{3}\pi N\alpha_1$$

ここでNは単位体積あたりの分子数である。

$$N = \rho N_A/M$$

ρは密度,N_Aはアボガドロ数,Mは分子量である。

$$n_1 = \sqrt{\frac{8\pi N\alpha_1 + 3}{3 - 4\pi N\alpha_1}}$$

第3章 基礎理論Ⅲ 外部電界による屈折率の制御

分極処理後の誘電主軸 x 方向の屈折率 n_1 (n_x) は以下の式で与えられる。

$$\therefore n_1 = \sqrt{\frac{8\pi N\left(\frac{1}{4}[L_2(p)+1]\alpha_{xx} + \frac{1}{4}[L_2(p)+1]\alpha_{yy} + \frac{1}{2}[1-L_2(p)]\alpha_{zz}\right)+3}{3-4\pi N\left(\frac{1}{4}[L_2(p)+1]\alpha_{xx} + \frac{1}{4}[L_2(p)+1]\alpha_{yy} + \frac{1}{2}[1-L_2(p)]\alpha_{zz}\right)}} \quad (1)$$

1.3 屈折率 n_Y の導出

$P_2 = a_{12}p_x + a_{22}p_y + a_{32}p_z$

$= a_{12}(\alpha_{xx}E_x + \alpha_{xy}E_y + \alpha_{xz}E_z) + a_{22}(\alpha_{yx}E_x + \alpha_{yy}E_y + \alpha_{yz}E_z) + a_{32}(\alpha_{zx}E_x + \alpha_{zy}E_y + \alpha_{zz}E_z)$

$= (a_{11}a_{12}\alpha_{xx}E_1 + a_{12}^2\alpha_{xx}E_2 + a_{12}a_{13}\alpha_{xx}E_3 + a_{12}a_{21}\alpha_{xy}E_1 + a_{12}a_{22}\alpha_{xy}E_2 + a_{12}a_{23}\alpha_{xy}E_3 + a_{12}a_{31}\alpha_{xz}E_1 + a_{12}a_{32}\alpha_{xz}E_2 + a_{12}a_{33}\alpha_{xz}E_3) + (a_{11}a_{22}\alpha_{yx}E_1 + a_{12}a_{22}\alpha_{yx}E_2 + a_{13}a_{22}\alpha_{yx}E_3 + a_{21}a_{22}\alpha_{yy}E_1 + a_{22}^2\alpha_{yy}E_2 + a_{22}a_{23}\alpha_{yy}E_3 + a_{22}a_{31}\alpha_{yz}E_1 + a_{22}a_{32}\alpha_{yz}E_2 + a_{22}a_{33}\alpha_{yz}E_3) + (a_{11}a_{32}\alpha_{zx}E_1 + a_{12}a_{32}\alpha_{zx}E_2 + a_{13}a_{32}\alpha_{zx}E_3 + a_{21}a_{32}\alpha_{zy}E_1 + a_{22}a_{32}\alpha_{zy}E_2 + a_{23}a_{32}\alpha_{zy}E_3 + a_{31}a_{32}\alpha_{zz}E_1 + a_{32}^2\alpha_{zz}E_2 + a_{32}a_{33}\alpha_{zz}E_3)$

$P_2 = \alpha_2 E_2$

$P_2 = (a_{12}^2\alpha_{xx} + a_{12}a_{22}\alpha_{xy} + a_{12}a_{32}\alpha_{xz} + a_{12}a_{22}\alpha_{yx} + a_{22}^2\alpha_{yy} + a_{22}a_{32}\alpha_{yz} + a_{12}a_{32}\alpha_{zx} + a_{22}a_{32}\alpha_{zy} + a_{32}^2\alpha_{zz})E_2$

$\therefore \alpha_2 = a_{12}^2\alpha_{xx} + a_{22}^2\alpha_{yy} + a_{32}^2\alpha_{zz}$

$a_{12}^2 = (\cos\alpha\sin\phi\cos\theta + \sin\alpha\cos\phi)^2 = \langle\cos^2\alpha\rangle\langle\sin^2\phi\rangle\langle\cos^2\theta\rangle + \langle\sin^2\alpha\rangle\langle\cos^2\phi\rangle$

$= \frac{1}{4}[L_2(p)+1]$

$a_{22}^2 = (-\sin\alpha\sin\phi\cos\theta + \cos\alpha\cos\phi)^2 = \langle\sin^2\alpha\rangle\langle\sin^2\phi\rangle\langle\cos^2\theta\rangle + \langle\cos^2\alpha\rangle\langle\cos^2\phi\rangle$

$= \frac{1}{4}[L_2(p)+1]$

$a_{32}^2(\sin\phi\sin\theta)^2 = \langle\sin^2\phi\rangle[1-\langle\cos^2\theta\rangle] = \frac{1}{2}[1-L_2(p)]$

$\therefore \alpha_2 = \frac{1}{4}[L_2(p)+1]\alpha_{xx} + \frac{1}{4}[L_2(p)+1]\alpha_{yy} + \frac{1}{2}[1-L_2(p)]\alpha_{zz}$

$\frac{(n_2^2-1)}{(n_2^2+2)} = \frac{4}{3}\pi N\alpha_2$

$$n_2 = \sqrt{\frac{8\pi N\alpha_2 + 3}{3 - 4\pi N\alpha_2}}$$

分極処理後の誘電主軸 Y 方向の屈折率 $n_2(n_y)$ は以下の式で与えられる。

$$\therefore n_2 = \sqrt{\frac{8\pi N\left(\frac{1}{4}[L_2(p)+1]\alpha_{xx} + \frac{1}{4}[L_2(p)+1]\alpha_{yy} + \frac{1}{2}[1-L_2(p)]\alpha_{zz}\right) + 3}{3 - 4\pi N\left(\frac{1}{4}[L_2(p)+1]\alpha_{xx} + \frac{1}{4}[L_2(p)+1]\alpha_{yy} + \frac{1}{2}[1-L_2(p)]\alpha_{zz}\right)}} \quad (2)$$

1.4 屈折率 n_Z の導出

$P_3 = a_{13}p_x + a_{23}p_y + a_{33}p_z$

$= a_{13}(\alpha_{xx}E_x + \alpha_{xy}E_y + \alpha_{xz}E_z) + a_{23}(\alpha_{yx}E_x + \alpha_{yy}E_y + \alpha_{yz}E_z) + a_{33}(\alpha_{zx}E_x + \alpha_{zy}E_y + \alpha_{zz}E_z)$

$= (a_{11}a_{13}\alpha_{xx}E_1 + a_{12}a_{13}\alpha_{xx}E_2 + a_{13}^2\alpha_{xx}E_3 + a_{13}a_{21}\alpha_{xy}E_1 + a_{13}a_{22}\alpha_{xy}E_2 + a_{13}a_{23}\alpha_{xy}E_3 + a_{13}a_{31}\alpha_{xz}E_1 + a_{13}a_{32}\alpha_{xz}E_2 + a_{13}a_{33}\alpha_{xz}E_3) + (a_{11}a_{23}\alpha_{yx}E_1 + a_{12}a_{23}\alpha_{yx}E_2 + a_{13}a_{23}\alpha_{yx}E_3 + a_{21}a_{23}\alpha_{yy}E_1 + a_{22}a_{23}\alpha_{yy}E_2 + a_{23}^2\alpha_{yy}E_3 + a_{23}a_{31}\alpha_{yz}E_1 + a_{23}a_{32}\alpha_{yz}E_2 + a_{23}a_{33}\alpha_{yz}E_3) + (a_{11}a_{33}\alpha_{zx}E_1 + a_{12}a_{33}\alpha_{zx}E_2 + a_{13}a_{33}\alpha_{zx}E_3 + a_{21}a_{33}\alpha_{zy}E_1 + a_{22}a_{33}\alpha_{zy}E_2 + a_{23}a_{33}\alpha_{zy}E_3 + a_{31}a_{33}\alpha_{zz}E_1 + a_{32}a_{33}\alpha_{zz}E_2 + a_{33}^2\alpha_{zz}E_3)$

$P_3 = \alpha_3 E_3$

$P_3 = (a_{13}^2\alpha_{xx} + a_{13}a_{23}\alpha_{xy} + a_{13}a_{33}\alpha_{xz} + a_{13}a_{23}\alpha_{yx} + a_{23}^2\alpha_{yy} + a_{23}a_{33}\alpha_{yz} + a_{13}a_{33}\alpha_{zx} + a_{23}a_{33}\alpha_{zy} + a_{33}^2\alpha_{zz})E_3$

$\therefore \alpha_3 = a_{13}^2\alpha_{xx} + a_{23}^2\alpha_{yy} + a_{33}^2\alpha_{zz}$

$a_{13}^2 = (-\cos\alpha\sin\theta)^2 = \langle\cos^2\alpha\rangle[1-\langle\cos^2\theta\rangle] = \frac{1}{2}[1-L_2(p)]$

$a_{23}^2 = (\sin\alpha\sin\theta)^2 = \langle\sin^2\alpha\rangle[1-\langle\cos^2\theta\rangle] = \frac{1}{2}[1-L_2(p)]$

$a_{33}^2 = (\cos\theta)^2 = \langle\cos^2\theta\rangle = L_2(p)$

$\therefore \alpha_3 = \frac{1}{2}[1-L_2(p)]\alpha_{xx} + \frac{1}{2}[1-L_2(p)]\alpha_{yy} + L_2(p)\alpha_{zz}$

$\frac{(n_3^2-1)}{(n_3^2+2)} = \frac{4}{3}\pi N\alpha_3$

第3章　基礎理論Ⅲ　外部電界による屈折率の制御

$$n_3 = \sqrt{\frac{8\pi N\alpha_3 + 3}{3 - 4\pi N\alpha_3}}$$

分極処理後の誘電主軸Z方向の屈折率 $n_3(n_Z)$ は以下の式で与えられる。

$$\therefore n_3 = \sqrt{\frac{8\pi N\left(\frac{1}{4}[L_2(p)+1]\alpha_{xx} + \frac{1}{4}[L_2(p)+1]\alpha_{yy} + L_2(p)\alpha_{zz}\right) + 3}{3 - 4\pi N\left(\frac{1}{4}[L_2(p)+1]\alpha_{xx} + \frac{1}{4}[L_2(p)+1]\alpha_{yy} + L_2(p)\alpha_{zz}\right)}} \qquad (3)$$

2　膜厚方向の分極処理による屈折率制御

外部電場による $L_2(p)$ は図3のようになる。

図3において $L_1(p)$ および $L_3(p)$ はそれぞれ1次および3次のLangevin関数である。$L_1(p)$ および $L_3(p)$ はpの増加に伴い0から1まで変化する。一方 $L_2(p)$ は無電界時には1/3であり，pの増加と共に1に近づく。しかし，高電界時に材料に絶縁破壊が生じるので $L_2(p)$ を1に近づけることは不可能であり，実際にはp＝1付近が印加電圧の上限になる。それゆえ到達できる $L_2(p)$ は0.4程度が限界値になる。

一般に高分子をキャストから作製し，十分な時間ガラス転移温度以上で熱処理すると，等方性のフィルムが得られる。正の複屈折を有するフィルムを延伸すると（延伸方向をX軸と定義する），X方向の屈折率 n_x が最大になる。一方，双極子モーメントを有するフィルムの膜厚方向に

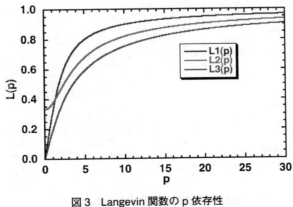

図3　Langevin関数のp依存性

電界を印加して分極処理を行うと，厚み方向の屈折率 n_z が最大になる。我々は延伸と分極処理により，高分子フィルムの n_x, n_y, n_z の関係の制御を試みた。フィルムの屈折率の3次元分布の模式図を図4に示す。

我々はフェノキシ樹脂の側鎖に高分子反応により双極子モーメントを有する分子を導入し，延伸・分極処理により高分子の屈折率の3次元分布がどのように変化するかを調査した。高分子の合成スキームを図5に示す[2]。

表2に側鎖に導入した分子の分極率と双極子モーメントを示す。分極率の計算にはMOPAC-PM3，最大吸収波長の計算にはZINDOを用いた。フェノキシ樹脂に導入した側鎖の分極率の最大成分は，双極子モーメントと平行な方向にある。それゆえ，分極処理により，側鎖が膜厚方向に配向すると，膜厚方向の屈折率が増加する。このことは式(3)からも予想できる。

表3に合成した高分子のガラス転移温度，屈折率，密度，最大吸収波長を示す。mはフェノ

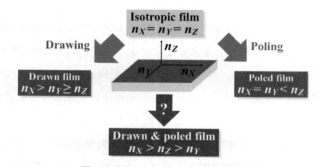

図4 高分子フィルムの屈折率分布

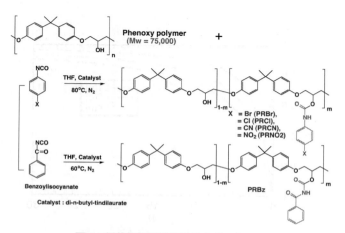

図5 側鎖修飾型高分子の合成スキーム

第3章 基礎理論Ⅲ 外部電界による屈折率の制御

表2 側鎖に導入した分子の分極率，双極子モーメントと最大吸収波長

Chromophore	μ^a [Debye]	α^a [esu/10^{-23}]	λcut-off^b [nm]	Chromophore	μ^a [Debye]	α^a [esu/10^{-23}]	λcut-off^b [nm]
PRNO2	7.0	4.8	350	PRMTX	3.2	3.3	280
PRCl	2.6	3.3	290	PRClSu	7.5	5.2	290
PRBr	2.8	3.6	300	PRBz	4.9	3.5	280
PRCN	5.4	4.8	290	PRdCN	7.1	6.5	370

^{a}calculated by MOPAC; ^{b}calculated by ZINDO

表3 側鎖修飾型高分子の物性値

R =		Tg [℃]	Avg. n		ρ[g/cm^3]		λcut-off [nm]	
			Exp.^{a}	Calc.^{b}	Exp.	Calc.^{b}	Exp.	Calc.^{c}
OH	Phenoxy (m=0.0)	90	1.599	1.602	1.204	1.117	305	—
	PRBz (m=0.9)	94	1.599	1.596	1.187	1.175	300	270
	PRCl (m=1.0)	104	1.605	1.619	1.256	1.227	310	280
	PRBr (m=1.0)	112	1.613	—	1.364	—	310	290
	PRCN (m=0.8)	114	1.600	1.617	—	1.192	300	310
	PRNO2 (m=1.0)	130	1.622	1.631	1.265	1.239	400	350

^{a}measured by Abbe refractometer at 20℃
^{b}calculated by group contribution method
^{c}calculated by ZINDO

キシ樹脂に対する側鎖の導入率である。

図6に分極処理後の側鎖修飾型高分子の面外複屈折Δ(n_z-n_x)を示す。フィルムはスピンコート法によって作製し，その後コロナポーリング法で分極処理した。分極処理によって膜厚方向の屈折率が大きくなった。双極子モーメントの大きなニトロ基，シアノ基を導入した分子の屈折率の増加が顕著であった。また，屈折率の側鎖導入率依存性を調べたところ，導入率の増加に従って，屈折率が増加した。これは側鎖の双極子モーメントと分極率の大きな分子軸が一致しているためである。ニトロ基を利用すると，最大で0.012程度，膜厚方向の屈折率を増加させることが

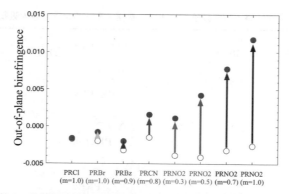

図6　分極処理後の側鎖修飾型高分子の面外複屈折 Δ ($n_z - n_x$)

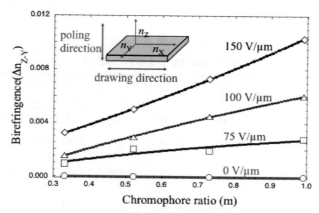

図7　面外複屈折の色素導入率依存性
分極処理はコンタクトポーリングにて行った。

できた。

　次に，コンタクトポーリングした試料の面外複屈折の色素導入率依存性を調査した。図7に見られるように分極処理時の印加電界が高い試料ほど，複屈折が大きくなった。また，側鎖の導入率の増加に伴い，分極処理の効果が強く発現した。色素の導入率が98％の時には分極処理により0.010ぐらいの屈折率の増加が観察された。コンタクトポーリングはコロナポーリングに較べて，印加電界が小さいので，屈折率の増加率はコロナポーリングに較べて小さくなっている。

　分極処理により n_X，n_Y の屈折率は減少し，逆に n_Z は増加した。また，延伸に伴い n_X は増加するが，n_Y と n_Z は減少した。分極処理電圧と延伸倍率を制御することにより，図8に見られるように通常の1軸延伸で得られる $n_X > n_Y = n_Z$ の関係を $n_X > n_Z > n_Y$ へと変化させることができる。特に角度依存性が無い，位相差板を作製するために必要な $n_Z = \dfrac{n_X + n_Y}{2}$ を満足するような条件を見出すことができる[3,4]。

第3章 基礎理論Ⅲ 外部電界による屈折率の制御

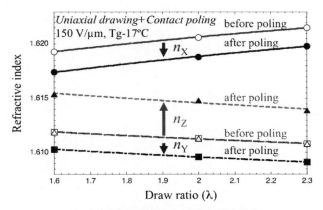

図8 延伸と分極処理による屈折率制御
分極処理はコンタクトポーリングで行っている。

文　　献

1) J. L. Oudar and J. Zyss, *Phys. Rev. A.*, **26**, 2016–2027 (1982)
2) J. C. Kim, T. Yamada, C. Ruslim, K. Iwata, T. Watanabe, S. Miyata, *Macromolecules*, **29**, 7177–7185 (1996)
3) J. C. Kim, T. Watanabe, S. Miyata, *Jpn. J. Appl. Phys.*, **36**, 232–238 (1997)
4) J. C. Kim, T. Watanabe, S. Miyata, *Mol. Cryst. Liq. Cryst.*, **295**, 75–78 (1997)

第 2 編

光学特性計測方法

卷 之 補

光學新中西法算

第1章　屈折率測定法

近藤高志*

　屈折率は，その物質によって構成される光学素子の動作や特性を決定する最も基本的で重要な物理定数である．物質の屈折率測定は極めて古典的な主題であるが，高い精度で屈折率を決定することは実は大変に難しい．ここでは，固体試料を対象とした代表的な屈折率測定法を紹介するが，利用できる試料の形状，要求される屈折率の精度，光学的異方性の有無や屈折率を知る必要のある波長域など，様々な要素を考慮して適切な測定法を選択する必要がある．なお，ここでは，実用性や精度の観点から以下の6種の方法のみを紹介したが，他にも多くの測定法がある．参考文献1)などを参照されたい．

1　臨界角法

　測定対象物質から参照プリズムへの屈折光の臨界角の測定値から被測定物質の屈折率を決定する方法である．市販の装置が容易に入手でき，簡便な方法である．図1に示すように，参照プリズムの配置の異なる2種類の測定法がある．図1(a)はアッベ屈折計，図1(b)はプルフリッヒ屈折計とよばれる．いずれも，屈折率が事前にわかっているプリズム（屈折率 n_p）の上に屈折率 n の被測定物質を密着させ，わずかに集光した光を試料側からプリズムとの界面へすれすれに入射する．臨界角 θ_c よりも大きな角度で出射する光は存在しないので，プリズム出射端から観察する

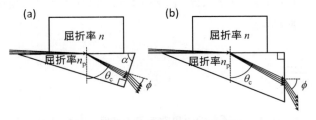

図1　臨界角を用いた屈折率測定法
(a)はアッベ屈折計，(b)はプルフリッヒ屈折計である．

＊　Takashi Kondo　東京大学　大学院工学系研究科　マテリアル工学専攻　准教授

と臨界角に相当する角度に明瞭な境界を持つ明暗のコントラストが観測できる。プリズムの出射端からの観測される明暗境界の角度ϕから試料の屈折率が決定できる。

アッベ屈折計では，

$$n = \sqrt{n_\mathrm{p}^2 - \sin^2\phi}\,\sin\alpha \pm \sin\phi\cos\alpha \tag{1}$$

プルフリッヒ屈折計では，

$$n = \sqrt{n_\mathrm{p}^2 - \sin^2\phi} \tag{2}$$

である。ここで，αは参照プリズムの頂角であり，式(1)での符号は，出射光がプリズム出射面法線よりも試料よりに屈折するときには＋，反対に屈折するときには−をとる。

臨界角を利用する原理からあきらかなように，$n_\mathrm{p} > n$でなければならないので，参照プリズムに用いる材料の屈折率よりも高い屈折率を有する試料の測定ができないという制限がある。しかし，装置が簡便で測定が容易な上，十分注意して測定をおこなえば$10^{-3} \sim 10^{-4}$という比較的高い精度での測定が可能なため，有用な測定法である。上記の2種類の屈折計は精度などにおいてほとんど差はないが，アッベ屈折計の方が小型化に適しているため，市販の簡易屈折率計は多くがアッベ屈折計である。波長589nmでの屈折率（n_D）の測定を中心にしたものが多いが，適切な単色光源を用いれば屈折率の波長分散も正確に測定できる。また，異方性試料の場合も，試料の方位と入射光の偏光を適切に設定することで測定が可能となる。

2　最小偏角法

プリズム状に加工した試料をゴニオメータに載せ，試料の側面から光を入射しながら入射角を変えて，入射光と出射光のなす角（偏角）の最小値を決定することによって屈折率を測定する。偏角の最小値θ_mが得られているときには，図2のように光路はプリズム頂角の2等分線に対して対称となる。試料の屈折率は

$$n = \frac{\sin[(\theta_\mathrm{m} + \alpha)/2]}{\sin(\alpha/2)} \tag{3}$$

で与えられる。ここで，αはプリズムの頂角である。通常，高精度のゴニオメータとコリメータ，テレスコープを装備した装置が測定に用いられる。同じ装置を使ってオートコリメーション法で頂角の精密な測定もおこなえる。試料の入出射面の平坦性と頂角測定の精度がこの方法による屈折率測定の精度を決定することになる。よく準備された試料で注意深く測定をおこなえば，

第1章　屈折率測定法

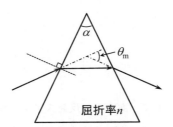

図2　最小偏角法の概略
偏角 θ が最小になる配置では，光路はプリズムの
頂角の二等分線に対して対称となる。

10^{-5} 程度までの極めて高い精度が達成できる。ただし，10^{-5} 程度の精度まで要求する場合には，測定時の雰囲気（空気）の屈折率まで考慮して補正をおこなう必要がある。

最小偏角法は固体の屈折率測定法として最も精度の高い方法であり，多くの材料の屈折率の標準値はこの方法で測定されてきた。測定できる屈折率の大きさに制限がないのも重要な長所である。測定光源に様々な波長の単色光を用いることで屈折率の波長分散も測定できる。異方性試料の場合も，適切な方位の試料に対して適切な偏光配置で測定すればよい。高品質なプリズム状試料の作製が可能ならば，屈折率測定には最小偏角法を用いるべきである。

3　液浸法

上記の二つの方法では大型の試料の加工が必要となる。あまり大きな試料が得られない場合などに用いられる屈折率測定法に液浸法がある。液体中に固体試料を置いたとき，液体と固体の屈折率が違うときには固体試料と液体の境界線に沿ってベッケ線とよばれる明るい線が観測される。液体の屈折率が固体のそれと一致すると，このベッケ線が見えなくなる。種々の屈折率の浸液を準備しておき，ベッケ線が見えなくなる浸液を特定することができれば，その浸液の屈折率が試料の屈折率ということになる。浸液と試料固体の屈折率の大小は，顕微鏡の鏡頭，あるいは試料ステージを上下させたときのベッケ線の移動方向から判別できる。1.3〜2.1 程度までの様々な屈折率を有する屈折率浸液が市販されており，これをそのまま使うこともできるが，高屈折率のものは着色しており短波長域では使用できない。また，一般に高屈折率のものは毒性が強いという難点がある。精度の高い測定をするためにはこれら市販の屈折液を濃度を変えて混合して，さらに測定精度を上げることもできる。浸液の屈折率はアッベ屈折計などで測定できる。この方法の測定精度は意外に高く，辛抱強く測定を繰り返せば 10^{-4} 程度の精度も達成できる。光源の波長を変えれば屈折率の波長分散も測定できるし，試料の方位が特定できれば，偏光顕微鏡を用

いて異方性試料の測定も可能である。

4 干渉法

薄膜状試料に対して透過スペクトル，あるいは反射スペクトルの測定をおこなうと，試料内での光の多重反射干渉効果によって，図3(a)のようなフリンジ状のスペクトルが得られる。厚さtで屈折率$n(\lambda)$の透明な（フリースタンディングな）薄膜状試料の垂直入射光に対する透過率$T(\lambda)$と反射率$R(\lambda)$は次式で与えられる。

$$T(\lambda) = \frac{(1-R_0)^2}{(1-R_0)^2 + 4R_0 \sin^2[2\pi n(\lambda)t/\lambda]} \tag{4}$$

$$R(\lambda) = \frac{4R_0 \sin^2[2\pi n(\lambda)t/\lambda]}{(1-R_0)^2 + 4R_0 \sin^2[2\pi n(\lambda)t/\lambda]} \tag{5}$$

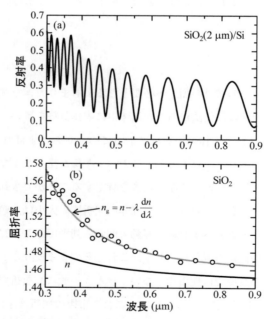

図3 Si基板上の2.0μm厚SiO$_2$薄膜の反射スペクトル(a)とSiO$_2$の屈折率(b)
(b)図中の白丸は(a)の反射スペクトルの極大，極小点の波長から式(7)を用いて求めた屈折率。

第1章　屈折率測定法

ここで，$R_0 = [(n(\lambda)-1)/(n(\lambda)+1)]^2$ は試料表面の反射率である。透過率の極大を与える（反射率の極小を与える）波長 λ_m では

$$\frac{2\pi}{\lambda_m}n(\lambda_m)t = m\pi \qquad （m \text{は自然数}） \tag{6}$$

が成り立つので，何らかの方法で干渉の次数 m を決定することができれば，その波長 λ_m での屈折率 $n(\lambda_m)$ を求めることができる[2,3]。ただし，非常に薄い薄膜試料の場合を除いて，この干渉次数 m を誤りなく知るのは容易ではない。m の誤差はそのまま屈折率の誤差に直結するので，干渉次数の決定は慎重におこなう必要がある。

　干渉次数がわからなくとも，試料が十分厚くて隣り合う極大波長の間隔がそれほど広くない場合には，両極大波長における屈折率が同一であるとみなして

$$n = \frac{\lambda_m \lambda_{m+1}}{2(\lambda_m - \lambda_{m+1})t} \tag{7}$$

の式を用いて屈折率を求めることがしばしばおこなわれる。しかし，屈折率の波長分散が小さい場合でも，この方法で決定した屈折率は正しくない。実際，式(7)から求まる屈折率は，通常の屈折率 n（位相屈折率ともよばれる）ではなく，

$$n_g = n - \lambda \frac{\mathrm{d}n}{\mathrm{d}\lambda} \tag{8}$$

で与えられる群屈折率である（媒質中でのパルス光（波束）の伝搬速度，すなわち群速度 $v_g = c/n_g$ を決定する物性値が群屈折率 n_g であるのに対して，通常の屈折率 n は等位相面の伝搬速度，すなわち位相速度 $v_p = c/n$ を決定する値である）。図3(b)に，Si基板上 SiO_2 薄膜の反射スペクトル（図3(a)）から式(7)を用いて決定した屈折率を白丸でプロットしたが，確かにこれは群屈折率になってしまっている。この問題を克服するために，干渉法によって求まった群屈折率から屈折率（位相屈折率）n を推定する方法がいくつか考案されている[4,5]。しかしながら，屈折率の波長分散に適当なモデル（セルマイヤーやコーシーの分散式など）を仮定する必要があり，そのモデルの妥当性や得られた値の精度などについて慎重な考慮が必要である。

　なお，図3(b)の白丸のデータは極めてばらつきが大きいことに注目していただきたい。このデータは波長精度 $\delta\lambda = 0.2\mathrm{nm}$ で λ_m を読み取って求めたものであるが，隣り合う極値波長間隔 $\lambda_m - \lambda_{m+1}$ が波長読み取り精度 $\delta\lambda$ に比べてそれほど大きくないことがこの誤差の一因である。また，短波長側では基板材料であるSiの複素屈折率スペクトルの形状を反映した構造が現れて

おり，これも干渉法による屈折率決定の誤差を大きくしている。屈折率測定法として干渉法を用いる場合には，こうした数々の制約をよく理解して利用すべきである。

異方性試料の場合，適切な直線偏光の光を使うことで面内の異方性は問題なく測定できる。しかし，表面に垂直な電場成分を持つ偏光に対する屈折率の測定は難しい。p偏光の斜め入射光を使えば，原理的には測定可能ではあるが，精度を高めるのは容易ではない。

この方法は，薄膜状試料に対する最も簡便な屈折率測定法であるが，試料の厚さtを事前に別な方法で決定しておかなければならない点も泣きどころの一つである。tの測定精度がそのまま屈折率の測定精度の上限を決めてしまうが，一般に，薄膜試料の膜厚測定の精度は通常の屈折率測定に求められる精度と比べてはるかに低い場合が多い。

5　楕円偏光解析法（エリプソメトリ）

十分に平滑な表面の試料に偏光を斜めに入射して反射光の偏光状態を調べることによって試料の屈折率を知ることができる。反射光は一般に楕円偏光となるので，この方法を楕円偏光解析法（エリプソメトリ）と，この方法に基づいた測定装置をエリプソメータとよぶ[6]。入射光の偏光のさせかたや反射光の偏光状態をどのように評価するかで種々の異なる測定法が開発されているが，エリプソメトリの基本的な原理は，

$$\frac{r_p}{r_s} = \tan\psi \exp(i\varDelta) \tag{9}$$

で与えられるs偏光とp偏光の振幅反射率の比を測定することにつきる。反射楕円偏光の測定をおこなうことで，振幅反射率の絶対値の比$\tan\psi$と位相差$\varDelta$の二つのパラメータを求めることができる点がこの方法の巧妙な点である。一つの測定で二つのパラメータが得られるので，以下のように二つの未知数を同時に決定することができる。

- 不透明バルク試料の場合，複素屈折率の実部n（屈折率）と虚部κ（消衰係数）を同時に決定できる。
- 透明薄膜単層試料の場合，屈折率nと膜厚tが同時に決定できる（基板材料の屈折率は事前に知っておく必要がある）。
- 不透明単層薄膜試料では，事前に膜厚tがわかっていればnとκが同時に決定できる。

エリプソメトリが特に威力を発揮するのは，薄膜試料の屈折率測定である。上述のように，透明試料ならば膜厚と屈折率が一つの測定で決定できてしまうのが強みではあるが，膜厚は完全に一意に決まるわけではなく，とびとびの候補値から膜厚に関する事前の他の情報に基づいて妥当

第1章　屈折率測定法

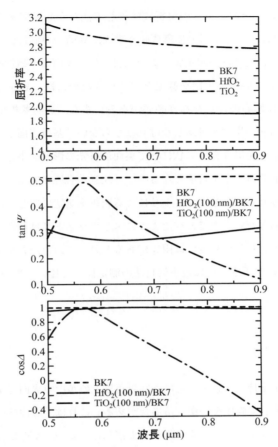

図4　分光型楕円偏光解析法（エリプソメトリ）のデータの例
光学ガラス BK7 のバルク試料と，BK7 基板上の HfO$_2$ 薄膜，
TiO$_2$ 薄膜（厚さはいずれも 100nm）について示した。

なものを選び出す必要がある。これを回避するには，測定波長や入射角を変えて複数の測定をおこなえばよい。入射角を変えて複数の測定をおこなえばこの問題は解決できるし，さらに，異方性試料の屈折率測定もこの方法で可能となる。最近では，幅広い波長範囲で連続的にエリプソメトリ測定がおこなえる分光エリプソメータが普及し，広く用いられるようになっている。分光エリプソメトリ[7]は膜厚の非一意性の問題を回避できる上，試料の屈折率波長分散を測定できるため，極めて強力な測定法であるといえる。特に，数 100nm 以下（0.1nm のオーダーまで評価可能な場合がある）の薄膜には極めて有効な測定法である。図4に分光エリプソメトリデータの例を示した。光学ガラス BK7 のデータと，BK7 基板上の 100nm 厚の HfO$_2$ 薄膜試料，BK7 基板上の 100nm 厚の TiO$_2$ 薄膜試料のデータを比較した。

エリプソメトリの測定とそのデータの解析には細心の注意が必要である。エリプソメトリはnm程度，あるいはそれ以下のサイズの極薄薄膜や表面，界面の評価に威力を発揮することが知られているが，これは逆に言えば，測定データが試料表面や界面の平坦性や均質性に極めて敏感に依存することを意味している。正確な測定をおこなうためには，表面の平坦性や界面の急峻性，膜厚の均一性などに細心の注意を払う必要がある。また，透明基板上の薄膜試料の測定では，基板裏面からの反射光の影響を排除しなければならない。基板表面と裏面を非平行にして裏面反射光を分離する，裏面を磨りガラス状にして裏面反射光の影響を小さくするなどの処置をしておかないと，意味のある測定が不可能となるので，注意が必要である。

最後に，水を差すようだが，エリプソメトリによる屈折率測定に関しては，過信は禁物であるということを強調しておきたい。上で述べたようにエリプソメトリは極端に表面敏感な測定法なので，得られる屈折率の絶対値の精度には限界があると思っておいた方がよい。実際，エリプソメトリで測定されたSiの屈折率[8]には最小偏角法の測定値[9]と比較して10^{-2}に近い差が見られる。

6 プリズムカップリング法

周囲よりも高い屈折率を持つ薄膜中の光は，臨界角以上の角度で界面で全反射して薄膜の中に閉じ込められて定在波として膜中を伝搬する場合がある。これは，導波モードとよばれる。薄膜導波路（スラブ導波路，あるいは平板導波路ともよばれる）はこの導波モードの光を用いる光機能素子である[10]。十分な厚さの薄膜の場合，膜厚方向の定在波の節の数に応じて異なる伝搬の仕方を示す複数の導波モードが膜中を伝搬できるようになる。これらの導波モードの膜内での伝搬は

$$E(x,z) = E_m(x)\exp(i\beta_m z) \tag{10}$$

と記述でき，各導波モードの伝搬定数 β_m は

$$\beta_m = \frac{2\pi}{\lambda}n_m^{\mathrm{eff}} = k_0 n_m^{\mathrm{eff}} \tag{11}$$

で与えられる。ここで，$k_0 = 2\pi/\lambda$ は真空中の光の波数である。n_m^{eff} は等価屈折率とよばれ，薄膜試料の膜厚 t と屈折率 n，基板材料の屈折率 n_{sub} の関数である。伝搬定数 β_m を測定することで薄膜の屈折率 n の決定することが可能である[11]。プリズムカップリング法は伝搬定数（ひいては等価屈折率）を高い精度で決定することのできる，優れた測定法である。

第1章 屈折率測定法

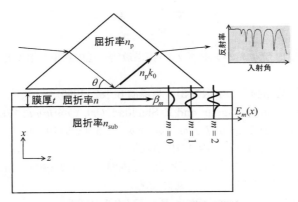

図5　プリズムカップリング法の概略

プリズムカップリング法の概略を図5に示す。屈折率 $n_p > n^{\text{eff}}$ のプリズムを薄膜試料の表面に近づけると，プリズム内で全反射した光のエバネッセント成分が薄膜試料に接し，

$$k_0 n_p \cos\theta = \beta_m^{\text{eff}} \tag{12}$$

の条件が満足されると，薄膜中の導波モードが効率よく励起される。入射角を変えながら反射率を測定すると，式(12)を満足する場合に反射率の低下が観測され，そのときの入射角から n_m^{eff} が決定できる。十分に厚い膜の場合，複数の導波モードが異なる入射角で観測でき，それらの n_m^{eff} の測定値から薄膜の屈折率 n と膜厚 t を同時に決定できる。

　プリズムカップリング法は，ここで取り上げた薄膜屈折率測定法の中で最も精度が高い。均質な試料に対して慎重に測定をおこなえば 10^{-3}，あるいはそれ以上の精度を出すことができる。基板裏面の反射光が測定結果にほとんど影響しないため，透明基板上の薄膜の測定で特別な配慮が必要ないことや，薄膜中の進行波を利用するので極端な表面・界面敏感性を持ち合わせないことも屈折率測定法としての長所である。p偏光入射光を使ってTMモードの測定をおこない3つ以上のモードが観測できれば，異方性まで含めた屈折率決定が可能になる。また，入射光の波長を変えれば屈折率の波長分散もまったく問題なく測定できる。2つ以上のモードを保持できないような薄い薄膜には適用できない（可視光領域では，おおざっぱに言って数100nm以上の膜厚が必要であろう）こと，プリズムの屈折率よりも高い屈折率の膜の評価ができないことが制限事項である。

文　　献

1) 新井敏弘, 小川力, 光測定ハンドブック (田幸敏治, 辻内順平, 南茂夫編), 朝倉書店 p. 532 (1994)
2) 吉田貞史, 薄膜 (応用物理工学選書3), 培風館 p. 182 (1990)
3) M. A. Khashan, A. M. El-Naggar, and E. Shaddad, *Opt. Commun.*, **178**, 123 (2000)
4) J. R. Rogers and M. D. Hopler, *J. Opt. Soc. Am. A*, **5**, 1595 (1988)
5) S. Gauvin, *J. Opt. Soc. Am. A*, **19**, 1712 (2002)
6) 横田英嗣, 光測定ハンドブック (田幸敏治, 辻内順平, 南茂夫編), 朝倉書店 p. 287 (1994)
7) 藤原裕之, 分光エリプソメトリー, 丸善 (2003)
8) D. E. Aspnes and A. A. Studna, *Phys. Rev.*, **27**, 985 (1983)
9) D. F. Edwards, "Handbook of Optical Constants of Solids (Ed., E. Palik)," p. 547, Academic Press (1985)
10) 左貝潤一, 導波光学, 共立出版 (2004)
11) R. Th. Kersten, *Opt. Commun.*, **13**, 327 (1975)

第 2 章　複屈折の発現機構

斎藤　拓[*]

1　はじめに

　高分子をフィルムやレンズに成形加工すると，成形加工時の分子配向により複屈折が生じる。この複屈折を制御することは光学用途の高分子材料を設計する上で重要である。例えば，液晶ディスプレイ（LCD）用の位相差フィルム（光学補償フィルム）では大きな複屈折を制御することで LCD の高コントラスト化や広視野角化がもたらされているのに対して，光ディスク基盤材料や一般の光学用途フィルムでは小さな複屈折が求められている[1,2]。このような複屈折の最適制御のためには，種々の高分子における複屈折の特異性とその発現機構に関する知見が必要である。本章では，高分子の複屈折の特異性とその発現機構について概説する。

2　複屈折について

　高分子は方向依存性を持つ屈折率 n の楕円体が細長く結び合った分子であるため，高分子を変形して分子鎖を配向させると，その屈折率が配向方向（$//$）とそれに垂直方向（$\perp$）で異なることで複屈折 $\Delta n (= n_{//} - n_{\perp})$ が生じる。複屈折が生じることで，Δn とフィルムの厚み d の積である位相差 $\delta (= \Delta n \cdot d)$ が現れる[3]。

　位相差の有無はそれぞれの光軸を直交方向においた偏光板の間にフィルムを挟み，干渉色の有無から確認できる。偏光顕微鏡にコンペンセーターを装着して，干渉色の縞を読み取ることで位相差が求められる。なお，アッベ屈折率計に偏光板を装着すれば位相差を有するフィルムの屈折率 $n_{//}$ と $n_{\perp}$ を独立に求めることができる。位相差を高速に測定するためには，測定波長は固定されるがレーザー光をフィルム試料に照射して，フォトダイオードで検出された透過光の強度を求めればよい。周期的に位相差を印加させる光弾性変調器 PEM を装着すれば，高精度な位相差測定ができる。最近の計測機器部品・装置の進歩により，位相差が 0.01nm 以下の高精度で 0.01 秒以内の高速測定することも可能になっている。また，レーザー光を延伸中の試料に照射して，検出された光の強度変化を解析することで延伸に伴う位相差と応力の同時測定が可能になる[4]。

---

　[*]　Hiromu Saito　東京農工大学　工学部　有機材料化学科　教授

試料に対するレーザー光の入射角度を変化させて測定すれば，その解析結果から3次元の位相差を求めることができる。分光光度計を用いて偏光光強度の波長依存性を測定すれば，測定速度や精度には劣るがその解析結果から位相差の波長依存性が求められる。これらの方法により得られた位相差 $\delta\,(=\Delta n \cdot d)$ から厚み d を割って複屈折 Δn を求めることで，以下のように高分子の種類や温度の違いによる光学特性の違いを論じることができる。

3 複屈折の発現要因と特異性

高分子の複屈折はガラス転移温度 Tg を境にして大きく変化したり，温度変化に伴い正から負への符号の変化が生じることもある[3]。このような複屈折挙動の複雑さは，高分子の変形に伴う複屈折が結合角の変化によるセグメント内歪（歪み複屈折 Δn_d）とセグメントの配向（配向複屈折 Δn_o）の両者に起因することによる。それゆえに，複屈折の発現機構の理解には Δn_d と Δn_o に関する知見が必要不可欠である。

歪み複屈折 Δn_d と配向複屈折 Δn_o に関する知見は，高分子フィルムの一軸延伸後の応力・複屈折緩和挙動の解析結果から得ることができる。ポリカーボネート（PC）フィルムの応力・複屈折緩和同時測定から得られた緩和弾性率 $E(t/a_\mathrm{T})$ と緩和複屈折 $\Delta n(t/a_\mathrm{T})$ を図1に示す。PC の $E(t/a_\mathrm{T})$ 曲線には E が 10^9Pa から 10^7Pa へと急激に低下する「ガラス転移領域」（$-2 \leq \log(t/a_\mathrm{T}) \leq 0.5$）と 10^7Pa 程度で緩やかに低下する「ゴム状平坦領域」（$0.5 \leq \log(t/a_\mathrm{T}) \leq 3.5$）との屈曲が見られるが，$\Delta n(t/a_\mathrm{T})$ 曲線には $E(t/a_\mathrm{T})$ 曲線に見られるような「ガラス転移領域」と「ゴム状平坦領域」の間の屈曲は見られない。この違いは Δn と E に対する「歪み」と「配向」の寄与の違いによる。$E(t/a_\mathrm{T})$ と $\Delta n(t/a_\mathrm{T})$ は次式で与えられる[4]。

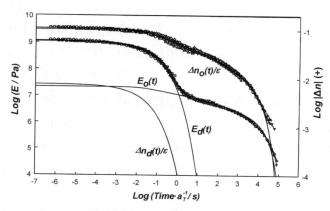

図1　PC フィルムの緩和応力と緩和複屈折に対する「歪み」と「配向」の寄与

第 2 章　複屈折の発現機構

$$E(t/a_T) = E_d(t/a_T) + E_o(t/a_T) \tag{1}$$

$$\Delta n(t/a_T) = \Delta n_d(t/a_T) + \Delta n_o(t/a_T) = C_d \cdot E_d(t/a_T) + C_o \cdot E_o(t/a_T) \tag{2}$$

ここで，C_d は歪み成分の光弾性係数，C_o は配向成分の光弾性係数である。なお，$E_d(t)$ は Kohlrausch–Williams–Watts 式，$E_o(t)$ は修正 Rouse 式で与えられる[4]。

$$E_d(t) = E_{d\max} \exp\{-(t/\tau_d)^\beta\} \tag{3}$$

$$E_o(t) = E_{o\max} \sum_{P=1}^{n-1} \frac{1}{P^\alpha} \exp\left(-\frac{t}{2\tau_0} \cdot \frac{1}{1+n/n_e} \cdot \frac{P^2\pi^2}{n^2}\right) \tag{4}$$

ここで，τ_d は歪みの緩和時間，β は歪みの緩和時間分布の尺度，n はセグメント数，n_e は絡み合い点間セグメント数，α は配向の緩和時間分布の尺度，τ_o はセグメントの配向緩和時間である。また，チューブ理論ではゴム状平坦域における応力の低下を説明できないので，修正 Rouse 式が用いられている。式 1-4 を用いれば，図 1 の細線で示されるように複屈折に対する「歪み」と「配向」の寄与 Δn_d と Δn_o が分離評価できる。

図 2 にスチレン・アクリロニトリル共重合体 (SAN) の複屈折緩和 $\Delta n(t/a_T)$ を示す。ガラス領域において t/a_T の増加に伴う複屈折の正から負への符号の変化が観察される[4]。SAN の t/a_T の増加に伴う複屈折の正から負への符号の変化は「側鎖のコンフォメーション変化」による (図 3)。側鎖のコンフォメーション変化は次式で与えられる。

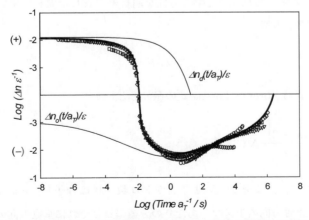

図 2　SAN フィルムの緩和複屈折に対する「歪み」と「配向」の寄与[4]
計算曲線のパラメーターは $\tau_d = 0.035$，$\beta = 0.45$，$\tau_o = 0.01$，$\alpha = 0.8$，$n_e = 150$，$n = 1000$，$C_d = 7.0 \times 10^{-12}$，$C_o = 4.7 \times 10^{-9}$。

光学材料の屈折率制御技術の最前線

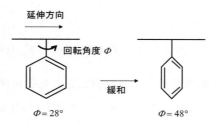

図3 SAN の側鎖のコンフォメーション変化
緩和時間の増加に伴い、フェニル基の回転角度が
28度から48度へ変化する。

$$C_0' = C_0 + C_g \exp(-t/\tau_P)^\gamma \tag{5}$$

式1-5よりSANにおけるΔn_dとΔn_oの分離評価が可能になり、複屈折の符号の変化も説明できる。なお、コンフォメーション変化の緩和時間τ_Pは0.15sと求められ、側鎖のコンフォメーション変化はフェニル基の回転振動に基づくβ緩和に比べて極めて遅い[4]。また、SANの押出成形フィルムは負の複屈折を示すが、それはT_g以上で発現された負のΔn_oが冷却中に凍結されたことによる。

4 配向複屈折と歪み複屈折

図1と図2の解析結果から、T_g以上における複屈折は延伸による「配向」に起因し、T_g以下における複屈折は「歪み」と「配向」の両者に起因することがわかる。配向複屈折Δn_oは、分子鎖の構成単位であるモノマーあたりの光学異方性を屈折率で表した固有複屈折Δn^0と、その配向状態を表した配向関数fの積

$$\Delta n = \Delta n^0 \cdot f \tag{6}$$

で与えられる[5]。Δn^0はLorentz–Lorenz式の微分形として

$$\Delta n^0 = \frac{2}{9}\pi \cdot \frac{dN}{M} \cdot \frac{(n^2+2)^2}{n}\Delta\alpha \tag{7}$$

で近似される。ここで、dは密度、Nはアボガドロ数、Mは分子量、nは平均屈折率である。$\Delta\alpha$は高分子の分子鎖軸方向のモノマーあたりの分極率αとそれに垂直方向の分極率の差で、モノマーの光学異方性を表している。モノマーの$\Delta\alpha$は、それを構成しているC–C、C–H、C–Oなどの結合あたりの分極率の和として算出され、それぞれの結合のXYZ座標における分極率

第2章 複屈折の発現機構

$(\alpha)_{XYZ}$ は次式で求められる。

$$(\alpha)_{XYZ} = R_2(\Theta) \cdot R_1(\Phi) \cdot diag(b)_{123} \cdot R_1^{-1}(\Phi) \cdot R_2^{-1}(\Theta) \tag{8}$$

ここで

$$R_1(\Phi) = \begin{pmatrix} 1 & 0 & 0 \\ 0 & \cos\phi & -\sin\phi \\ 0 & \sin\phi & \cos\phi \end{pmatrix} \quad R_2(\Phi) = \begin{pmatrix} \cos\Theta & -\sin\Theta & 0 \\ \sin\Theta & \cos\Theta & 0 \\ 0 & 0 & 1 \end{pmatrix}$$

また，$diag(b)_{123}$ は結合分極率テンソルの対角行列，ϕ と Θ は分子鎖軸に対する結合軸の方位角と極角である[6]。式6-8により，既知の結合分極率の値を用いて $\Delta\alpha$ あるいは Δn^0 の理論値を見積もることができる[5]。しかしながら，側鎖に強い異方性を有するフェニル基を有する SAN の場合にはフェニル基の回転角の温度・時間変化により $\Delta\alpha$ および Δn が異なり（図3），その理論計算による複屈折の予測は難しい。同様に，ポリメタクリル酸メチルにおいても側鎖のエステル基の面が主鎖骨格と同一面内にあれば Δn^0 の符号は正になるが，主鎖骨格が垂直面内にあれば符号は負になり，理論計算による予測は難しい[5]。理論計算に対して，実験的に Δn^0 を求めるには式6の f を求めればよい。f の測定方法として，偏光赤外二色法，蛍光法，広角X線散乱法，広幅NMR法，レーザーラマン法などがあり，f 値から得られた Δn^0 の推定値を表1に示す。

歪み複屈折 Δn_d に関しては，その要因として変形に伴う分子間隔の変化，結合角の歪曲，原子団の配向が考えられているが，実体は明らかにされていない。このように Δn_d と Δn_o の両者が存在することで広い温度領域での複屈折の制御が難しくなっている。例えば，正と負の Δn^0 を有する高分子をブレンドすれば異種高分子同士の相互作用により協同的に配向・配向緩和するためにそれぞれの高分子の f は等しくなり[7]，複屈折の加成性から配向複屈折 Δn_o をゼロにすることができるが[8]，複屈折がゼロの配向試料をガラス状態で延伸すると Δn_d の寄与により複屈折が生じてしまう。最近，多賀谷と小池らがブレンドする高分子の共重合組成と異方性分子の組

表1 高分子の固有複屈折 Δn^0

高分子	$\Delta n^0 (= \Delta n/f)$
ポリスチレン	-0.10
ポリフェニレンオキサイド	0.21
ポリカーボネート	0.106
ポリ塩化ビニル	0.027
ポリメタクリル酸メチル	-0.0043
ポリエチレンテレフタレート	0.105

成を三元制御することでΔn_dとΔn_oの両者をゼロにすることに成功している[9]ことは興味深い。

5 一軸延伸中の複屈折挙動

一般に，PCなどの高分子ガラスを応力が歪に比例する弾性変形域内で延伸すると応力に比例した複屈折が生じて，歪みに伴う複屈折と応力の比（光弾性係数 $C=\Delta n/\sigma$）が一定であるという光弾性則が成り立つ。ところが，SANガラスでは応力は歪に比例するが，複屈折は歪に比例しない（図4）。低温では正の複屈折を示し，延伸温度の上昇に伴い複屈折は小さくなり，90℃付近では延伸中に複屈折が正から負へと変化する。また，高温では負の複屈折を示す。複屈折と応力の比から得られる光弾性係数 C は歪に対して一定にはならず（光弾性則が成立せず），高温ほどその背異が大きい[10]。この特異な複屈折変化は延伸中の「側鎖のコンフォメーション変化」（図3）によると考えられる。

歪み量と歪み速度から各時間における複屈折 Δn を求めると，Δn の合成曲線が作成できる（図5）。各温度における Δn の重なりは良好で，図2から得られた側鎖のコンフォメーション変化の緩和時間 τ_P を用いて一軸延伸中の複屈折の計算値を求めると，計算値と実験値が一致する（図5の実線）[10]。この結果から，図4で示された特異な複屈折挙動は一軸延伸中の緩和に伴う側鎖のコンフォメーション変化によるものであることがわかる。

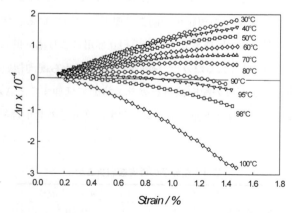

図4 T_g 以下におけるSANフィルムの一軸延伸に伴う複屈折変化

計算曲線のパラメーターは $C_d=8.9\times10^{-12}\mathrm{Pa}^{-1}$，$C_o=-2.8\times10^{-9}\mathrm{Pa}^{-1}$，$C_g=2.7\times10^{-9}\mathrm{Pa}^{-1}$，$\tau_p=0.15\mathrm{s}$，$\gamma=0.32$，$\tau_d=0.5\mathrm{s}$，$\beta=0.43$，$\tau_o=0.1\mathrm{s}$，$\alpha=0.7$，$n_e=150$，$n=2000$。

第2章　複屈折の発現機構

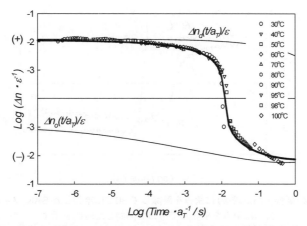

図5　図3の歪み量と歪み速度から得られる各時間における複屈折の合成曲線と式1-5より求められた計算曲線
計算曲線のパラメーターは $C_d = 8.9 \times 10^{-12} \mathrm{Pa}^{-1}$, $C_g = 2.7 \times 10^{-9} \mathrm{Pa}^{-1}$, $C_r = -2.8 \times 10^{-9} \mathrm{Pa}^{-1}$, $\tau_p = 0.15$, $\gamma = 0.32$, $\tau_d = 0.5$, $\beta = 0.43$, $\tau_o = 0.1$, $\alpha = 0.7$, $n_e = 150$, $n = 2000$。

6　弾性変形回復と複屈折

　高分子フィルムを Tg 以下で延伸すると3節で述べたように Δn_d と Δn_o により大きな複屈折が生じる。この複屈折はフィルム内の温度差や湿度差に伴う微小な膨張・収縮でも生じるため，大型FPDや光ディスク基板材料へ利用する際には注意が必要である。歪み量が弾性変形領域内であれば，この複屈折は延伸を解除することでゼロに戻るために大きな問題にはならないと考えられている。ところが，例えばSANをガラス領域の90℃で応力緩和させた後（延伸・熱処理後）に30℃へ急冷するとともに歪みを解除すると，複屈折の値はゼロに近づかずに，より負に大きくなる（図6）。また，60℃での応力緩和後（延伸・熱処理後）に急冷と歪み解除を行うと，複屈折が正から負へと変化する（図6）。これらの結果は，SANを弾性変形領域内で延伸して歪みを解除しても，複屈折はゼロには回復せずに残留してしまうことを示唆する。図2で示された Δn_d と Δn_o の挙動を考えれば，複屈折がゼロに回復せずに負の複屈折が残留することは，歪みの解除により正の複屈折を示す「歪み」が解消されたのに対して，負の複屈折を示す「配向」が完全には解消されないことによると理解できる[4]。PCではガラス領域における Δn_o が大きいために（図2参照），SANと同様に歪み解除後の残留複屈折が生じる。歪みを長時間保持するほど，また，高温ほど残留複屈折は大きくなり，70℃では延伸時の複屈折に対して約5%もの複屈折が残留する[11]。

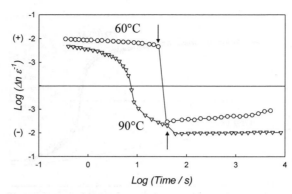

図6 応力緩和後(延伸・熱処理後)に歪みを解除して30℃に冷却したSANフィルムの複屈折 [4]
矢印は歪みを解除して冷却を開始した時間を示す。

7 複屈折の波長依存性

一般に正の複屈折を有する高分子の複屈折は波長の増加に伴い単調に低下するが,例えば位相差フィルムが広い波長領域でその特性を活かすためには複屈折は波長の増加に伴い単調に増加する必要がある。ゴム状態(T_g以上)で延伸されたフィルムの複屈折は大きな波長依存性を示すのに対して,ガラス状態(室温)の弾性変形領域内で延伸されたフィルムでは複屈折の波長依存性が極めて小さいことが明らかにされている[3,12]。ゴム状態での延伸による複屈折に対しては「配向」,ガラス状態での延伸による複屈折に対しては「歪み」の寄与が大きいことから,上記のことは「配向」による複屈折の波長依存性が「歪み」によるそれに比べて大きいことを示唆し,複屈折の波長依存性を制御するためには配向複屈折を制御すればよいと考えられる。内山らは,ブレンドや共重合体化により複屈折の符号の異なったモノマー単位を混在させることで,配向複屈折を波長の増加に伴い単調に増加させるなど複屈折の波長依存性の制御を可能にさせている[13]。

8 おわりに

以上のように,高分子の複屈折は特異な温度依存性,波長依存性,残留複屈折を示し,それらの特異性は延伸に伴う「歪み」,「配向」,「コンフォメーション変化」の複屈折への寄与が温度,時間や延伸のされ方で異なることによる。光学材料への用途展開には,このような高分子の特異な複屈折発現機構を考慮した材料設計が必要であろう。

第2章　複屈折の発現機構

文　　献

1) ディスプレイ用光学フィルム，井手文雄監修，シーエムシー出版 (2002)
2) エレクトロニクス用光学フィルム，電気・電子材料研究会編，工業調査会 (2006)
3) 斎藤拓, *Polyfile*, **45**, No. 9, 24 (2008)
4) S. Takahashi, H. Saito, *Macromolecules*, **37**, 1062 (2004)
5) 井上隆, 斎藤拓, 機能材料, **7**, No. 3, 21 (1987)
6) B. Erman, D. C. Marvin, P. A. Irvine, P. J. Flory, *Macromolecules*, **15**, 664 (1982)
7) H. Saito, M. Takahashi, T. Inoue, *Macromolecules*, **24**, 6536 (1991)
8) H. Saito, T. Inoue, *J. Polym. Sci., Polym. Phys.*, **25**, 1629 (1987)
9) A. Tagaya, H. Ohkita, T. Harada, K. Ishibashi, Y. Koike, *Macromolecules*, **39**, 3019 (2006)
10) S. Takahashi, H. Saito, in preparation
11) 恒川和啓, 斎藤拓, 高分子学会年次大会予稿集, **56-1**, 1201 (2007)
12) 原田陽司, 高橋慎哉, 斎藤拓, 成形加工シンポジア 2004, 415 (2004)
13) 内山昭彦, 工業材料, **56**, No. 4, 51 (2008)

第3章 液晶ディスプレイのための2次元複屈折計測

大谷幸利*

1 はじめに

1888年にF. Reinitzerによって発見された液晶は，1960年代に表示装置として提案された。その後，40年間における液晶ディスプレイの発展はめざましく，今日では大画面でかつ高品位なディスプレイが普及している。図1に液晶ディスプレイの分解図を示す。ここでは光学素子をガラス基板とプラスチック基板の場合に分けて示している。基本は透明電極（ITO）を付けたガラス基板で液晶を挟んで電圧を印加する。2枚の偏光板間に液晶を設置すると光強度をコントロールすることができる。今日の液晶ディスプレイの高精度化の要求に呼応して，位相板などの視野角拡大フィルムなど多くの新たな偏光技術が導入されている。さらに，これらが複雑にからみあっており，本来，必要としない（予期しない）偏光特性が高品位化を妨げる要因となっている。表1に液晶ディスプレイ関連素子に発生する複屈折や偏光を示す。液晶の開発や製造にはこれらの偏光要素を定量的に評価することが必要である[1〜3]。現在まで，求めたい物理量ごとに異なる計測法が提案されてきているのが一般的である。しかしながら，今後は，光そのものの偏光状態，つまり，直線偏光，円偏光，偏光解消をストークス・パラメータとして，光学材料その

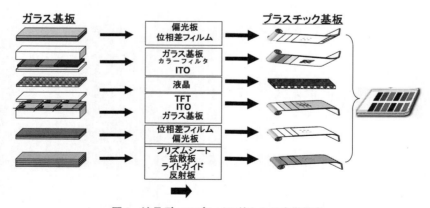

図1 液晶ディスプレイに使われる光学要素

---

* Yukitoshi Otani 東京農工大学 大学院共生科学技術研究院 准教授

第3章　液晶ディスプレイのための2次元複屈折計測

表1　液晶ディスプレイにおける光学素子の偏光・複屈折

内容	関係する偏光状態
液晶	複屈折，円複屈折（旋光），円二色性
偏光板	消光
ガラス基板	残留応力による複屈折
位相フィルム	複屈折，複屈折分散
配向	複屈折
光の再利用	円二色性

表2　偏光・複屈折検査技術とその利用範囲

対象	評価法	利用範囲
薄膜厚さ，屈折率	エリプソメータ（反射偏光計）	物質表面特性
偏光観察	偏光顕微鏡	偏光観察
直線複屈折	消光法 回転検光子法 偏光変調法 偏光干渉法 光ヘテロダイン法 位相シフト法 分光干渉法	液晶特性 位相フィルム特性 配向膜特性 セルギャップ プレチルト角 アンカリングエネルギー 分子配向捩れ角
円複屈折（旋光性）	旋光計	液晶特性
円二色性	円二色性分散計	分子構造特性
ミュラーマトリックス	分光ミュラー行列偏光計	偏光特性すべて
高空間分解能	近接場複屈折計測法	液晶分子特性 配向膜特性

ものがもつ偏光特性，つまり，複屈折，二色性や偏光解消の特性を持つ物理量をミュラー行列として取り扱うことが，ますます重要になってくると考える。

2　複屈折・偏光特性評価法

　表2に液晶デバイス開発や製造において有用な偏光・複屈折検査技術を挙げる[1]。液晶評価で必要な偏光特性は直線複屈折，円複屈折（旋光性）および円二色性である。膜評価としてはエリプソメータが有名である。薄膜表面での反射によって光学異方性（複屈折）が起こる。エリプソパラメータとよばれる楕円率角と楕円化方位を求めることにより，薄膜の厚さや屈折率を求めることができる。各種光学素子の反射防止薄膜の評価などに使われる。また，配向膜の評価として

使うことが試みられている。直線複屈折は直交偏光間に対する位相差(複屈折位相差,リターデション)と進(遅)相軸方位の測定である。簡単には2枚の偏光子の間に測定試料を設置して,このときの光強度の変化から求めるものである。

複屈折の検出感度を上げるために,偏光板を回転させる回転検光子法,光弾性変調器を用いる偏光変調法や横ゼーマンレーザを用いた偏光干渉法がある。また,液晶ディスプレイでは複屈折の波長依存性として分光特性が求められる。製造ラインを意識した実時間計測法にはチャネルドスペクトル(分光変調)法がある。また,液晶への入射光方位を変化させて直線複屈折を求めることによってプレチルト角,アンカリングエネルギーなどが得られる。

ミュラー行列はすべての偏光状態を表わすことが出来る4行×4列の行列である。光機能性材料における偏光問題では以下の物理量が求まることになる。

① 分子配向による(直線)複屈折(LB)
② 応力による(直線)複屈折(LB)
③ 線吸収係数の差による二色性(直線複吸収)(LD)
④ らせん構造による旋光性(円複屈折)(OR)
⑤ らせん構造吸収係数の差による円二色性(円複吸収)(CD)
⑥ 散乱による偏光解消(DP)

特に,偏光解消はジョーンズ行列では表現できず,ミュラー行列のみ記述可能である。偏光解消の問題は今後,様々なところで生じると考えられる。たとえば,カラーフィルターやスペーサで散乱が発生することによる偏光解消問題などが挙げられる。

複屈折計測は,すでにポイント計測(点計測)タイプのものがいくつも製品化され市場が成熟している。近年は複屈折の2次元分布計測や分光計測要求への対応も試みられている。計測時間の高速化は,2つの流れが見られる。一つはポイント計測で実時間化,高速化を目指したものであり,もう一方は画像計測として面で一度に捕らえようとするものである。複屈折測定法はエリプソメータと区別して用いる必要がある。この違いは,複屈折測定法が入射する光の偏光状態そのものを規定した上で,サンプルを透過したときの偏光の楕円率Δ,楕円の長軸方位Ψとして検出する。または,光源から出射する偏光状態を規定した上で(たとえば,直線方位を45°に設置する),測定サンプルで反射または透過した後の偏光状態を計測することで楕円率角Δ,振幅透過率比Ψを求める。つまり,計測装置が持っている主軸に対して複屈折の主軸を求めることになる。これに対して,エリプソメトリーは,サンプルの複屈折主軸の方位を考慮せずに,装置自身のもつ基準方位に対して出射光の偏光状態を出力する。したがって,エリプソメータではサンプルの複屈折を定量的に評価することは困難である。

複屈折測定法の重要なポイントは,複屈折大きさと主軸方位を決定することであり,

第3章 液晶ディスプレイのための2次元複屈折計測

① サンプルの複屈折方位をあらかじめ装置の決められた方向に設置。
② 計測装置が複屈折主軸も同時に測定。

のどちらかの対応が必要である。初期の複屈折測定装置には①のものが主流であったが，現在では，ほとんどの測定装置が②である。

複屈折測定は，偏光補償法，特に，セナルモン法は，最も一般的な方法である。この方法は，偏光子と検光子との間に四分の一波長板を挟んだ光学系になっている。四分の一波長板の位相誤差が測定誤差に与える影響は，位相誤差の1/10 程度といわれているため，比較的測定誤差が小さい点が特徴である。自動測定化して精度を向上させる試みや，自動測定装置として市販もされている。偏光補償法は安価であるが，あらかじめ入射直線偏光軸に対して試料の複屈折主軸を45度にセットする必要がある。また，光学系を構成する位相板の挿入位置や位相遅れ量などは装置ごとに様々である。また，精度向上を図るため，偏光子や位相子を回転させることによって信号に変調を与える平行ニコル回転法や回転検光子法がよく使われている。これらは，サンプルに直線偏光や円偏光を入射させる。これに対して，入射偏光の偏光状態を電気的に外部変調させる光弾性変調器を用いた偏光変調法[4,5]と光ヘテロダイン干渉法[6,7]が提案され，実用化に至っている。これらの方法は，入射偏光状態（光ヘテロダイン干渉法の場合には，2周波光の合成ベクトルを考える）を，直線偏光—楕円偏光—円偏光—楕円偏光—直線偏光の順に時間的に正弦波変調させることによってベッセル関数から複屈折を求めている。

ここでは複屈折とミュラー行列を評価する手法として，①分光複屈折分散計測，②ミュラー行列偏光計，および③ストークス偏光計について紹介する。特に，複屈折分散計測は高分子の配向状態や膜厚そして複屈折の波長依存特性を評価できることから注目されている。

3 分光偏光分散計測法

分光偏光変調を用いたインライン用複屈折分散計測装置を図2に示す[8]。これは波長に対する分光干渉強度（チャネルドスペクトル[9]）の空間周波数と位相変化から複屈折の波長特性を求めるものである。検出器は1次元分光器を用いているため，サンプルの1ライン方向の複屈折分散をワンショットで計測可能である。チャネルドスペクトルは一対の偏光子をクロスニコル（または，平行ニコル）に設置し，その間に試料を挿入したときに見える干渉色のことである。このときの波長に対する光強度 $I(k)$ は，$A(k)$，$B(k)$，ϕ をそれぞれ振幅に関する成分，コントラストに関する成分，複屈折サンプルの主軸方位とすると，

$$I(k) = A(k) + B(k) \cdot \cos^2 2\phi \cdot \cos \Delta(k) \tag{1}$$

光学材料の屈折率制御技術の最前線

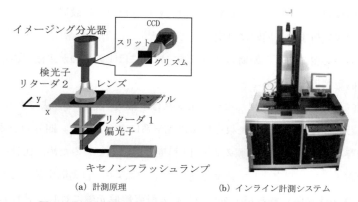

(a) 計測原理　　　(b) インライン計測システム

図2 分光変調器を用いたインライン用複屈折分散計測装置

となる。

ただし, 位相 $\Delta(k)$ は複屈折率 $\Delta n(k)$, サンプルの厚さ d とすると,

$$\Delta(k) = \frac{2\pi}{\lambda} \cdot \Delta n(\lambda) \cdot d = \Delta n(\lambda) \cdot d \cdot k \tag{2}$$

と表わすことができる。

この光強度を分光器でチャネルドスペクトル強度を検出すると, 波数 k ($k = \frac{1}{\lambda}$) に対して分光強度が正弦状に変化する。ただし, 波数 k 軸に対して試料がもつ複屈折位相差の波長依存性の影響によって周波数がわずかに変わる。これはチャネルドスペクトルが波数に対して位相変化をもつとして見なすことができる。したがって, チャネルドスペクトルの空間周波数と位相を利用することで複屈折分布を求めることができる。白色光源はハロゲンランプ, 光ファイバと対物レンズによってコリメーション光とする。偏光子1 (グラントムソンプリズム) P と水晶製のリタータ 1 (14.5λ) $R1$ を透過する。さらに, サンプル M を透過した後に, リタータ 2 (30.25λ) $R2$ と検光子 (グラントムソンプリズム) A を透過することで偏光変調を与えられる。分光器によってチャネルドスペクトルの光強度が検出される。偏光子と検光子の主軸方位はそれぞれ $0°$ と $45°$, そして, 第一のリタータ 1 は方位 $45°$, 第二のリタータ 2 は $0°$ に設置する。リタータの複屈折位相差をそれぞれ δ_1 および δ_2 とする。

入出射光のストークス・パラメータ Sin, Sout と各偏光素子のミュラー行列の関係は,

第3章 液晶ディスプレイのための2次元複屈折計測

$$S_{out} = A \cdot R2 \cdot M \cdot R1 \cdot P \cdot S_{in}$$

$$\begin{bmatrix} s_0' \\ s_1' \\ s_2' \\ s_3' \end{bmatrix} = \frac{1}{2}\begin{bmatrix} 1 & 0 & 1 & 0 \\ 0 & 0 & 0 & 0 \\ 1 & 0 & 1 & 0 \\ 0 & 0 & 0 & 0 \end{bmatrix} \cdot \begin{bmatrix} 1 & 0 & 0 & 0 \\ 0 & \cos\delta_2(\lambda) & 0 & -\sin\delta_2(\lambda) \\ 0 & 0 & 1 & 0 \\ 0 & \sin\delta_2(\lambda) & 0 & \cos\delta_2(\lambda) \end{bmatrix} \cdot \begin{bmatrix} m_{00} & m_{01} & m_{02} & m_{03} \\ m_{10} & m_{11} & m_{12} & m_{13} \\ m_{20} & m_{21} & m_{22} & m_{23} \\ m_{30} & m_{31} & m_{32} & m_{33} \end{bmatrix}$$

$$\cdot \begin{bmatrix} 1 & 0 & 0 & 0 \\ 0 & 0 & 0 & 0 \\ 0 & 0 & \cos\delta_1(\lambda) & \sin\delta_1(\lambda) \\ 0 & 0 & -\sin\delta_1(\lambda) & \cos\delta_1(\lambda) \end{bmatrix} \cdot \frac{1}{2}\begin{bmatrix} 1 & 1 & 0 & 0 \\ 1 & 1 & 0 & 0 \\ 0 & 0 & 0 & 0 \\ 0 & 0 & 0 & 0 \end{bmatrix} \cdot \begin{bmatrix} s_0 \\ s_1 \\ s_2 \\ s_3 \end{bmatrix} \tag{3}$$

ただし,

$$M = \begin{bmatrix} m_{00} & m_{01} & m_{02} & m_{03} \\ m_{10} & m_{11} & m_{12} & m_{13} \\ m_{20} & m_{21} & m_{22} & m_{23} \\ m_{30} & m_{31} & m_{32} & m_{33} \end{bmatrix} = \begin{bmatrix} 1 & 0 & 0 & 0 \\ 0 & 1-2\sin^2(\Delta(\lambda)/2)\sin^2 2\phi & \sin^2(\Delta(\lambda)/2)\sin 4\phi & -\sin\Delta(\lambda)\sin 2\phi \\ 0 & \sin^2(\Delta(\lambda)/2)\sin 4\phi & 1-2\sin^2(\Delta(\lambda)/2)\cos^2 2\phi & \sin\Delta(\lambda)\cos 2\phi \\ 0 & \sin\Delta(\lambda)\sin 2\phi & -\sin\Delta(\lambda)\cos 2\phi & \cos\Delta(\lambda) \end{bmatrix}$$

となる。

分光器で検出されるチャネルドスペクトルの光強度 $I(k)$ は

$$\begin{aligned}I(k) = s_0' = \frac{1}{8}\big[&2m_{00} + 2m_{01}\cos\delta_1(\lambda) + 2m_{02}\sin\delta_1(\lambda) - (m_{11}+m_{22})\cos\{\delta_1(\lambda)-\delta_2(\lambda)\} \\ &+ (m_{21}-m_{12})\sin\{\delta_1(\lambda)-\delta_2(\lambda)\} - 2m_{10}\cos\{\delta_2(\lambda)\} - 2m_{20}\sin\{\delta_2(\lambda)\} \\ &+ (m_{22}-m_{11})\cos\{\delta_1(\lambda)+\delta_2(\lambda)\} - (m_{12}+m_{21})\sin\{\delta_1(\lambda)+\delta_2(\lambda)\}\big]\end{aligned} \tag{4}$$

であるので,

$$\begin{aligned}I(k) = &\frac{1}{4} + \frac{1}{4}\sqrt{(m_{21}+m_{33})^2 + (m_{23}-m_{31})^2}\cos\left(\delta_1(k)-\delta_2(k)-\tan^{-1}\frac{m_{21}+m_{33}}{m_{23}-m_{31}}\right) \\ &+ \frac{1}{4}\sqrt{(m_{21}-m_{33})^2 + (m_{23}+m_{31})^2}\cos\left(\delta_1(k)+\delta_2(k)-\tan^{-1}\frac{m_{21}-m_{33}}{m_{23}+m_{31}}\right)\end{aligned} \tag{5}$$

となる。

式(5)をフーリエ変換すると空間周波数 $(\delta_1(k)+\delta_2(k))$ および $(\delta_1(k)-\delta_2(k))$ のスペクトルから振幅と位相が求まる。それぞれのミュラー行列要から複屈折位相差 $\Delta(k)$ と主軸方位 ϕ は

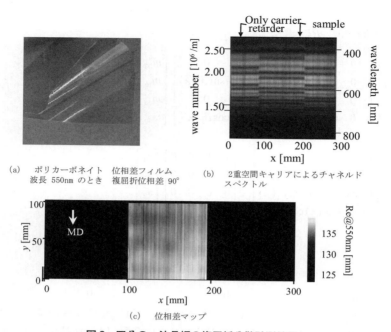

(a) ポリカーボネイト　位相差フィルム
　　波長 550nm のとき　複屈折位相差 90°
(b) 2重空間キャリアによるチャネルドスペクトル
(c) 位相差マップ

図3　四分の一波長板の複屈折分散計測結果

$$\Delta(k) = \tan^{-1} \frac{\sqrt{m_{23}(k)^2 + m_{31}(k)^2}}{m_{33}(k)}, \tag{6}$$

$$\phi = \frac{1}{2}\tan^{-1}\frac{m_{31}(k)}{m_{23}(k)} \tag{7}$$

となる[10〜12]。

　以上より，チャネルドスペクトルから機械・電気的な変調を与えることなく複屈折分散特性および主軸方位を同時にワンショットで計測することが可能となる。

　図3はサンプルとして液晶用の位相差フィルム（図3(a)）をインライン計測した結果である。図3(b)はそのチャネルドスペクトルを示す。波数 1.50×10^6/m から 2.25×10^6/m の範囲内で4つの縞が発生していることがわかる。ここで使用したサンプルは板四分の一波長板であるので，図3(c)の結果から波長 550nm の 1/4 にあたる 130nm 付近に分布していることがわかる。また，MD はマシンディレクションで延伸方向を表わす。

第3章 液晶ディスプレイのための2次元複屈折計測

4 ミュラー行列偏光計

サンプルの偏光特性は4行4列，16個の要素からなるミュラー行列で表現できる。この要素は大まかに分けると各偏光特性であるダイアッテニュエーションの項である二色性(複吸収)，円二色性(円複吸収)，およびリターダンスの項である複屈折性(直線複屈折)，旋光性(円複屈折)は以下のように色分けすることができる。

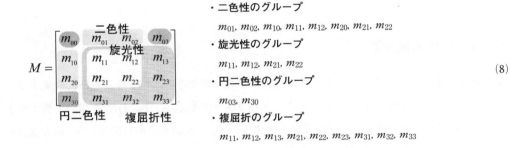

・二色性のグループ
  $m_{01}, m_{02}, m_{10}, m_{11}, m_{12}, m_{20}, m_{21}, m_{22}$
・旋光性のグループ
  $m_{11}, m_{12}, m_{21}, m_{22}$
・円二色性のグループ
  m_{03}, m_{30}
・複屈折のグループ
  $m_{11}, m_{12}, m_{13}, m_{21}, m_{22}, m_{23}, m_{31}, m_{32}, m_{33}$

(8)

図4にミュラー行列計測のための2重回転位相型ミュラー行列偏光計を示す[13]。光源，主軸方位0°の偏光子，検光子，2枚の1/4波長板により構成される。2枚の1/4波長板を1:5の角度比で回転させる。このとき検出される光強度Iは各素子のミュラー行列Mの各要素m_{ij}を求めると，

$$I = \frac{1}{4} I_0 \left[a_0(m_{ij}) + \sum_{n=1}^{12} \{ a_n(m_{ij}) \cos 2n\theta_1 + b_n(m_{ij}) \sin 2n\theta_1 \} \right] \quad (9)$$

となる。

1/4波長板の回転により変調された光強度Iを離散フーリエ変換し，フーリエ振幅a_0, a_n, b_nが得られる。ミュラー行列の各要素はフーリエ振幅を用いてサンプル表面のミュラー行列を求めることができる。

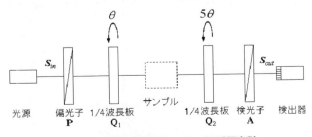

図4 2重回転位相型ミュラー行列偏光計

光学材料の屈折率制御技術の最前線

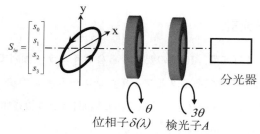

図5　二重回転分光ポラリメータ

5　ストークス偏光計

　光の偏光状態はストークス・パラメータで表わすことができる。図5は二重回転分光ポラリメータである[14]。光の偏光状態はストークス・パラメータ $[s_0, s_1, s_2, s_3]^T$ を用いて表すことができる。s_0 は垂直偏光成分と水平偏光成分の和 $I_{0°} + I_{90°}$，s_1 は水平偏光成分と90°偏光成分との差 $I_{0°} - I_{90°}$，s_2 は45°，-45°偏光成分の差 $I_{45°} - I_{-45°}$，s_3 は左右円偏光成分の差 $I_R - I_L$ を表す。測定したい偏光状態を表すストークス・パラメータは位相子と検光子からなる偏光解析器を透過する。それぞれ偏光素子は回転角1対3の比率で回転させる。位相子のもつ複屈折位相差を $\delta(\lambda)$，θ は偏光素子の回転角とすると，位相子と検光子により偏光変調された光は分光器によって波長 λ ごとの光強度分布を得る。分光器で検出される光強度は，

$$I_\theta(\lambda) = \frac{I_0}{2}[s_0(\lambda) + \sin^2\left(\frac{\delta(\lambda)}{2}\right)s_1(\lambda)\cos 2\theta + \cos^2\left(\frac{\delta(\lambda)}{2}\right)s_1(\lambda)\cos 6\theta$$
$$-\sin^2\left(\frac{\delta(\lambda)}{2}\right)s_2(\lambda)\sin 2\theta + \sin(\delta(\lambda))s_3(\lambda)\sin 4\theta + \cos^2\left(\frac{\delta(\lambda)}{2}\right)s_2(\lambda)\sin 6\theta] \quad (10)$$

と表すことができる。

　この式(10)をフーリエ解析する。光強度の変調周波数 i における余弦成分を a_i，正弦成分を b_i とする。位相子の複屈折位相差 $\delta(\lambda)$ はフーリエスペクトル $a_2(\lambda)$，$a_6(\lambda)$，$b_2(\lambda)$，$b_6(\lambda)$ を用いて，

$$\delta(\lambda) = 2\tan^{-1}\left[\frac{a_2(\lambda) + b_2(\lambda)}{a_6(\lambda) + b_6(\lambda)}\right] \quad (11)$$

と表すことができる。

　位相子の波長に対する複屈折位相差 $\delta(\lambda)$ をあらかじめ測定しておくことにより，波長ごとの

第 3 章　液晶ディスプレイのための 2 次元複屈折計測

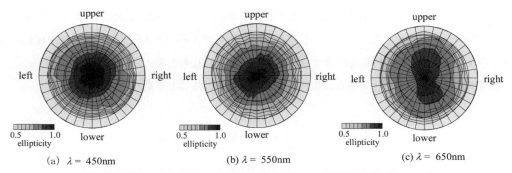

図 6　有機 EL ディスプレイ用の円偏光フィルムの楕円率の視野角マップ

位相変調量に合わせてキャリブレーションが可能である。これにより得られる測定したい偏光状態を表すストークス・パラメータは

$$\left.\begin{aligned}s_0(\lambda) &= \frac{2}{I_0} a_0(\lambda) \\ s_1(\lambda) &= \frac{2}{I_0} (a_2(\lambda) + a_6(\lambda)) \\ s_2(\lambda) &= \frac{2}{I_0} (b_6(\lambda) - b_2(\lambda)) \\ s_3(\lambda) &= \frac{2}{I_0} b_4(\lambda) \left(\frac{1}{\sin \delta(\lambda)}\right)\end{aligned}\right\} \quad (12)$$

と求めることが出来る。

図 6 は円偏光フィルムからの出射光の入射角に対する楕円率計測結果である。波長情報は分光器の特性により連続で持っているが，代表的な RGB の波長のみを示した。楕円率はストークス・パラメータから求めた。入射角が異なることによって楕円率が変化する様子が分かる。さらに，波長ごとに比較すると楕円率が異なることが示されており，視野角によって色の見え方が変わることを定量的に示している。

6　おわりに

本章では現場ライン導入の実用化の面から偏光・複屈折計測法を概観し，光そのものの偏光状態，つまり，直線偏光，円偏光，偏光解消をストークス・パラメータとして表わし，また，光学材料そのものがもつ偏光特性，つまり，複屈折，二色性や偏光解消の物理量をミュラー行列としての取扱法について述べた。

今回はこれらを評価する手法として，分光複屈折計測，ミュラー行列偏光計，およびストークス偏光計について紹介した．ミュラー行列は今後，測定できるパラメータの高精度化や偏光解消のさらなる研究の発展に呼応してますます重要な計測法になると考えられる．

複屈折・偏光計測法の今後さらに幅広い分野で応用されることを期待する．

文　　献

1) 大谷幸利，液晶デバイスと製造評価，精密工学会誌，**70**，5，598–601 (2004)
2) 杉本榮一，エレクトロニクス用光学フィルム，工業調査会 (2006)
3) 大谷幸利，特集のポイント：偏光技術の新たな展開：偏光計測から光駆動まで，O plus E，**29**，1，20–22 (2007)
4) Y. Shindo, H. Hanabusa : An improved highly sensitive instrument for measuring optical birefringence, *Polym. Commun.*, **25**, 378–382 (1984)
5) 持田悦宏，"位相変調による複屈折測定と応用"，光技術コンタクト，**27**，127–134 (1989)
6) 梅田，高和，"横ゼーマンレーザーによるガラスレーザディスクの残留複屈折分布の計測"，電子情報通信学会論文誌 C-I，J73-C-I，10，pp. 652–657 (1990)
7) 高和宏行，複屈折測定装置の種類と選定，光アライアンス，**3**，32–36 (1998)
8) 若山俊隆，高和宏行，大谷幸利，梅田倫弘，"波長依存性を考慮した 2 次元複屈折計測"，光学，**31**，11，826–831 (2002)
9) K. Oka, T. Kato, "Spectroscopic polarimetry with channeled specrum", *Optics Letters*, **24**, 21, 1475–1477 (1999)
10) T. Wakayama, H. Kowa, Y. Otani, N. Umeda, Two-dimensional measurement of birefringence dispersion using spectroscopic polarized light, Optical Engineering, 45, 033601 (2006)
11) 若山俊隆，大谷幸利，梅田倫弘，黒川隆志，ライン型分光器による分光複屈折計測，精密工学会誌，**72**，5，602–606 (2006)
12) 若山俊隆，吉澤徹，大谷幸利，分光偏光変調による光計測の高機能化，O plus E，**29**，1，36–40 (2007)
13) R. M. A. Azzam, "Photopolarimetric measurement of the Mueller matrix by Fourier analysis of a single detected signal", *Opt. lett.*, **2**, 6, 148 (1978)
14) 安里直樹，若山俊隆，大谷幸利，梅田倫弘，位相子と検光子の二重回転による分光ポラリメータ，精密工学会 2006 年度春季学術講演会 (2006)

第 3 編

屈折率精密制御

第3編

近世年輪年代論

第1章　プラスチック光ファイバー

高橋　聡＊

1　光ファイバーについて

　光ファイバーは，電線と比較して大幅に軽量であり，絶縁体であるため火花の発生や短略による事故のおそれがなく，電磁ノイズを出すことも受けることもない。また光ファイバーは電線よりも広い周波数領域に亘り低損失であるため，長距離の大容量データ伝送を可能にする伝送媒体である。

　屈折率の高い媒体から低い媒体との境界面へ進む光は，その入射角がこれら2つの媒体の屈折率により決まる臨界角よりも小さい場合すべて高屈折率媒体側へ反射されて戻る。この原理を利用し，円筒形の透明媒体（コアと称する）の周囲をそれよりもやや屈折率の低い物質（クラッドと称する）で囲む構造により光をコア内に閉じ込めて導波するものが，ステップインデックス（Step Index：SI）形光ファイバーである。また，コア／クラッド界面での反射ではなく屈折により光をコア内に閉じ込めて伝搬させる光ファイバーを，グレイデッドインデックス（Graded Index：GI）形光ファイバーと呼ぶ。光ファイバーはさらに，伝搬可能な光のモード（固有な電磁界分布形状であり光の伝搬経路に対応する）が一つだけであるシングルモード光ファイバー（Single Mode Fiber：SMF）と，複数の伝搬光モードが存在するマルチモード光ファイバー（Multi Mode Fiber：MMF）とに分類できる。これらの光ファイバーによる伝搬の模式図を，図1に示す。

　SI 形 MMF の場合，伝搬角度の大きなモードの光ほど光路長が長くなるため，伝搬モード

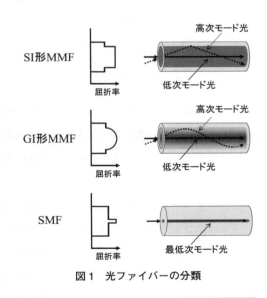

図1　光ファイバーの分類

＊Satoshi Takahashi　㈱科学技術振興機構　ERATO-SORST　小池フォトニクスポリマープロジェクト　応用グループリーダ

によって光ファイバー軸方向への伝達速度が異なり（モード分散と呼ぶ），長く伝搬するほど光の波形歪みが大きくなる。大容量の光通信には時間広がり幅の小さい光信号を単位時間内に多数送る必要があるが，このモード分散に起因する波形歪みによる光信号幅の時間広がりが，伝送容量を制限する大きな要因となる。

　この時間広がりを抑制できるものが，GI形MMFである。GI形MMFは，式(1)で示されるようなコアの屈折率が中心からクラッド方向へなだらかに減少する軸対称の分布形状を持つ。

$$\left. \begin{array}{l} r \leq a : n(r) = n_1 \sqrt{1 - 2\Delta \left[\frac{r}{a}\right]^g} \\ a < r : n(r) = n_2 \end{array} \right\} \quad (1)$$

　ここで$n(r)$は半径rの位置での屈折率，n_1はコアの最大屈折率，n_2はクラッドの屈折率，aはコア半径，gは屈折率分布係数である。またΔは比屈折率差と呼ばれる値であり，コアとクラッドとの屈折率から式(2)により算出される。

$$\Delta = \frac{n_1^2 - n_2^2}{2n_1^2} \quad (2)$$

　なおΔは，光の最大伝搬角度θ_{max}の正弦（式(3)）で定義される開口数（Numerical Aperture：NA）と，式(4)により関連付けられる。

$$NA \equiv \sin \theta_{max} \quad (3)$$
$$NA = \sqrt{(n_1^2 - n_2^2)} = n_1 \sqrt{2\Delta} \quad (4)$$

　GI形MMFでは，光ファイバーの中心で屈折率が最も高く従って光の速度が最も遅いため，モード間の光路長の違いによる光ファイバー軸方向の伝搬速度の差を相殺することが出来る。単一の光波長に対しては，式(1)の屈折率分布係数gがおよそ2である場合にモード分散が最も小さくなる。

　光ファイバーの主要な伝送特性としては，帯域と損失が挙げられる。

　帯域は情報伝送容量の上限を決める要因であり，MMFについては前述の多モード分散と，屈折率が光の波長によって異なることに起因する材料分散とを考慮しなければならない。SMFの場合本質的に多モード分散は存在せず，前述の材料分散と光ファイバーの構造パラメータの波長依存性による構造分散が，伝送容量制限の主要因となる。さらにSMFで長距離大容量伝送を行う場合には，光ファイバーの軸対称性の僅かな破綻のため偏波状態により伝搬速度に差が出てしまう偏波モード分散も無視できなくなる。

第 1 章　プラスチック光ファイバー

　光ファイバーの損失の本質的な要因は，近紫外光領域に現れる電子遷移吸収による損失，波長の 4 乗に反比例して小さくなるレイリー散乱損失，構成材料の分子振動による光吸収が挙げられる。石英ガラスをコア材料とする光ファイバーの場合，レイリー散乱損失が殆ど無視できる 1.55μm の近赤外光に対し 0.5dB/km 以下（1km 伝送後で約 90％以上の光強度を維持することに相当）といった低損失が実現されている。他方プラスチック光ファイバーの場合，ポリマーの分子振動の倍音による近赤外光領域での光吸収が石英と比較してかなり大きいため，損失の最低値は石英光ファイバーほどには下がらない。

　海底光ケーブルや FTTH 配線で張り巡らされている光ファイバーは石英をコアとする SMF であり，光が伝搬するコア部の直径は 9μm 程度と非常に小さい。また LAN 等の短・中距離光伝送で主に使用されているものは，直径が 50μm 或いは 62.5μm の石英コア GI 形 MMF である。

2　プラスチック光ファイバーの特徴

　プラスチック光ファイバー（Plastic Optical Fiber：POF）は，コアとクラッドとがいずれもポリマーを材料とする光ファイバーである[1,2]。POF の最大の特徴は，その直径が石英光ファイバーと比較して非常に大きいことである。各種の代表的な光ファイバーの断面の比較を図 2 に示す。

　通信に用いられる石英光ファイバーは直径が 125μm のガラス線であり，細くて硬いため人体に突き刺さる危険性がある。他方 POF は直径が 0.5mm から 1mm と太いにもかかわらず柔軟性

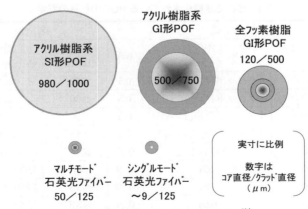

図 2　各種の光ファイバーの断面比較[注]

注）全フッ素樹脂 GI 形 POF の場合，光学的クラッドの外側に一体的に形成された補強層の外径が 500μm である。

光学材料の屈折率制御技術の最前線

に富み，曲げや引っ張りによる破断も起こりにくい。一般的なケーブル構造はPOF素線に樹脂の被覆を施しただけという単純なものであり，コネクタ等の部材構造やそれを用いた施工も簡単且つ低コストである。さらに，装飾用途でPOFの素線を露出させて使用している例もあるように人体に突き刺さる危険性がなく，家庭内やオフィス等で気軽に取り扱える光ファイバーである。コアの直径も，石英光ファイバー(数μm～62.5μm)と比較してPOFは120μmから980μmと非常に大きい。そのためPOF同士の結合やPOFと光素子との結合に高い合軸精度が要求されず，コネクタ等の端末部材や端末処理が安価で簡単となる。特にSI形POFはNAも大きいため，LEDのように大きな放射角を持つ光源からの光を効率よく取り込むことができる。但し伝送損失は石英光ファイバーのそれよりも大きいため，例えばポリメタクリル酸メチル(Polymetyl methacrylate：PMMA)をコア材料とするPOFの場合，最大伝送距離は50mから100m程度に限られる。従ってPOFは，端末加工がコストに占める割合の大きい短距離データ伝送用途や，一般ユーザが光ファイバーを直接触れる可能性がある民生用途に適した光ファイバーであると言える。

現在市販されているPOFの大半は，PMMAをコア材料とし含フッ素ポリマー共重合体をクラッドに用いたSI形POFである。その他に耐熱極短距離用途としてポリカーボネートを，装飾用途にはポリスチレン等をそれぞれコア材料とするものも，実用化されている。またアモルファス全フッ素化ポリマーをコア材料に採用した，低損失なGI形POFも製品化されている。現時点でIEC(International Electrotechnical Commission)の光ファイバー製品規格[3]に掲載されているPOFの主な仕様を，表1に示す。

表1 IECで規格化されているPOFの仕様の概要

屈折率分布	構造			特性		対応する IEC分類[*3]
	クラッド直径 (μm)	コア直径 (μm)	NA	損失 (dB/100 m)	帯域 (MHz@100 m)	
SI	1,000	[クラッド径]-[15～35]	0.5	≦30[*1]	≧10	A4a
	750	[クラッド径]-[15～35]	0.5	≦30[*1]	≧10	A4b
	500	[クラッド径]-[15～35]	0.5	≦30[*1]	≧10	A4c
GI，擬似GI	1,000	[クラッド径]-[15～35]	0.3	≦18[*1]	≧100[*1]	A4d
	750	500以上	0.25	≦18[*1]	≧200[*1]	A4e
GI	490	200	0.19	≦4[*2]	1,500～4,000[*2]	A4f
	490	120	0.19	≦3.3[*2]	1,880～5,000[*2]	A4g
	245	62.5	0.19	≦3.3[*2]	1,880～5,000[*2]	A4h

[*1]：波長650nmでの値
[*2]：波長850nmでの値
[*3]：IEC 60793-2-40

第1章　プラスチック光ファイバー

3　プラスチック光ファイバーの開発

　PMMA をコア材料とする POF は 1964 年にデュポンにより開発されていたものの，当時は伝送損失が非常に大きく実用化には至らなかった。その後三菱レイヨンによる低損失化及び量産技術の検討の結果，1970 年代半ばに「ESKA」の商標名で初めて商品化された（因みに Corning による石英光ファイバーの世界初の商品化は 1970 年である）。1980 年代前半の日本電信電話公社（当時，現東北大学名誉教授）の戒能氏らによる一連の基礎研究[4,5]や，製造技術の改良により，現在大半を占める PMMA コアの SI 形 POF 製品の損失は，理論限界に近い値まで下がっている。1980 年代半ばには東レと旭化成も PMMA コア POF の事業に参入し，景観照明や工業用ライトガイド，センサー，デジタルオーディオインタフェース，NC 加工機の制御，鉄道車両の制御信号伝送，自動車内の情報伝送等の短距離データ伝送用途で使用実績を重ねてきた。また 1990 年代半ばには全フッ素化ポリマーによる低損失 GI 形 POF が旭硝子により商品化され，病院やオフィスビル等に導入実績を挙げている。なお全世界の POF の生産量の殆どすべてを，上述の日本企業 4 社による製品が占めている。

　SI 形 POF が市場に出された当初，短距離光伝送に要求される伝送速度はせいぜい数メガビット毎秒（Mbps）から数十 Mbps であり，POF の帯域が問題となることはなかった。ところが 1990 年代半ば頃から短距離伝送でも 100Mbps 以上の伝送速度を必要とする用途が現れ，PMMA の損失が小さい波長である 650nm の赤色 LED による，伝送速度 125Mbps や 250Mbps の POF 用高速光トランシーバとそれらを用いた伝送規格が提案・制定された。これに対応して，従来の SI 形 POF の NA を若干小さくすることにより距離 50m で 250Mbps の伝送を可能にした低 NA-SI 形 POF や，GI 形屈折率分布を階段状に近似したマルチステップ型 POF も相次いで開発された。なお PMMA をベースとした低損失な GI 形 POF の製法に関する基本的な技術は，上述の高速光トランシーバの登場よりも先行して，慶應義塾大学の小池教授らにより開発されていた[6,7]。

　POF の用途を広げるためには，伝送速度の向上とともに，低損失化による伝送距離の延長も重要となる。POF の本質的な損失要因としては，前述のように電子遷移吸収による損失とレイリー散乱による損失，さらに構成材料であるポリマーの分子振動による吸収が挙げられる。電子遷移吸収とレイリー散乱は，波長が長くなるにつれ急激に減少する。例えば PMMA の場合，650nm の波長では電子遷移吸収の損失への寄与はほぼ 0 であり，レイリー散乱による損失は約 10dB/km である[5]。分子の基本振動の倍音による吸収は，波長が赤外領域に近づくほど大きくなる。PMMA では炭素原子—水素原子（C–H）の伸縮振動の倍音と，短波長側から裾を引く電子遷移吸収及びレイリー散乱との重ね合せにより，525nm，570nm 及び 650nm の波長に低損失の"窓"が形成され，波長 650nm における損失の理論限界は約 100dB/km となる[5]。この損失の大

半は，PMMA分子のC–Hの伸縮振動の倍音による吸収損失である。従ってこの損失値を下げるには，水素原子をより質量の大きい重水素原子やフッ素原子等に置き換えて振動吸収を長波長側へシフトさせればよい[8]。アモルファス全フッ素化ポリマーをコアとしたPOFの場合，850nm及び1,310nmの波長での損失が約10dB/kmと，可視領域でのPMMAコアPOFの損失の約十分の一にまで下がる（図3）。

また全フッ素化ポリマーは屈折率の波長依存性がPMMAや石英よりも小さいため，帯域の制限要因となる材料分散が小さいという利点もある[9]。全フッ素化GI形POFとGI形石英MMFとの，ファイバー長100mにおける帯域の計算による比較を図4に示す。この図は，波長850nm

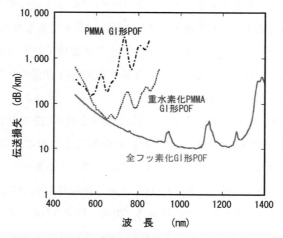

図3　コア材料の異なるGI形POFの損失スペクトル

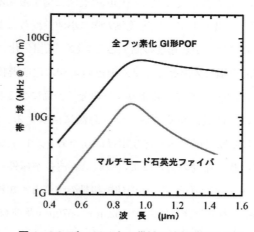

図4　POFとMMFとの帯域の波長依存性比較

第 1 章　プラスチック光ファイバー

において帯域が最大となるよう屈折率分布を最適化した 100m の全フッ素化 GI 形 POF と石英 MMF とについて，中心波長が 850nm で 1nm の波長幅を持つ光源を用いた場合の帯域の計算値を表したものである [10]。全フッ素化 GI 形 POF の帯域は，GI 形石英 MMF のそれを大きく上回る値となっている。さらに全フッ素化 GI 形 POF では，可視光域から $1.3\mu m$ 近傍に亘る広い波長領域において，広い帯域が維持されることがわかる。

4　GI 形 POF の屈折率分布形成技術

SI 形 POF は，一般的な化学繊維の製造法と基本的に同じで大量生産に適した連続複合溶融紡糸法により製造されている（図 5）。

他方，最初に低損失化に成功した GI 形 POF は，界面ゲル重合法 [6] により作製したプリフォームを熱延伸するバッチ方式により製造されたものである（図 6）。この方法ではまず所定の屈折率分布を形成させたプリフォームと呼ばれる光ファイバーの母材を作製し，これを熱延伸することによって GI 形 POF を得る。屈折率分布の形成に用いる界面ゲル重合法の基本原理は，以下のとおりである。まず，クラッドとなる樹脂の中空管を作製し，その管内にコアの原料となるモノマーとそれよりも分子サイズが大きく屈折率が高い非重合性低分子化合物（ドーパント）との混合溶液を注入し，加熱重合させる。クラッド管の樹脂はコアモノマーに可溶なため，加熱重合の過程において管の内面がコアモノマーにより膨潤し，ゲル層が形成される。このゲル層で生じる，高分子ラジカル重合反応で粘度の上昇につれ重合停止反応速度が急激に減少し重合反応が急速に進行するいわゆる「ゲル効果」により，コアの重合反応は中空管内壁の近傍から中心部に向かって進行する。その際，コアモノマーと反応しないドーパントはコアモノマーより大きい分子サイズを持つためゲル層内へ拡散しにくく，重合の進行につれてドーパントは中心に近いほど濃

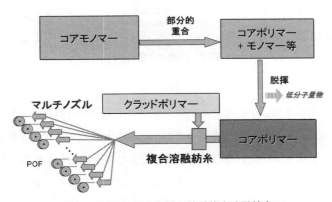

図 5　SI 形 POF の製法：連続複合溶融紡糸

光学材料の屈折率制御技術の最前線

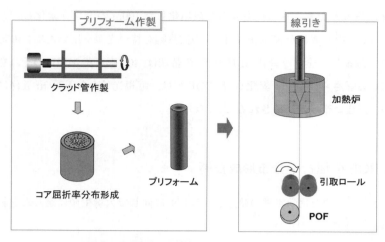

図6　GI形POFの製法-1：プリフォーム法

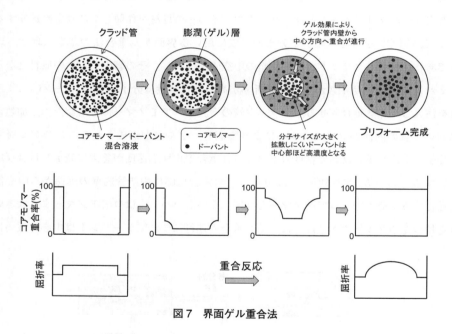

図7　界面ゲル重合法

度が高くなる分布を形成する．ドーパントの屈折率はコアモノマーのそれよりも高いため，ドーパント濃度の分布と相似形の屈折率分布がコア部に形成される（図7）．この低分子ドープによるGI形POFでは，コアポリマーに固有の損失限界付近までの低損失化が可能となる．

　上記のようなプリフォーム方式によるバッチプロセスには，連続して製造できる光ファイバーの長さが限られるという短所がある．その解決策として，コア材とクラッド材とを別々に溶融さ

第1章 プラスチック光ファイバー

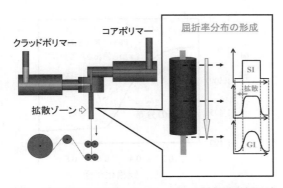

図8 GI形POFの製法-2：ドーパント拡散溶融押出法

せて同心円状に押し出し，加熱・拡散工程を経てGI形の屈折率分布形状を得るドーパント拡散溶融押出法[11]が開発された（図8）。この作製法では界面ゲル重合法と異なり，溶融ポリマー内へのドーパントの拡散を利用してGI形分布を形成する。コアポリマーにそれよりも屈折率の高いドーパントを添加したコアロッドと，コアポリマーより低い屈折率を持つホモポリマーから成るクラッドロッドとを，それぞれ別個に加熱溶融して複合ノズルにより同心円状に押し出し，特定の温度条件下でドーパントをクラッド部へ拡散させることによりGI形の屈折率分布を形成させながら，延伸により所定の寸法を持つ光ファイバーを得る方法である。

ポリマーを大きなマトリックスとみなした場合，ドーパントの拡散は以下で説明するFickの拡散方程式に従うと考えられる。Fickの第一法則は，x方向への流速F_xが拡散する物質の濃度勾配に比例するという式(5)で表される。

$$F_x = -D \frac{\partial C}{\partial x} \tag{5}$$

ここでCは拡散物質の濃度，Dは拡散係数である。Fickの第一法則は，拡散物質の濃度が時間で変化しない定常状態における拡散に適用される。ドーパント拡散溶融押出法による屈折率分布の形成がこのFickの第一法則に従うのであれば，屈折率分布は図9に灰色の線で示したようにコア―クラッド界面でテールを引く形状となる筈である。ところが実際に形成された屈折率分布はほぼ理想的な形状であり，同図に黒の実線で示すようにテーリングが殆ど見られない。この事は，ドーパント拡散溶融押出法による屈折率分布形成プロセスが，ドーパント濃度が時間と共に変化する状態における拡散を扱うFickの第二法則（式(6)）に従うと考えることで説明される（図10）。

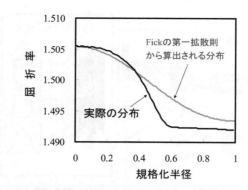

図9 拡散係数を一定として計算した屈折率分布と実際に形成された分布との比較

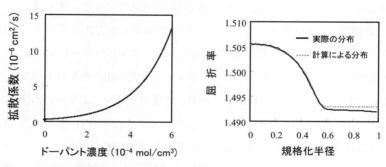

図10 拡散係数が濃度に依存するものとして計算した屈折率分布と実際に形成された分布との比較

$$\frac{\partial C}{\partial t} = \frac{\partial}{\partial x}\left[D\frac{\partial C}{\partial x}\right] \tag{6}$$

ドーパント拡散溶融押出法では,使用するポリマーの溶融粘度やドーパント拡散の温度及び時間等を制御することにより,屈折率分布形状を精度良くコントロール可能である。

5 おわりに

POFが実用化されて以来30年ほど経っているが,ここ10年間で環境条件の厳しい自動車内配線へのSI形POFの採用,大規模マンションや総合病院での全フッ素化GI形POFによるギガビットネットワーク敷設事例など,新たな用途展開が始まっている。また配線長が50m以下で充分である戸建住宅や小規模アパートへの光配線は,敷設や端末加工が非常に簡易である

第1章　プラスチック光ファイバー

PMMA系GI形POFが適している用途であり，今後の更なる普及が期待される。

　GI形POFの課題とされてきた耐熱性の向上についても，ガラス転移温度の高いポリマーや可塑効果が小さく安定なドーパントに関する研究が進められており，より広い分野へのPOFの適用が期待される。

文　　献

1) POFコンソーシアム編，"ブロードバンド時代の光ファイバ The POF"，NTS，第1章及び第2章 (2004)
2) JIS C 6837，"全プラスチックマルチモード光ファイバ"，日本規格協会
3) IEC 60793-2-40 ed.2.0, "Sectional specification for category A4 multimode fibres"
4) T. Kaino et al., *Appl. Opt.*, **20**, No. 17, 2886 (1981)
5) T. Kaino et al., *Rev. Electr. Commun. Lab.*, **32**, No. 3, 478 (1984)
6) Y. Koike, *Polymer*, **32**, No.10, 1737 (1991)
7) Y. Koike et al., *J. Lightw. Technol.*, **13**, No.7, 1475 (1995)
8) W. Groh, *Makromol. Chem.*, **189**, 2861 (1988)
9) T. Ishigure et al., *J. Lightw. Technol.*, **18**, No. 2, 178 (2000)
10) Y. Koike et al., *J. Lightw. Technol.*, **24**, No. 12, 4541 (2006)
11) M. Asai et al., *J. Lightw. Technol.*, **25**, No. 10, 3062 (2007)

第2章　量子化学計算に基づく屈折率と波長分散の予測技術

安藤慎治*

1　はじめに

われわれはポリマー系光学材料の光吸収と屈折率の波長依存性(波長分散)を予測するために，密度汎関数法(Density functional Theory, DFT)により有機化合物の光吸収スペクトルと分子分極率の波長分散を定量的に予測する方法の構築を試み[1〜3]，その知見を基に種々のポリイミド系光学材料を開発してきた(第4編5章参照)[4〜8]。ここで，DFTとはHohenberg-Kohnの定理をもとにした非経験的電子状態計算法のひとつであり，電子相関の効果を容易に反映させることができるため，現在の電子状態計算法の主流となっている[9]。加えて，最近は，光学ポリマーが近赤外域(NIR)の光通信波長帯(λ = 0.8-1.6μm)においても使用されることから，NIR域を含めた屈折率や波長分散に関する知見が重要となってきている。

2　低分子有機化合物・光学ポリマーの物性予測

波長λにおける透明物質の屈折率(n_λ)は，下記のLorentz-Lorenz(L-L)式：

$$\frac{n_\lambda^2-1}{n_\lambda^2+2} = \frac{4\pi}{3} K_\mathrm{P} \frac{\alpha_\lambda}{V_{vdw}} \tag{1}$$

によって記述される。ここで，α_λは波長λにおける分子分極率，V_{vdw}は単位構造のvan der Waals体積，凝集係数(K_p)はV_{vdw}を分子容(V_{int})で除した値である。(1)式の左辺はn_λに対して単調に増加する関数であることから，透明物質の屈折率を上げるには凝集係数(K_p)を上げるか，またはα_λ/V_{vdw}を上げることが有効である[10]。K_pを上げるには自由体積分率の少ない分子構造として分子容を低減させることが，またα_λ/V_{vdw}を上げるには硫黄(S)や重ハロゲン(Br, I)，三重結合やπ共役構造の導入が有効である。

加えて，光学ポリマーにおいては一般に，屈折率の波長依存性すなわち波長分散が小さいこと

---

*　Shinji Ando　東京工業大学　大学院理工学研究科　物質科学専攻　教授

第2章　量子化学計算に基づく屈折率と波長分散の予測技術

が要求される。波長分散の低減には，L-L式において波長に依存する唯一の項である分子分極率の波長依存性（$d\alpha_\lambda/d\lambda$）を小さくする必要がある。ここで，透明物質の光吸収と屈折率はKramers-Kronig式によって強く相関しており，実際には近紫外域〜紫青色領域で高い透明性を有する材料が小さな波長分散を与える。

可視域で用いられる透明光学ポリマーの屈折率波長分散は，(2)式で定義されるアッベ数（ν_{VIS}：屈折率 n の下付きは測定波長：nm）で表示されることが多い。定義からも明らかなように，ν_{VIS}値が大きいほど屈折率の波長分散が少ないことを示しており，光学レンズ用途などには，高い屈折率とともにアッベ数の高い光学ポリマーが用いられている。

$$\nu_{VIS} = \frac{n_{589} - 1}{n_{486} - n_{656}} \tag{2}$$

以上のことから，屈折率そして波長分散の制御には，まず紫外域の光吸収ピークの制御が鍵となる。ここで，光学ポリマーにおける波長633nmでの屈折率（n_{633}）と ν_{VIS} の関係には経験的な限界線の存在が知られており（図1），これを超える樹脂はチオウレタン系やエピスルフィド系などわずかしか報告されていない。一方，無機ガラスには限界線が見られないことから，光学ポリマーでも限界線を超える新たな分子設計指針の構築が期待される。

われわれは大きな基底関数系を用いた時間依存の密度汎関数法（TD-DFT）計算が，真空紫外域（$\lambda = 0.14 \sim 0.2\,\mu m$）で観測される有機化合物の光吸収スペクトルを高精度で再現することを見いだし[1]，フォトレジストの基盤材料として有望視されているノルボルナン類，アダマンタン類，ラクトン類とそれらのフッ素化物の光吸収スペクトルを予測した[2]。実測と計算のスペクトル比較の一例を図2に示す。フッ素（F）含量の増加とともに $\lambda = 157$nm での吸光度は低下するが，その効果は置換位置によって異なり，2,2-置換物が最も高い透過性を示す。DFT計算はFの置

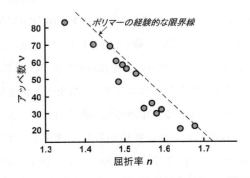

図1　既存の光学ポリマーにおける屈折率とアッベ数の関係

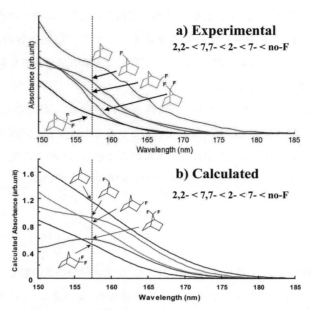

図2 真空紫外域におけるフッ素化ノルボルネン類の光吸収スペクトル比較
a) 実測，b) 計算 [1~3]

換基効果を正確に再現していることから，他の有機化合物やポリマーのα_λに対しても高い計算精度を示すと推定できる。

DFTにおける汎関数[9]としてB3LYPを用い，6-311G (d) 基底で構造を最適化した10種の化合物に対して基底関数系を変化させ，実測値との整合性を検証したところ，6-311++G (d, p) 基底が十分な予測精度を与え，しかも関数系をそれ以上大きくしても有意差が見られないことを確認した[11]。そこで，互変異性を有するアセチルアセトンのケト型とエノール型について，屈折率の波長依存性と光吸収スペクトルの比較を図3に示す。屈折率とアッベ数の実測／計算値の比較からエノール型の優位が予想されるが，これは溶液NMRによる結果(エノール型が80％以上)と一致する。また，代表的な光学ポリマーであるアクリル樹脂(PMMA)，ポリスチレン(PSt)，ポリカーボネート(PC)を例に，nの実測値(●)と計算値(○)の比較を図4に示す。L–L式からも予想されるように，nの計算値はポリマーの密度に敏感であり，計算値は実測値よりも系統的に高めに出るが，DFT計算は屈折率分散の形状とアッベ数をよく再現していることがわかる。

そこで，化学便覧[12]に記載されている101種の化合物に対して，密度(実測値)と分子量，λ = 486, 589, 656 nm での分極率(α_λ)の計算値からL–L式を用いて屈折率(n_{cal})とアッベ数(ν_{VIS})を求め，実測値と比較した。図5にλ = 589 nm での屈折率の計算値と実測値の関係を示す。高n化合物については屈折率をやや過大に，また低n化合物についてはやや過小に評価す

第2章 量子化学計算に基づく屈折率と波長分散の予測技術

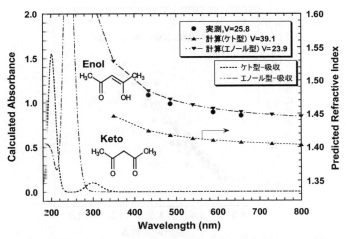

図3 アセチルアセトン(ケト型・エノール型)の屈折率分散：実測と計算の比較

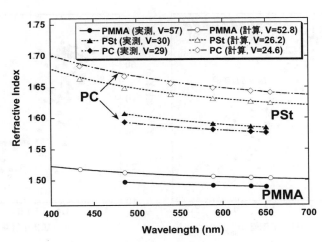

図4 PMMA, ポリスチレン(PSt), ポリカーボネート(PC)の屈折率分散：実測と計算の比較

る傾向があるが, 含臭素(Br)化合物を除けばDFT計算による屈折率の再現性はかなり高い。ここで, Brを含む化合物については, Br原子の6-311++G(d, p)基底が報告されていないので, MidiX基底を用いたことが不一致の原因と考えられる。図5はL-L式に密度の実測値を用いた場合であるが, 密度が不明の場合(K_p = 一定を仮定して計算した場合)には屈折率の再現性がやや低下する。図6に実測値と計算値それぞれについてn_{cal}とν_{VIS}の相関を示す。

実測値と同様, 高n化合物ほどν_{VIS}が小さくなる傾向が見られるが, 有機物の限界線に近い

91

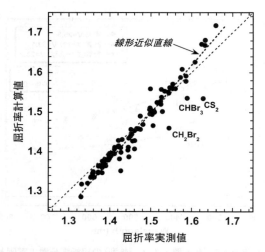

図5 低分子化合物101種の波長589nmにおける屈折率：実測値と計算値の比較[11]

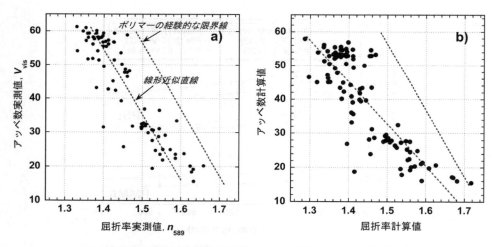

図6 低分子化合物の波長589nmにおける屈折率とアッベ数の相関
a)実測値, b)計算値

位置に存在する化合物も見いだせる。DFT計算は，等方的な分極率だけでなく分極率テンソルの主値も高い精度で定量的に再現できることから[13]，新規ポリマーのn_{cal}における誤差は，おもに密度の見積もり誤差に起因する。ポリマーの密度予測には経験的な方法（例えば，Bicerano法[14]）が知られているものの，新規ポリマーの物性予測は容易ではない。しかし，図7に示すようにν_{VIS}の実測値と計算値は高い相関にあり，このことは高nと高ν_{VIS}を示す新規光学ポリマーの探索・分子設計にDFT法を用いた予測が有効であることを示している[11]。特に，物質の

第2章　量子化学計算に基づく屈折率と波長分散の予測技術

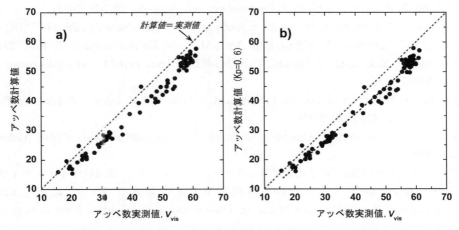

図7　低分子化合物101種のアッベ数：実測値と計算値の比較
a) 実測の密度を用いた場合，b) $K_p=0.6$ を仮定した場合[11]

密度が未知の場合は，計算による屈折率の再現性がかなり低下するのに対し，アッベ数の再現性はほとんど低下しない。これは屈折率の波長分散が，密度ではなく分極率の波長分散によってほぼ決定されることを示している。

3　おわりに

密度汎関数法（DFT）計算により，有機化合物と光学ポリマーの光吸収スペクトルと分子分極率の波長分散を定量的に予測することができる。これら有機物質の密度が既知である場合には，Lorentz–Lorenz（L–L）式に基づき可視域における屈折率を高い精度で予測することが可能である。加えて，アッベ数で表現される屈折率の波長分散については，正確な密度が既知でない場合であっても，DFT計算により高い精度で予測が可能である。これらの事実は，新規光学ポリマーの探索・分子設計に，DFT法を用いた光学物性予測が極めて有効であることを示している。

文　献

1) S. Ando, T. Fujigaya, M. Ueda, *Jpn. J. Appl. Phys.*, **41**, L105 (2002)
2) S. Ando, T. Fujigaya, M. Ueda, *J. Photopolym. Sci. Technol.*, **15**, 559 (2002)

3) S. Ando, T. Fujigaya, M. Ueda, *J. Photopolym. Sci. Technol.*, **16**, 537 (2003)
4) J.-G. Liu, Y. Nakamura, Y. Shibasaki, S. Ando and M. Ueda, *Polym. J.*, **39**, 543 (2007)
5) J.-G. Liu, Y. Nakamura, Y. Shibasaki, S. Ando M. Ueda, *Macromolecules*, **40**, 4614 (2007)
6) J.-G. Liu, Y. Nakamura, Y. Suzuki, Y. Shibasaki, S. Ando and M. Ueda, *Macromolecules*, **40**, 7902 (2007)
7) J.-G. Liu, Y. Nakamura, Y. Suzuki, Y. Shibasaki, S. Ando and M. Ueda, *J. Polym. Sci. Part A, Polym Chem.*, **45**, 5606 (2007)
8) J.-G. Liu, Y. Nakamura, T. Ogura, Y. Shibasaki, S. Ando and M. Ueda, *Chem. Mater.*, **20**, 273 (2008)
9) 平尾公彦，武次徹也，"量子化学計算ビギナーズマニュアル"，講談社サイエンティフィク (2006). なお，DFTに用いられる汎関数や基底関数系については，C. J. Cramer, "Essentials of Computational Chemistry, Theory and Models", John Wiley & Sons (2004) に解説されている。
10) 安藤慎治，高分子論文集，**51**，251 (1994)
11) S. Ando, *J. Photopolym. Sci. Technol.*, **19**, 351 (2006)
12) 化学便覧，日本化学会編，丸善 (2004)
13) Y. Terui and S. Ando, *J. Polym. Sci. Part B: Polym. Phys.*, **43**, 2109 (2005)
14) J. Bicerano, "Prediction of Polymer Properties", Rev. 3, Marcel Dekker, New York (2002)

第3章　屈折率分布型プラスチックロッドレンズ

入江菊枝[*]

1　はじめに

　屈折率分布型レンズとは，レンズ内部の屈折率が均一でない構造を持つレンズのことであり，Gradient Index を略して GRIN レンズと呼ばれている。GRIN レンズには，光軸と直交する方向に軸対称な屈折率分布を有する Radial GRIN レンズ，光軸方向に屈折率分布を有する Axial GRIN レンズ，球状で球対称な屈折率分布を有する Spherical GRIN レンズ等があり[1]，均質レンズにはない優れた特徴を持つレンズとして画像伝送や光パワー伝送等に使われている。

　プラスチック製 GRIN レンズでは，円柱状の Radial GRIN レンズを光軸に垂直な方向に1列あるいは2列に並べたレンズアレイが，ファクシミリ・イメージスキャナー・多機能プリンター・複写機の画像伝送部品として市販されている。ここでは，Radial GRIN レンズを屈折率分布型ロッドレンズあるいは単にロッドレンズと呼ぶことにする。

　プラスチックロッドレンズアレイは主に画像読み取りに使用されているが，このレンズアレイを搭載した装置は年々カラーでの高精細化が進み，それに伴ってレンズ単体にはカラーでの解像度向上が求められるようになった。そのため，製造においては屈折率分布を従来にも増して高精度に制御できる技術開発と共に，適切な材料設計により色収差のないレンズを開発することが課題となっていた。

　本章では，最初に屈折率分布型ロッドレンズアレイの結像原理と色収差低減のための材料設計について紹介した後，プラスチックロッドレンズアレイの製造方法と最近開発された低色収差ロッドレンズの光学特性及びその用途について述べる。

2　屈折率分布型ロッドレンズアレイの結像原理

　1954年，Fletcher 他は屈折率分布型ロッドレンズ中を進むメリディオナル光線の理論解析を行い，レンズ効果を示す屈折率分布が式(1)で表されることを導いた[2]。

---

[*]　Kikue Irie　三菱レイヨン㈱　情報デバイス開発センター　光学材料グループ　主任研究員

$$n^2(r) = n_0^2 \operatorname{sech}^2(gr)$$
$$= n_0^2\left(1 - g^2r^2 + \frac{2}{3}g^4r^4 + \cdots\right) \tag{1}$$

n_0, r, g はそれぞれ中心軸上の屈折率，中心軸からの半径距離，屈折率分布定数（g値と呼ぶ）を表す。$n(r)$ は半径距離 r における屈折率である。

一方，1970年 Rawson 他は，ロッドの中心軸からの距離が等しい位置を螺旋状に回りながら進むヘリカル光線について式(2)を導いた[3]。

$$n^2(r) = \frac{n_0^2}{1 + g^2r^2}$$
$$= n_0^2(1 - g^2r^2 + g^4r^4 + \cdots) \tag{2}$$

式(1)と式(2)は異なっており，このことは像形成にあたって，屈折率分布型ロッドレンズにおいても均質レンズ同様厳密に収差のない像を形成できないことを意味する。しかし，ロッドレンズ中を進む光線のほとんどは螺旋状のスキュー光線であるにもかかわらず，ロッドレンズは実用上問題ないレベルで結像能を発揮する。これはロッドレンズの通常の使用用途では近軸近似で扱えるということを示している。式(1)と式(2)は二次の項までは一致しており，ロッドレンズの結像関係式はこれらを光線方程式に代入して求められているが，通常これらの関係式で扱っても大きな問題を生じることはない[4]。

図1は，ロッドレンズ中を進む光線と屈折率分布の関係を模式的に表したものである。光線はその性質上屈折率の高い方に曲げられる。円柱状の透明ロッドに前述の二次式で表される屈折率分布が形成されると，メリディオナル光線はほぼ正弦波カーブを描きながら伝播する。

図2はその様子を示したものである。ロッドレンズは端面が平面のままでも結像能があり，1本のみでもレンズの長さに応じて倒立像だけでなく正立像をも形成できるところが均質レンズにない大きなメリットである。ここで，レンズの長さを z_0，正弦波の蛇行周期をP（ピッチと呼ぶ）で表すことにする。レンズの長さが $0 < z_0 < (1/2)$P の範囲であるレンズは倒立実像の形成が可

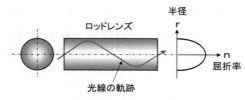

図1 屈折率分布と光線の伝搬

第3章 屈折率分布型プラスチックロッドレンズ

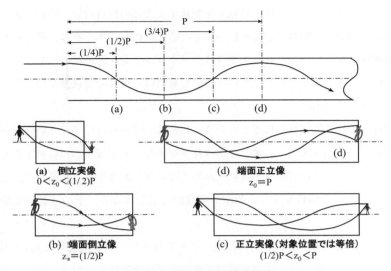

図2 ロッドレンズの結像原理

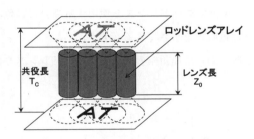

図3 ロッドレンズアレイによる結像

能であり，$(1/2)P < z_0 < P$ のレンズでは正立実像を形成できる。特に，レンズの長さが丁度 $(1/2)P$ 及び P のときは，片端面に接した物体をもう一方の端面上にそれぞれ倒立実像及び正立実像として像を形成できる[5]。

これらレンズは1本で使用される場合もあるが，図3に示すように横方向に多数本並べることで，より広い範囲の像を伝達できる。この場合レンズは等倍正立像となる位置で使用される。これは像が倒立像の場合や倍率が異なる場合には，隣同士のレンズで作る像が正確に重ならないため，クリアな像を形成できないからである。

3 色収差低減のための材料設計

屈折率分布型ロッドレンズは，材料を適切に選択することにより，両端面が平面のままで色収

差をなくすことができる。ここでは，色収差を低減するための材料設計について説明する。

　中心から外周に向かって屈折率が徐々に小さくなる二次の屈折率分布は，それぞれの半径距離における材料組成を変えて実現される。プラスチックロッドレンズの材料となるポリマーの屈折率は波長依存性があり，図4に示すように一般的な材料は可視域では波長が短くなるほど屈折率が高くなるという性質がある。

　また，一般的にこれら透明材料は屈折率の高い物質ほど波長依存性が大きい傾向がある。例えば，図4の(a)がロッドレンズの中心軸上にある材料を表し，(c)が周辺部の材料を表しているとすると，中心軸上と周辺部との屈折率差は波長が短くなるほど大きくなる。そして，この屈折率差が大きいということは，屈折率分布が急激に変化することになり，その波長の光線のピッチPは短くなる。

　図5は，これらの波長毎すなわち色毎に変化する光線のピッチを模式的に表したものである。図に描かれているように青，緑，赤の光線では異なるピッチを持ち，波長の短い青の光線のピッチが一番短くなる。その結果，このようなレンズでは，像を形成させると色毎に結像位置が異なり，色収差が発生する[4,6]。単色でロッドレンズを使用する場合には色収差は問題にはならないが，カラーで使用する場合は色収差を小さくする必要がある。

　均質レンズでは，この色収差補正を屈折率の異なる数枚の凸レンズや凹レンズを組み合わせる

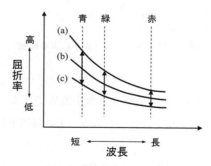

図4　屈折率の波長分散

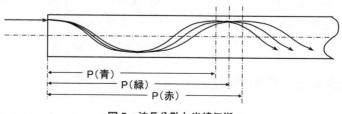

図5　波長分散と光線伝搬

第3章　屈折率分布型プラスチックロッドレンズ

ことによって行っている．ロッドレンズでは，これらの収差を両端面が平板の単レンズであっても，材料の波長分散をコントロールすることによって色収差を補正できるというところが，均質レンズにはない優れたところである．

材料の屈折率の波長分散は，一般に式(3)で定義され，この ν_d はアッベ数と呼ばれている．

$$\nu_d = \frac{n_d - 1}{n_F - n_C} \tag{3}$$

ここで，n_d, n_F, n_C は d線(587.6nm)，F線(486.1nm)，C線(656.3nm)における材料の屈折率を表す．

ロッドレンズの色収差をなくすためには，図5に示す波長毎のピッチが一致するように材料を設計すればよい．そのためには，ロッドレンズ中のそれぞれの点で徐々に変化する屈折率とアッベ数が，以下で述べる色消し条件を満たすように材料を選択する必要がある．

ロッドレンズ中を伝播する光線のピッチ P は，式(4)で表される[2]．

$$P = \frac{2\pi}{g} \tag{4}$$

ここで，波長による P の変化 ΔP を，式(5)のように定義する．

$$\Delta P \equiv \frac{dP}{d\lambda} \tag{5}$$

式(1), (4), (5)を用いて式の変形を行うと，色収差を表す式(6)が導出される．

$$\frac{\Delta P}{P} = -\frac{1}{2} \frac{\frac{1}{\nu_0}\left(1 - \frac{1}{n_0}\right) - \frac{1}{\nu}\left(1 - \frac{1}{n}\right)}{\frac{n_0}{n} - 1} \tag{6}$$

ここで，n と ν は任意の半径距離での屈折率とアッベ数を，n_0 と ν_0 は中心軸上の屈折率とアッベ数を表す．

色収差がないということは $\Delta P = 0$ ということである．これを式(6)に当てはめると，左辺はゼロとなる．これは右辺の分子がゼロであれば式(6)が成り立つことになり，これより色収差がなくなる色消し条件として式(7)が導出される．つまり，ロッドレンズ中の各点における材料の屈折率とアッベ数の関係が式(7)を満たすとき，そのロッドレンズは色収差のないレンズとなる．

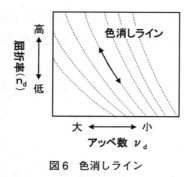

図6 色消しライン

$$\frac{1}{\nu}\left(1-\frac{1}{n}\right)=\frac{1}{\nu_0}\left(1-\frac{1}{n_0}\right)=C(\text{Const.}) \tag{7}$$

式(7)を変形して，式(8)が導かれる。

$$n=\frac{1}{1-C\nu} \tag{8}$$

図6の点線は，式(8)の定数Cをいくつか仮定してグラフに表したものであり，これらの点線で表されたラインを色消しラインと呼んでいる。ロッドレンズ中の半径方向における各点の屈折率とアッベ数を図6にプロットしたとき，それぞれの点が図中の矢印で示すように色消しライン上に乗れば，そのレンズは色収差のないレンズとなる。

次に，ロッドレンズ材料における組成の設計方法について述べる。

無定形ポリマー材料の屈折率とアッベ数は，各ポリマー組成中の原子団の分子屈折から計算によってある程度予測が可能である[7]。

Lorentz-Lorenz の公式よりポリマーの分子屈折 [R] は，

$$[R]=\frac{n_d^2-1}{n_d^2+2}\frac{\overline{M}}{\rho} \tag{9}$$

$$\overline{M}=\sum_k x_k M_k \tag{10}$$

で表される。ここで，ρ はポリマーの密度を表し，x_k と M_k はそれぞれポリマーを構成する k 番目の原子団のモル分率と分子量を表す。

一方，無定形透明ポリマーでは，ポリマーを構成する原子団の原子屈折を用いた加法則がかなりよい近似で成り立つことが知られており，ポリマーの分子屈折 [R] はポリマーを構成する k 番

第3章 屈折率分布型プラスチックロッドレンズ

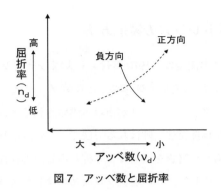

図7 アッベ数と屈折率

目の原子団の原子屈折 $[R]_k$ を用いて式(11)のように表される。

$$[R] = \sum_k x_k [R]_k \tag{11}$$

また，アッベ数は式(12)で表される。

$$\nu_d = \frac{6n_d}{(n_d^2 + 2)(n_d + 1)} \frac{[R]}{[\Delta R]} \tag{12}$$

ここで，ポリマーの分子分散 $[\Delta R]$ は，式(13)で定義される。

$$[\Delta R] \equiv [R]_F - [R]_C \tag{13}$$

このようにして，後述の製造方法の項で述べるロッドレンズの原液組成の設計においては，予め式(9)～(13)を用いた計算を行い，ポリマーの屈折率及びアッベ数を求めている。

既存の透明ポリマー材料について，その材料のアッベ数を横軸に屈折率を縦軸に取ってグラフにプロットすると，通常の材料は図7の正方向には広く分布しているが負方向の分布は狭い傾向にある。色収差の小さいロッドレンズの作製には負方向の材料の組合せが必要となるのであるが，負方向には屈折率差を大きく取るのが難しいという問題がある[8～10]。しかも，屈折率の高い材料と低い材料とを組み合わせて使用した場合に，作製されたロッドレンズは透明である必要があり，プラスチックロッドレンズ作製において透明性を確保するための材料及び製造方法の選択は容易ではない。

4 プラスチックロッドレンズの製造方法

プラスチックロッドレンズの開発は，1970年代より大塚ら[11]を始め多くの研究者により検討が行われていたが，1980年代に三菱レイヨン㈱では連続プロセスで屈折率分布を形成することに成功し，安価なプラスチックロッドレンズが市場へ供給されるようになった。

初期の連続プロセスは単量体揮発法と呼ばれる方法で，これはポリマーとそのポリマーより高屈折率のモノマーからなる均一溶解物をノズルより押し出し，外周部からモノマーを揮発させ屈折率分布を形成させていた。そして，この連続プロセスではレンズは連続な糸となって紡糸されるので，バッチプロセスと比較して生産性向上と性能安定化を図ることができた。しかし，この方法では，ロッドレンズの中心部と周辺部の屈折率差を大きく取ることができないことや紡糸速度を上げられないという欠点があった。

その後，相互拡散法と呼ばれる方法が開発され，屈折率分布の大きいロッドレンズを生産性よく製造することに成功した。ここでは，プラスチックロッドレンズの製造工程である相互拡散法とそのポイントとなる技術について紹介する。

図8は，相互拡散法によるロッドレンズの屈折率分布形成工程を模式的に表したものである。まず，ポリマーとモノマーとが均一溶解された屈折率の異なる数種の原液を用意する。これらの原液は多層複合紡糸ノズルによって中心部ほど屈折率が高くなるよう同心円状に積層され，ノズルから吐出される。次の第一UV硬化部では，各層間でモノマーが相互拡散しながら重合が進行して二次の屈折率分布が形成され，第二UV硬化部では，材料のガラス転移温度以上の温度で強

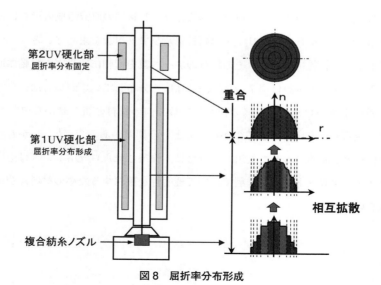

図8 屈折率分布形成

第3章　屈折率分布型プラスチックロッドレンズ

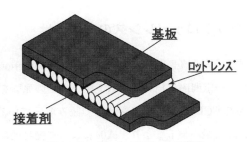

図9　ロッドレンズアレイの構造

力な紫外線を照射されて重合が完結する。その後，レンズは一定の長さに切断され，アレイ化工程へ送られる。

　ロッドレンズを安定に製造するために，紡糸工程は時間的空間的に高精度にコントロールされている。特に糸径変動は結像距離に直接影響のあるg値の変動を引き起こすので，高精度に制御する必要がある。糸径変動への影響が一番大きいのはノズルへの原液の供給方法と考えられるが，短時間及び長時間の吐出変動をなくすために装置には長年地道な改良努力が積み重ねられ，かなり均一な糸径を持つレンズが得られるようになった。また，複合紡糸ノズルは高い真円性と同軸性があるものが使われており，これらの精度は屈折率分布の対象性に影響を与える。その他，紫外線強度やライン各部の温度の変動も光学性能に大きな影響を与えるので高度な制御が欠かせない技術となっている。

　次のアレイ化工程では，図9に示すようにレンズは2枚の基板の間に一定間隔で配列される。そして，基板で挟まれたレンズ同士の隙間には接着剤が注入され，それが硬化することによりレンズは固定される。その後，両端面同時研削装置で規定の長さに研削されアレイが完成する。

　レンズアレイによる結像において，像は数本のレンズによって伝達される。そのため，レンズが斜めに配列されていると各レンズによる結像位置がずれて光学性能が低下してしまうので，アレイ化においてはレンズ同士が数ミクロンの間隔で正確に平行に配列される必要がある。各種工夫によって，精密配列可能なアレイ化工程を実現している。

　レンズアレイの光学性能を劣化される要因として前述の要因の他には，レンズ側面で反射した光や隣のレンズに漏れて伝わった光等による迷光がある。これらの迷光は結像性能に多大な影響を与える。よって，これら迷光を吸収して光学性能の低下を抑制するために，レンズの外周部及びレンズ同士の間に注入されている接着剤には黒化処理が施されている。

5 低色収差プラスチックロッドレンズの光学特性

光学性能は，図10に示すようなMTF（Modulation Transfer Function）評価装置で測定される。この装置では，黒色ラインを一定間隔に描いたテストチャートの原画を被検レンズアレイによって反対側に伝達し，その像をCCDイメージセンサーで読み取っている。MTFは，このとき読み取られた光量の最大値 i_{max} と最小値 i_{min} より，式(14)によって簡易的に求められる。

$$\mathrm{MTF} = \frac{i_{max} - i_{min}}{i_{max} + i_{min}} \tag{14}$$

MTFの測定では，レンズアレイはテストチャートとCCDイメージセンサーの丁度中間に配置される。カラーフィルターで測定波長が選択され，テストチャートの空間周波数を変えること

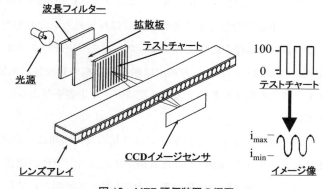

図10 MTF評価装置の概要

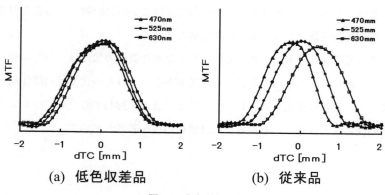

(a) 低色収差品　　(b) 従来品

図11 色収差比較

により，レンズの解像度に応じたMTFが測定される。

図11は，従来品と最近開発された低色収差品の色収差を比較したものである。ここでは，レンズの一番ピントの合った位置から，テストチャートとCCDをレンズの光軸方向にレンズアレイを中心に対称に移動させてMTFを測定している。従来品では，色ごとにピントが合う位置が異なるため，すべての色でMTFを高くすることができず，カラーで使用した場合にはレンズの焦点深度も浅くなっている。この点が低色収差品では改良されており，レンズアレイの使用位置である横軸のdTCがゼロとなる位置において，どの色も解像度が高くなり，レンズの焦点深度も深くすることができている。

6 ロッドレンズアレイの用途

ロッドレンズアレイの主な用途として，ファクシミリ・プリンター・イメージスキャナー・複写機がある。そして，これらの装置に採用されている画像読み取り方式としては，縮小レンズ系と組み合わせたCCD方式とロッドレンズアレイを使用したCIS方式がある。2つの方式を比較したときのCIS方式の利点としては，光学系を短くできるので装置を非常にコンパクトに設計できること，装置の部品点数を少なくできることや組立て時の位置調整が簡単なこと等が挙げられる。これらのことより，装置製造に当たってCIS方式はCCD方式よりトータルコストの点で優位となる。

前記市場の中でも特に平均4年で買い替えが進む[12]と言われている一般消費者向けのインクジェットプリンターでは，最近消費者がカラーの多機能プリンターを選ぶ傾向にある。ロッドレンズアレイはこのプリンターのスキャナー部分に使用されているが，最近開発された低色収差品はこれら市場のニーズに答えるものであり，市場で高く評価されている。

7 おわりに

プラスチックロッドレンズはこれまでガラス製のものの性能を追いかけて開発が進んできた。プラスチックロッドレンズの製造においては，より高精度で均一なものを作り続けていくために発売当初より地道な努力が積み重ねられ，現在高度に制御された製造工程が実現されている。これに加えて，レンズの色収差改善により，市場で著しい伸びを示しているカラー多機能プリンター用途では，ガラス製のものとほぼ比肩する光学性能を持つレンズアレイが製造されるようになった。

また，昨今の環境に配慮した製品づくりを望む社会的要求からも，プラスチックロッドレンズ

は有害物質を含まない低環境負荷材料であるという点[13]で伸びが期待できる材料である。

文　　献

1) E.W.Marchand, "Gradient Index Optics", Academic Press, New York (1978)
2) A. Fletcher et al., *Proc. Roy. Soc. (London)*, **223**, 216 (1954)
3) E. G. Rawson et al., *Appl. Opt.*, **9**, 753 (1970)
4) 西沢紘一, 光学技術コンタクト, **16**, 〔5〕, 26 (1978)
5) K. Matsushita et al., *Proc. Soc. Photo-Opt. Instrum. Eng.*, **31**, 23 (1972)
6) N. Nishizawa, *Appl. Opt.*, **19**, 〔7〕, 1052 (1980)
7) 鶴田匡夫, *O plus E*, **24**, 〔10〕, 1140 (2002)
8) 橋村淳司, オプトロニクス, **17**, 〔11〕, 175 (1998)
9) 森田裕子, *O plus E*, **20**, 〔3〕, 313 (1998)
10) 特開平 9-127310 号
11) 大塚保治ほか, 光学, **12**, 〔6〕, 470 (1983)
12) 仙田明広ほか, 日経パソコン, 2006. 10. 23, 〔516〕, 53 (2006)
13) 入江菊枝, プラスチックエージ, 〔5〕, 82 (2007)

第4章　ポリマー光回路

杉原興浩[*]

1　はじめに

　高速大容量通信や情報処理への需要を満足するために光の重要性が増大している一方で，光通信・情報処理システムの経済化・低消費電力化を目指して研究開発が活発に行われている。ポリマー光回路は，材料の特長を活かした簡便な作製プロセスの利点を有し，低コスト化が期待できることから，ボード間／内やチップ間の光インターコネクションへの適用が実用間近であるだけでなく，次世代FTTH[1)]やホームネットワーク，車載ネットワークへの応用を目指した研究開発が行われている。上記のような分野で利用される光部品は「経済化」が要求されるため，低温プロセス，加工容易性という特長をもつ有機材料を用いた低コスト光部品作製が検討されている。特にポリマー光回路は，簡易プロセスで作製できるため，その低コスト化が期待できる。一方，ポリマー光回路は，材料およびプロセスの多様性から，実際に作製した光回路の性能測定評価についても精確迅速に行うことにより，更なる経済化に貢献できる。

　本報では，将来上記分野に光を巡らすために必要となるポリマー光回路について，材料開発，簡易プロセス開発，および簡易評価技術開発に関する概説と，最近の光路変換機能やコネクターの研究開発動向を紹介する。

2　ポリマー光回路材料

　表1に各種ポリマー光回路材料とその特長を示す。光通信波長帯である$1.3\mu m$，$1.55\mu m$はシングルモード光導波路が，情報処理帯である$0.85\mu m$はマルチモード光導波路が主流となっており，それぞれの用途に向けた開発がなされている。今後，ポリマー光回路が実用化に供するためには，材料として以下の項目を満たす必要がある。

　①　材料が低損失であること。特に光通信帯1300〜1550nmあるいは情報処理帯850nmでの損失が十分小さいこと。

　ポリマー光導波路の損失要因は，主に吸収損失と散乱損失がある。このうち，吸収損失につい

---

　*　Okihiro Sugihara　東北大学　多元物質科学研究所　准教授

光学材料の屈折率制御技術の最前線

表1 各種ポリマー光回路用材料とその特性

材料系	プロセス	伝搬損失 (dB/cm)	耐熱性 (℃)	備考
フッ素化ポリイミド	リソグラフィ+RIE	0.2 (1.3 μm)	350	耐熱性
重水素化シリコーン	リソグラフィ+RIE	0.12 (1.3 μm)	250	低複屈折
全フッ素化ポリイミド	リソグラフィ+RIE	0.10 (1.55 μm)	>300	耐熱性
非晶質全フッ素樹脂	リソグラフィ+RIE	0.03 (1.55 μm)		通信帯低損失
UV硬化性アクリル	複製	0.07 (0.85 μm)		耐機械特性
ノルボルネン	フォトアドレス	0.03 (0.85 μm)	>250	情報処理帯低損失
UV硬化性エポキシ	複製	0.06 (0.85 μm)		TelcordiaGR1221準拠
ポリシラン	フォトブリーチ	0.1 (0.85 μm)	>250	多層化
UV硬化性エポキシ	直接露光	0.09 (0.85 μm)		ハンダ耐熱性
シリコーン	直接露光	0.04 (0.85 μm)	>200	情報処理帯低損失
ポリイミド	複製	0.2 (0.85 μm)	>300	耐熱性

ては，近赤外領域での使用を考慮すると，分子伸縮振動吸収／偏角振動吸収が主要因となる．ポリマーはその骨格にC-H結合を有しており，水素原子のような軽い原子は伸縮振動の共鳴基本波が赤外領域に存在し，その高調波が近赤外領域に現れて吸収損失の原因となる．この要因を回避するために，水素原子を重水素原子(D)やフッ素原子(F)のような重原子で置換して，吸収をより長波長にシフトさせる手立てが採られている．

② 簡易プロセスによる光導波路作製ができ，低損失(加工の際に表面荒れを生じない)な光導波路が実現できる材料であること．

ポリマー光導波路の他方の損失要因である散乱損失については，使用波長を考慮すると，コア／クラッド界面の粗さによる損失が主となる．後述する簡易プロセスによって生じる壁面粗さもあるが，材料として考慮する項目としては，その積層性によって生じる界面の状態であろう．コーティングやラミネーション工程でインターミキシングや不均一密着を回避しなければならない．

③ 長期および短期耐湿熱性を有すること．

ポリマー光回路のメディアコンバーターとしての応用や，光配線板としての応用が期待されている現在，受発光素子や光ファイバーとの実装は必須となる．したがって湿熱試験あるいはハンダリフロー耐性等をクリアしなければならない．具体的な条件については，JPCAでの規格提案や経済産業省のプロジェクトで議論が進められており，その報告を待ちたい．

④ コア材，クラッド材の異なる屈折率(制御性)を有すること．

シングルモード光導波路の場合は比屈折率〜1%以下，マルチモードの場合は〜数%の屈折率制御が必要となる．コア／クラッドとも同系の材料で要求される精密な屈折率を実現しなければならない．ポリマー骨格の一部に低屈折率用原子(例えばフッ素)，高屈折率用原子(例えば硫黄

第4章　ポリマー光回路

を導入して，その導入量を調整することで屈折率制御を行っている材料開発例が多い．最近ではより高屈折率や高 NA を実現するために，無機酸化物ナノ粒子をポリマーマトリクスに導入するといった報告例もある．

3　ポリマー光回路簡易作製技術

ポリマー光回路の作製技術については，その用途を考慮すると，低コストプロセスであることが要求される．また，シングルモード光導波路とマルチモード光導波路ではプロセスも異なる．表1の通り，シングルモード光導波路には，半導体や PLC で適用されているフォトリソグラフィーと反応性イオンエッチング（RIE）プロセスを用いることにより，大面積ウエハレベルでの量産性と装置の汎用化による経済化が見込まれる．一方，マルチモード光導波路については，そのコア径が大きいため，RIE プロセスでは長時間を要することから，材料に応じた様々な簡易プロセスが提案・実証されている．図1にそれぞれの作製法の工程概要図を示す．材料およびプロセスの改良により，吸収損失や散乱損失が大幅に低減でき，近年ポリマー光導波路は非常に低損失になってきており，光通信帯や情報処理帯で 0.1dB/cm を凌ぐ損失値が報告されている．

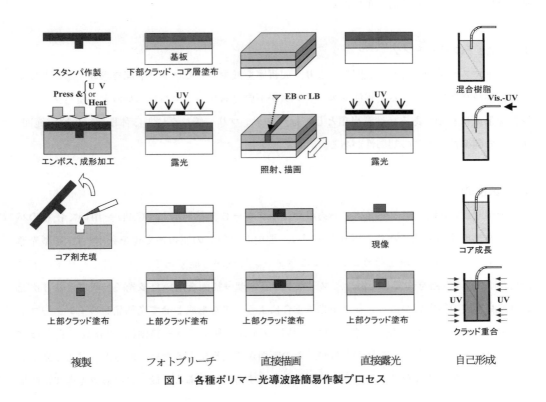

図1　各種ポリマー光導波路簡易作製プロセス

3.1 複製技術

複製加工技術は，各種光デバイスの作製において，nm から mm オーダーのパターン形成が可能，高スループット，等のメリットを持ち，量産に適した技術として光導波路へ適用され，開発されてきている。オリジナル型作製方法は LIGA，SIGA，リソグラフィ等の技術が用いられている。特に，光導波路ではサブμm～μm オーダーの高精度／高寸法安定性で，かつ数十μm～mm のサイズの凹凸要求がある。また表面荒さも nm～10nm レベルが必要となる。通常はオリジナル型に鍍金等でパターン転写してスタンパーを作製するが，低コスト化を目指してポリマーやシリコーンゴムをスタンパーに用いている例がある。

アンダークラッド形成については，熱エンボスや UV エンボス，射出成形，マイクロトランスファーモールディングの報告例がある。温度や圧力等のパラメータを最適化して転写性向上や成形時間短縮，光学特性制御を行っている。また，剥離時におけるスタンパーやレプリカの破壊等を回避するため，コアパターンを台形にする工夫がとられることや，特定の剥離層・離型剤を検討している。

コア形成については，硬化性樹脂を充填する例がほとんどである。留意項目として，重合時の収縮許容度や流動性がある。特に重合前後の体積変化は転写性やコア形状の均一性に影響するため，材料面での重要な検討事項である。

3.2 フォトブリーチング

フォトマスクを通した UV 光照射により，屈折率を減少させてクラッド部を形成することにより，光導波路形成ができる。現像やエッチングが不要であり，ウエハレベルの大面積パターンの簡便な形成に有効である。留意事項としては，フォトブリーチングによる体積収縮の許容範囲，屈折率の制御性，深さの制御性がある。

3.3 直接描画

電子線(EB)やレーザーをポリマーあるいはモノマーに直接照射し，CAD を用いて任意のパターンを形成する方法である。ポリマーでは，照射した領域の屈折率変化を利用した SI 型光導波路の形成や，現像処理を行うことによるパターン形成が可能である。フッ素化ポリイミドに EB 描画で光導波路を作製した例や，フェムト秒レーザー描画を用いた多光子吸収による3次元光導波路形成の報告例がある。また多光子重合によりコアを形成させて光部品間のインターコネクションを実現している例も報告された。特にフェムト秒レーザー描画は，3次元の自在なパターンを作製できるという特長があるが，その断面が楕円形になるため，何らかの方法で光ファイバー等と低損失結合ができるよう円形断面を実現する必要がある。最近自己形成光導波路技術

第 4 章　ポリマー光回路

とフェムト秒レーザー重合技術を組み合わせた方法で，円形断面を実現している。

3.4　直接露光

　光硬化性樹脂にフォトマスクを通して光照射を行い，重合硬化を行いながらパターン形成を行う方法である。レジストや RIE を用いず，湿式現像のみで導波路パターニングを行う方法であり，工程時間が短縮される。また，RIE にみられるようなコアリッジ表面荒れも小さく，低散乱損失という特長もある。留意事項としては，露光重合による体積収縮，深さの制御性がある。

3.5　自己形成

　光ファイバーからの出射光によって光硬化性樹脂モノマー中で「自己収束」効果を生じながら重合導波路コアが自律的に成長する。成長したコアは光ファイバーと自動的に接続しているので，特別なアライメント技術が必要ない。シングルモード光導波路から，POF 対応大口径マルチモード光導波路まで，μm～mm サイズのコア径を有する光導波路が作製されている。基本的には直線導波路成長のみであるが，予め途中にミラーを挿入しておくことにより，分岐・反射を行うことができる。また，わずかに位置ずれのある 2 本の光ファイバーを本技術で簡便に接続できる「光ハンダ」を用いた低コスト実装技術が期待されている。

4　簡易評価技術

4.1　カットバック代替技術とエレメント評価チップ

　光回路は，直線，曲線，分岐光導波路の基本エレメントの組合せで構成される。したがって，様々な簡易プロセスによって作製したポリマー光回路については，基本構成エレメントの特性を評価することによって実際の光回路でのパフォーマンスを予測することが可能であり，設計や開発の高効率化に寄与できる。そこで，直線，曲線及び分岐導波路を含めた評価のための簡易評価用光導波路エレメントチップ（以下，評価チップという）について述べる。評価チップには，基本エレメントが盛り込まれ，伝搬損失，分岐特性，曲げ損失等の材料及びプロセスに起因する各種導波路パラメータを一括して測定できる。評価チップにおいて検討するパラメータとしては，①直線導波路伝搬損失と結合損失，②分岐導波路過剰損失とパワー分岐比，③曲線導波路過剰損失，が挙げられる。様々な条件でシミュレーション検討を行い，評価チップの仕様を図 2 に示すように決定した。詳細構成は以下の通りである。

・直線光導波路について
　　①　直線光導波路の全長は 4 cm 以上とした

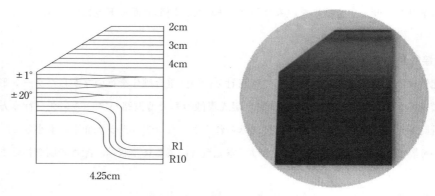

図2 エレメント評価チップ仕様と直接露光法で作製した評価チップ写真

② 45度カット法（後述）により切り出される導波路長の差が2cm以上とした
③ 光導波路のピッチは250μmの整数倍とした
・分岐導波路について
① 分岐角度は1°, 3°, 5°, 10°, 20°とした
② 分岐後, 2本の導波路間隔は250μmの整数倍となるように, 曲げ部分を調整した
③ リファレンスとして, 同じ曲げ構造を持つ導波路を分岐導波路の隣に配置した
・曲線導波路について
① 曲げ半径は1mm, 2mm, 3mm, 5mm, 10mmとし, 2回の曲げを含むようにした
② 導波路間隔は250μmの整数倍になるように配置した

これにより, 伝搬損失測定を可能とし, また曲線・分岐構造の基本構造を評価し, 光導波路エレメント損失を一体的に評価することができる。

実際に直接露光法を用いてコア径70μm, NA0.39の評価チップを作製した（図2写真）。光導波路の伝搬損失値は, 光導波路評価で最も重要な値の一つとして位置づけられており, 従来は直線導波路をカットバック法により測定することで評価していた。しかし, 導波路長を変化させるためのダイシングに多くの時間を費やすことから, 光回路開発サイクルの短縮におけるボトルネックとなっている。ここでは, 新たな伝搬損失測定法として, 図2のように直線光導波路アレイを斜めにカットすることにより, 各々の導波路長を変化させることによって, カットバック法と同等の測定ができる「45度カット法」を提案し, その適用可能性および優位性を比較した。光源はLED（850nm）, 入力ファイバーは50μmGI, 出力ファイバーは200μmPCFである。また, 比較のために同一の条件で作製した直線光導波路サンプルを用いて, カットバック法による評価も行った。図3にその測定結果を示す。伝搬損失値は, 45度カット法において0.08dB/cm, カッ

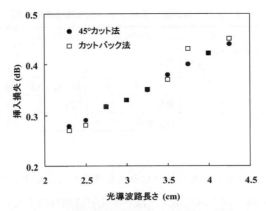

図3 直線光導波路の挿入損失の光導波路長依存性

トバック法において0.09dB/cmと算出された．この結果から，45度カット法がカットバック法と誤差範囲内で同じ伝搬損失であることが示された．また45度カット法では1回のダイシングで良いため，測定時間を1/5に短縮できる．したがって，45度カット法がカットバック法代替の伝搬損失測定法として有用に資することが示された．

また，分岐導波路や曲り導波路の測定評価を行うことにより，分岐角，曲げ半径の最適条件を見出すことができる．以上のごとく，評価チップを作製し測定評価することにより，実際の光回路の短時間での仕様決定に有効である．平成16年度からスタートした次世代FTTH構築用有機部材開発プロジェクト（経済産業省／NEDO)[1]では，素材・加工法・光導波路エレメントの一体的な評価を可能とする簡易評価手法及び評価チップの研究開発を行っている．本プロジェクトにおいては，他の測定評価法，例えば伝搬損失測定からコアとクラッドの境界面の荒れを見積もる測定評価法や，光ファイバーと光導波路の結合損失測定からアライメント実装精度を見積もる測定評価法の研究開発も行っているが，紙面の都合上省略するので他の報告[2]を参照されたい．

5 ポリマー光導波路を用いたコネクター例

基板間／内やチップ間の配線用ポリマー光導波路あるいは末端通信用ポリマー光導波路単体の作製に関しては，既述のように低損失化が実現できており，その作製についても材料の特長を活かした簡易量産プロセスで実現できているため，低コスト化や低消費電力化（量産に関しての）に目処がついてきている．一方，電気→光（E/O）や光→電気（O/E）の信号変換に関して，光源であるVCSELが基板に対して垂直に発光するためそれを平行光に変換することが必要となってきており，近年45度ミラーや曲り導波路等の光路変換機能つき光導波路を用いて，コネクター

表2 光路変換機能つきポリマー光導波路の開発例

光路変換形態	材 料	プロセス	損失(dB)	備 考
面外90度曲り導波路[3]	UVエポキシ／オレフィン系	複製		アライメント機構／マイクロレンズアレイ接続
面外45度ミラー[4]	ポリシラン	フォトブリーチ	1.0(挿入損)	多層(4層16チャネル他)
面内45度ミラー[5]	UVエポキシ	複製	0.37	ミラー／導波路一括形成
光ピン[6]		自己形成		モールド,マスク転写

と実装した光導波路モジュールが上記簡易プロセスを利用して開発されている。表2に光路変換機能つきポリマー光導波路の開発例を示す。高NA光導波路材料を用いることによる曲り導波路での90度光路変換コネクターとそれをモジュール化した光トランシーバーの開発[3]や，積層したポリマー光導波路アレイをダイシングすることによって45度ミラーを形成し，多チャンネルコネクタを開発した報告[4]等がある。

6 おわりに

本章では，ポリマー光回路の材料開発，簡易プロセス開発，および簡易評価技術開発に関する概説と，最近の光路変換機能やコネクターの研究開発動向を記載した。ポリマー光回路は，これまでリッジドプリント基板用あるいはフレキシブル用途への適用がメインに検討されてきたが，最近ではポリマー光回路の省サイズメリット(高密度化や余長処理不要性)や屈折率制御性メリットを活かして光路変換(O/E, E/O変換を含む)用コネクターへの展開がメインになりつつあり，本章でもその研究開発例をいくつか紹介した。ポリマー光回路が，ハイエンド機器のみならずコンシューマー機器にも搭載されるようになれば，量産によるコストメリットもあわせて期待できる。今後は光ファイバーや受発光素子との簡便低損失かつ安定な接続技術，モジュールやシステムとしての設計・製作技術や信頼性を確保していく必要があろう。

文 献

1) http://www.nedo.go.jp/activities/portal/p04007.html
2) 杉原興浩ほか，エレクトロニクス実装学会誌, Vol. 11, No. 2, p. 127 (2008)
3) 大工原治，エレクトロニクス実装学会第22回大会 (2008)

第 4 章　ポリマー光回路

4)　津島宏，第 32 回 OPT 公開研究会（2007）
5)　A. Fujii *et al.*, *Proc. SPIE*, Vol. 6775,（2007）P. 677506-1
6)　三上修，光実装技術ハンドブック（オプトロニクス社）第 1 部第 2 章，p. 106（2008）

第5章　非線形光学材料にかかわる屈折率制御

戒能俊邦*

1　まえがき

　各種信号情報を高速，高感度，大容量に制御するためには光の使用が不可欠である。そこでは光の振幅（強度）情報のみならず，光の位相や周波数（波長）情報の活用が求められる。材料の有する光学特性，特に屈折率を外部刺激で操作・制御することによって新しい機能・性能の発現が可能である。有機材料は屈折率，光透過性などの光学特性を材料設計・合成的に制御し易く，加工が容易，軽量，低コスト化が可能といったことから，特に家庭内，オフィス内光部品用材料として期待され，光の透過，分岐・結合，あるいは偏波制御などへの応用が検討されている。

　非線形光学材料を用いて屈折率制御を行い，光信号を制御するためには2つの手法がある。一つは，2次の非線形光学効果を用いる方法であり，光導波路デバイスなどへの電場印加による屈折率変調を行なう電気光学（Electro-Optic, EO）効果を活用する。もう一つは，3次の非線形光学効果を用いる方法であり，全光型光スイッチングを行なう光カー効果の活用である。ただし，有機材料における3次の非線形光学効果は十分に大きなものではなく，実用レベルで屈折率制御を行なうためにはEO効果を用いるのが一般的である。

　超高速性，高効率性（高感度）に特長を有するEO材料は，光信号処理技術の高度化に不可欠であり，高速スイッチ，あるいは波長変換への応用など，高度情報社会の展開にブレークスルーをもたらすと期待される。光の伝搬を電場で変調制御し，位相変化，方向性結合，モード変換，光路変換などを行うにあたり，光導波路デバイスの採用が望ましい。光導波路化によって光波を数μm断面の導波路中に閉じ込め，外部から印加する制御信号を狭い領域に集中させ，低電力で高速に導波光の制御を可能とする。このようなEOデバイスとして実用レベルにあるニオブ酸リチウム，$LiNbO_3$は，EO定数が大きく光導波損失が小さいという特長を有し，時分割，空間分割スイッチへの適用が検討されている。しかし$LiNbO_3$は処理しうる信号速度，あるいは印加電圧（半波長電圧）低減に限界がみえている。特に広帯域の変調を行うには，より低誘電率な有機材料を用いることが望ましい。

　このことから近年，光導波路用EOポリマー材料の実用化が米国を中心に進められている。

---

　*　Toshikuni Kaino　東北大学　名誉教授

第5章　非線形光学材料にかかわる屈折率制御

EOポリマー光導波路の実用化にあたっては，高効率材料の開発のみならず各種環境条件下での安定した性能の確保が求められ，EOポリマー材料の研究開発は，これらの課題解決に向け進展している。

本稿では，EOポリマーを中心とした有機非線形光学材料研究の最近の動向，屈折率制御，光導波路素子化への取組みに関する研究展開状況を述べる。

2　EO効果とEOポリマー材料

EOポリマーとは，透明性に優れるポリマーに光非線形色素を結合あるいは分散させたものである。ポリマー側鎖あるいは主鎖に，π電子共役分子の両末端をドナー／アクセプター置換したプッシュプル型の電子構造とした色素を化学結合させる例が多く[1]，このような透明ポリマー中に色素を分散させても良い[2]。また，2次の非線形光学効果であるEO特性を発現させるためには，ポリマー中にランダムな状態にある色素を配向させる必要がある。現在では，分極処理（ポーリング）による方法が実用的にも最良の手法である。ポリマーのガラス転移温度付近の温度条件下で高電圧印加（分極処理）を行うことで，ポリマー中の色素のダイポールモーメントの方向が揃い，すなわち配向し，2次の光非線形性が発現する。従って，いかに光非線形性の大きな色素を選択し，いかに高濃度にポリマーに結合あるいは分散し，効率よく配向させるかがEO効果の大きさに効いてくる。すなわち色素分子の2次光非線形超感受率β，及び濃度Nが重要な因子である。また，色素のダイポールモーメントμ，及び分極電圧Eも重要な因子となる。

2次の光非線形性を示す配向ガスモデルでは，EOポリマーの2次非線形光学定数$\chi^{(2)}$が(1)式で示される[3]。

$$\chi^{(2)} = NF(n_0 \varepsilon) \beta \mu E/5kT \tag{1}$$

ここで$F(n_0 \varepsilon)$はLorentz-Lorenzの局所場補正項，n_0は屈折率，εは誘電率である。

角周波数ωの光が非線形媒体中を伝搬するとき，dc（あるいは低周波）電場$E(0)$の印加による屈折率（ここでは$n^2 \simeq \varepsilon_r$：比誘電率）は，(2)式で表される。

$$n^2 = 1 + \chi^{(1)} + \chi^{(2)} E(0) = n_0^2 + \chi^{(2)} E(0) \tag{2}$$

となる。右辺第1項は線形屈折率，第2項は1次のEO効果（ポッケルス効果）にかかわる非線形光学効果を表す。

EO効果を表すr定数は(3)式で定義される[4]。

$$\Delta(1/n^2) = rE(0) \tag{3}$$

また $\Delta(1/n^2)$ は(4)式で近似される。

$$\Delta(1/n^2) = 1/n_0^2 - 1/n^2 = (n^2 - n_0^2)/n_0^2 n^2 \fallingdotseq (n^2 - n_0^2)/n^4$$
$$= \chi^{(2)} E(0)/n^4 \tag{4}$$

すなわち非共鳴波長におけるEO定数rと2次非線形光学定数$\chi^{(2)}$の関係は(5)式

$$r \fallingdotseq \chi^{(2)}/n^4 \tag{5}$$

となり, 1次のEO効果は2次非線形光学効果に起因する現象であることが判る。
また,

$$(n^2 - n_0^2)/n^4 = (n + n_0)(n - n_0)/n^4 \fallingdotseq 2n(n - n_0)/n^4 = 2\Delta n/n^3 = rE(0) \tag{6}$$

であり, 屈折率変化Δnは(7)式

$$\Delta n = 1/2 n^3 rE(0) \tag{7}$$

で示される。

EOポリマーに電場を加えた時に生じる位相シフト量ϕは, 取り付けた電極の長さをLとし(8)式

$$\phi = 2\pi \Delta nL/\lambda = n^3 rEL\pi/\lambda \tag{8}$$

となる。

光変調器を考えた場合, 位相シフト量ϕをπ変化させるのに必要な電圧である半波長電圧V_πは, 光変調器の電極間隔をd, 印加電場低減係数(電場分布で変調に寄与する割合を示す補正係数)をΓとして(9)式

$$V_\pi = \lambda d/n^3 rL\Gamma \tag{9}$$

で示され, 光変調器の性能を示す目安となる。表1に代表的無機誘電体, 半導体と有機材料(EOポリマーおよびイオン性結晶DAST)のr定数, および材料の性能指数$n^3 r$と帯域を考慮した性能指数$n^3 r/\varepsilon$を示す。

半波長電圧は材料の性能だけでなく, 光変調器の構造にも依存している。例えば図1に示すようなV_πが1V以下のEOポリマー導波路型光変調器は[4], 高い光非線形性を有する色素分子の

第 5 章　非線形光学材料にかかわる屈折率制御

表 1　代表的 EO 材料の諸特性

材料	r 定数 (pm/V)	屈折率 n	誘電率 ε	性能指数 $n^3 r$	性能指数 $n^3 r/\varepsilon$
LiNbO$_3$	31	2.2	28	330	11.8
KTP	35	1.86	15.4	225	14.6
GaAs	1.5	3.5	12	64	5.4
EO ポリマー	> 40	1.65	3.0	180	60
DAST	55	2.46	5.2	818	157

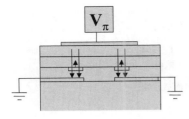

Device	MZ094	MZ096
Interaction Length (cm)	3.0	2.0
Poling Voltage (V)	500	500
Wavelength (nm)	1318	1318
V_π (V)	0.77 ~ 0.93	1.03 ~ 1.10
r_{33} (pm/V)	57.8	65.6

図 1　半波長電圧 1V 以下の可能性を示すオプトチップ

開発と，これを組み込んだポリマーの分極処理の工夫（～1μm 程度の薄膜を分極処理することで，双極子の配向処理を効率的に行う），光導波路構造の改良（光導波路の光を結合する部分を太くし，EO 効果を有する部分に向けテーパー構造化を行う），および変調手法の工夫（マッハツェンダ型光変調器のそれぞれのアームに，双極子の方向が逆向きとなる分極処理を行った EO 効果を持たせる）などによって実現されたものである。$V_\pi 1V$ での駆動は TTL レベルの集積素子と組み合せた光機能素子実現を可能とするものであり，EO ポリマーの大きなポテンシャルを示している。

以上のように EO ポリマーでは，材料設計によってニオブ酸リチウムを超える EO 定数を有する材料とすることが容易であることから，前述のように EO 光導波路素子の実用化が米国を中心に進められている。EO ポリマーにおける屈折率制御は，このような光導波路素子作製において重要となる。

π電子共役分子をドナー／アクセプタ置換したプッシュプル型の電子構造とした色素としては，π電子共役系にポリエン，スチルベン，アゾベンゼンなどが用いられる。これらの骨格に対し，アルキルアミノ基に代表されるドナー，及びニトロ基に代表されるアクセプターが検討された。一例を図 2 に示す。Disperse Red 1（DR-1, 2RNO$_2$ と略記）と呼ばれるアゾベンゼン骨格のパラ位にドナー／アクセプタ置換された化合物が代表的光非線形色素であり[5]，図 3 に示すようにアゾベンゼンの共役長の拡大（3RNO$_2$），あるいは強いアクセプタであるジシアノビニル基を

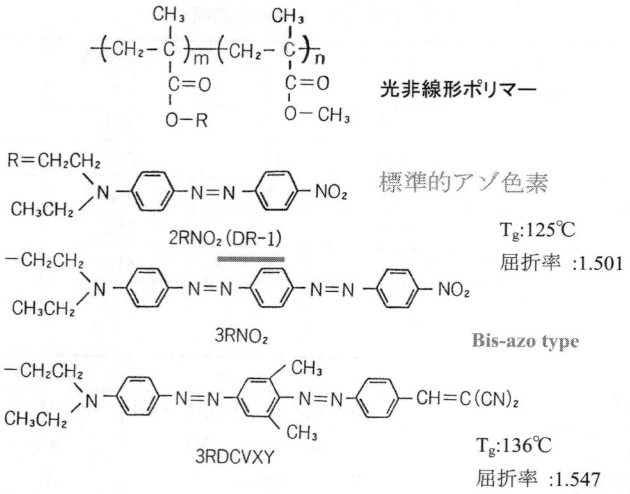

光学材料の屈折率制御技術の最前線

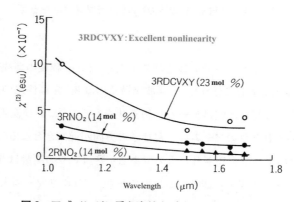

図2 アゾベンゼン系光非線形ポリマーの構造と物性

図3 アゾベンゼン系色素結合ポリマーの光非線形性

用いる(3RDCVXY)ことで，光非線形性が増大する。

ポリエンを用いた化合物については，ワシントン大のグループが精力的に検討している[6]。例えばトリシアノフラン(TCF)アクセプタを用い，高い光非線形性を実現している。図4にTCFの化学構造を示す。アモルファスポリカーボネート中に分散したEOポリマーでは，r定数として120pm/V($LiNbO_3$の〜4倍)を得たとの報告がある[7]。しかし，ポリエンやスチルベン骨格の直鎖状色素を透明ポリマーに分散あるいは結合した場合，色素相互の会合によって電場配向が抑制され，高い光非線形性を得ることが難しい。これを解決する手段として色素をデンドリマー構造とする手法が提案されている。この結果，分極効率が3倍向上したと報告されている[8]。

アゾベンゼン系光非線形色素においても，アクセプタをニトロ基からTCFに変えた化合物

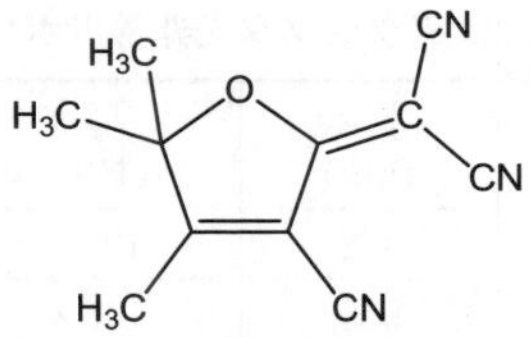

第5章　非線形光学材料にかかわる屈折率制御

図4　TCFアクセプタの化学構造

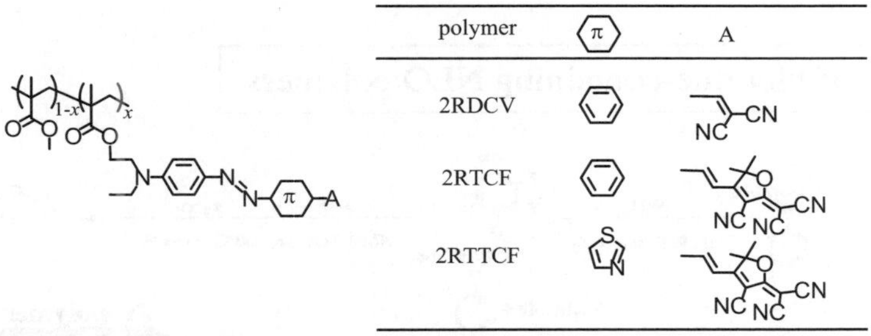

図5　TCFアクセプタを有するアゾベンゼン系光非線形ポリマーの構造

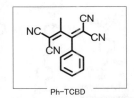

図6　Ph-TCBDアクセプタの構造

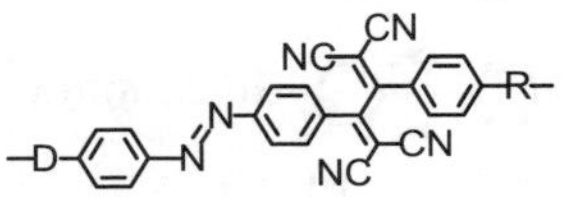

図7　Ph-TCBDをアクセプタとする
アゾベンゼン系光非線形色素

2RTCFが作製されている。その構造例を図5に示す。この結果，$\chi^{(2)}$の値は約2倍になった。また，チアゾール含有の2RTTCFは，2RTCFよりも大きな光非線形性を示し，2R-NO$_2$(DR-1)の約3倍であった。また，ガラス転位温度は2R-NO$_2$が125℃であったのに対し，TCFアクセプタとすることで15℃前後高くなっている。このように強力なアクセプタであるTCFは，アゾベンゼン骨格色素に導入されても，その効果を十分発揮できるということが確認された。更に強力なアクセプタとして，図6に示すテトラシアノブタジエニル化合物(Ph-TCBD)が検討された。このアクセプタを含有するポリマーでは，従来ドナーサイドをポリマー側鎖に結合するπ共役構造しか得られなかったのに対し，図7に示すようにアゾベンゼン骨格であっても，アクセプタサイドをポリマー側鎖に結合が可能であるという特徴を有する。表2に示すように$\chi^{(2)}$の値はどちらのサイドがポリマー側鎖に結合しても差異は無く，2R-NO$_2$の約2倍であったが，ガラス転位温度についてはアクセプタサイドを側鎖に結合した2R-Ph-TCBD-Aで高い値が得られる。

表2 Ph-TCBD アクセプタ光非線形ポリマーの特性

Polymer	chromophore contents (mol%)	λ_{max} (nm)	T_g (℃)	film thickness (μm)	$\chi^{(2)}_{33}$ (pm/V)
2R-NO$_2$	3.0	472	125	0.51	25.7
2R-Ph-TCBD-A	3.5	555	145	0.32	47.8
2R-Ph-TCBD-D	4.2	538	129	0.35	45.3

Poling condition：Temp. $> T_g$, Electric field 6kV/cm, 10 minutes

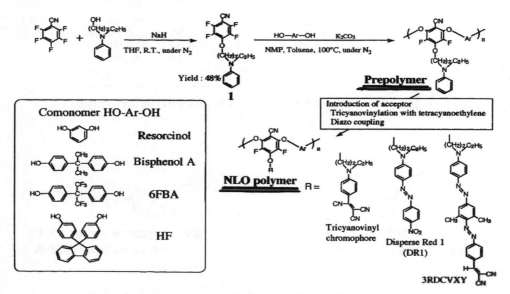

図8 ポリアリールエーテル系光非線形ポリマーの構造と合成手法

このように，新規なアクセプタを含有するアゾベンゼン系色素を側鎖に有する光非線形ポリマーは，従来の 2R-NO$_2$ ポリマーよりも高い光非線形性を有することが見出された。

上記の EO ポリマーは耐熱性が十分とはいえず，特にマトリックスポリマーの耐熱性改善が求められる。このため，T_g が 200℃ 前後の図8に示すフッ素化ポリアリールエーテルをマトリックスとする EO ポリマーが開発されている[9]。アゾベンゼン系非線形光学色素を結合したポリアリールエーテル系 EO ポリマーでは 200℃ を超える T_g が得られると共に，100℃ 条件下で 1000 時間以上の長期耐熱性が得られる。色素結合濃度の向上による光非線形性の低下は見られず，DR-1 を 100 モル％結合した場合，$\chi^{(2)}$ 値として波長 1.3μm で 90pm/V が得られている。また，フッ素含有ポリマーであるため，スラブ光導波膜の伝送損失は 1dB/cm 以下という優れた透明

性を有する。

3 EOポリマーの光導波路化

波長多重(WDM)による光情報システムで求められる波長分波器や波長フィルターなどとして，グレーティング構造を有する光導波路の開発が必要である。光導波路構造を採用すると，限られたスペースの中で光情報処理を行うことが可能となるため，光システムのコンパクト化が実現できる。EOポリマー材料のグレーティング素子構造化に関して，色素化合物としてアゾベンゼン系材料を用い，これをポリマー側鎖に結合したのち，光照射によるアゾベンゼン部位のトランス―シス―トランス異性化によるレリーフグレーティング，あるいはフォトブリーチングによる屈折率変調型グレーティングの構築・評価が進められている[10]。フォトブリーチングはEOポリマーに恒久的な屈折率変化を与える技術として有用な技術である。レーザ光の2光束干渉露光を用いたフォトブリーチングによってグレーティングが作製でき，簡便な手法によるチャンネル導波路作製手法と組み合わせた光結合機能が確認されている。

光導波路構築のためのEOポリマーの屈折率制御には，マトリックスに一部フッ素化したポリマーを用い，屈折率を増大させる色素の濃度とのバランスを取る手法も検討されている。例えば，ポリシアヌレートをマトリックスとしたEOポリマーとして，マトリックスの一部を部分フッ素化ポリシアヌレートとすることで，配合比の調整によって簡単に所定の屈折率を実現しうる。シングルモード構造のEOポリマー光導波路の実現も容易である[11]。

光情報通信に用いられる$1.3\mu m$や$1.55\mu m$の波長ばかりでなく，光情報処理では650nmから850nmの可視～近赤外光が用いられることが多い。上記のポリマーの側鎖にアゾ色素を結合したEOポリマーは，光情報処理素子用材料として有用と期待されている。しかし一般に波長500nm付近にある色素の吸収が可視～近赤外光までに影響を及ぼし，導波路の光伝送損失増大(光の透過性低下)をもたらす。そこで，分子量分布の小さい(単分散性の)ポリマーをマトリクスとするEOポリマーが設計・合成されている。この結果，可視～近赤外光において吸収強度を抑制することができ，光伝送損失が通常の1/3以下のEOポリマーが作製できている[12]。

EOポリマーのEO定数あるいは耐熱性の向上とあわせ，ポリマーならではの特長を生かした素子化の取り組みが進められている。すなわち異種材料の導波路同士を接合した新しい導波路素子が作製されている。これはEOポリマーが色素を含有していることから光導波路の損失が1dB/cm以上と大きいため，損失値が～0.1dB/cmの光透過性に優れる高ポリマーと組み合わせた接合光導波路化が必要となるためである。ビスアゾベンゼン系電気光学ポリマーをこれとインターミキシングの無いUV硬化エポキシ樹脂と組み合わせた異種接合シングルモード導波路は，

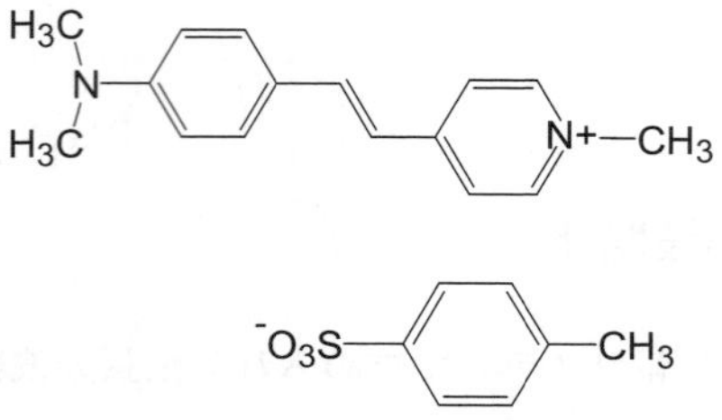

図9　DASTの化学構造

能動機能を有する部分と光伝搬機能を担う部分とを任意に組み合わせることを可能とし，高機能化した光導波路素子が作製できる[13]。

このような新しい構造のEOポリマー素子は，基本的にポリマー光導波路作製が材料のスピンコーティングとこれに引き続くフォトプロセスという低温工程で行われること，および分子設計的に屈折率の制御が容易であること，の2つの特徴を活用することで可能となる。このような特徴が今後のフォトニクス技術の展開において活用されることは疑いなく，新しい機能を有する素子の創製が期待できる。

優れたEO材料として，図9に示す有機イオン性非線形光学結晶 4-ジメチルアミノ-N-メチルスチルバゾリウムトシレート，DASTが注目されている[14]。DASTのEO定数（r定数）は，波長 1.31μm で 55pm/V であり，この値は無機結晶の2倍近い。このため多くの研究機関で結晶作製，素子化が検討されている[15]。EO効果の性能指数は先に述べたように n^3r（nは屈折率）で表わせるため，一般に屈折率の大きい無機結晶が有利であるが，DASTは無機結晶に比べ性能指数は約3倍である。

DAST結晶も光導波路構造とすることによって用途拡大をはかりうる。このためには有機結晶コアとクラッドの屈折率差をいかに構成するかが重要である。フォトプロセスによる導波路化技術を用いる場合，一般に有機結晶はレジスト用溶媒に可溶であるため，ポリマー材料にくらべ加工プロセスに工夫が必要である。DAST結晶をフォトブリーチングすることによって屈折率制御が可能であり，光導波路化が実現されている[16]。

4　EOポリマーの応用

情報化社会の進展は，身の回りに多くの端末機器（情報家電）が存在する環境を生み出しているが，これらの情報端末からの電磁波が人体に及ぼす影響を把握し，適切な対応を講じるためには高感度の電界センサーが求められる。電界センサーは物質の有するEO効果を活用する。あらかじめ電界の強さと屈折率変化量の関係を求めておくと，屈折率変化すなわち入射光の位相変化

第5章 非線形光学材料にかかわる屈折率制御

の検出により，加えられた電界の強さを知ることができる。電界センサーは集積回路 (IC) の故障診断に用いることもできる。超高速 IC を流れる電流検出によって動作診断を行うにあたり，電気回路の超高速化はオシロスコープによる検出を不可能とし，新しい検出手法の開発が求められる。IC 上に配置した EO ポリマーを電界センサーに用い，回路を流れる電流によって誘起される電界強度を検出する手法は，EO サンプリング (EOS) 法として知られる。ここでは，IC 電極間に生じる電気力線が，EO 結晶に誘起する屈折率変化を光学的に検出する。すなわち IC 中の電流値が間接的に測定され，回路の診断ができる。信号検出用サンプリング光にフェムト秒パルスを用いることで，高い時間分解能が可能となる。高感度，高速検出の点から，EO 定数の大きい材料の開発が望まれる。波長 1.55 μm の高速半導体レーザー光による電界センサー材料に DAST 結晶を用いた場合，現状最高性能といわれる無機結晶 KTP と比較し，4 倍の感度で信号が検出できる[17]。

EO ポリマーは例えば波長 1.55 μm で大きい非線形光学定数を有すことから，光導波路型波長変換素子への応用も期待される。テラヘルツ波の発生などに対しても，光非線形ポリマーの検討が報告されている[18]。

5 あとがき

非線形光学材料による屈折率制御効果は，フォトニクス技術進展のために求められる広帯域光変調機能を担う EO ポリマー材料において特に有用である。すなわち EO ポリマーは，将来の光素子用材料として，①分子設計により化学修飾を行うことで高性能材料の開発が可能であり，②薄膜，導波路，光ファイバなど種々の形態が容易であることから期待が大きい。今後，長期信頼性，低電圧駆動性，低損失性を含めて総合的に十分な特性を兼ね備えた EO ポリマーの開発と，低電圧でかつ広帯域を実現する光導波路構造の考案という，材料，デバイスの両面からの検討を行うことにより，次世代フォトニックネットワークにおける高速光スイッチや光変調器の実用化に進展をもたらすであろう。

本報の執筆には，東北大学多元物質科学研究所の杉原興浩博士，蔡斌博士，金子明弘博士（現在，富士フィルム㈱）をはじめとする研究者に多大なる協力をいただいたことをここに感謝します。

文　　献

1) R. Madabhush, *et al.*, ECOC'97, TU1B 29 (1997)
2) K. D. Singer, M. G. Kuzyk, W. R. Holland *et al.*, *Appl. Phys. Lett.*, **53**, 1800 (1988)
3) D. J. Williams: Nonlinear Optical Properties of Organic Molecules and Crystals, D. S. Chemla and J. Zyss, eds. Vol. 1 p. 405 (Academic, Orlando, 1987)
4) Y. Shi, C. Zhang, J. H. Bechtel, L. R. Dalton *et al.*, *Science*, **288**, 119 (2000)
5) K. D. Singer, J. E. Sohn, and S. J. Lalama, *Appl. Phys. Lett.*, **49**, 248 (1986)
6) L. R. Dalton, A. W. Harper *et al.*, *Chem. Mater.*, **7**, 1060 (1995)
7) W. Wang, D. Ghen, H. Fetterman *et al.*, *IEEE Photon. Tech. Lett.*, **7**, 638 (1995)
8) S. Ermer, S. M. Lovejoy, P. Bedworth *et al.*, *Adv. Funct. Mater.*, **12**, 605 (2002)
9) T. Ushiwata, E. Okamoto, K. Komatsu, and T. Kaino, *Opt. Mater.*, **21**, 87 (2002)
10) T. Hattori, T. Shibata, S. Onodera, and T. Kaino, *J. Appl. Phys.*, **87**, 3240 (2000)
11) 松井崇行, 小松京嗣, 戒能俊邦, *Polymer Preprints, Japan*, **52**, 3160 (2003)
12) T. Ushiwata, E. Okamoto, K. Komatsu, and T. Kaino, *Proc. SPIE*, **4279**, 17 (2001)
13) M. Hikita, Y. Shuto, M. Amano *et al.*, *Appl. Phys. Lett.*, **63**, 1161 (1993)
14) K. Sakai, N. Yoshikawa, T. Ohmi, T. Koike, S. Umegaki, S. Okada, A. Masaki, H. Matsuda and H. Nakanishi, *Proc. SPIE*, **133**, 7307–313 (1990)
15) F. Pan, G. Knopfle, Ch. Bosshard, S. Follonier, R. Spreiter, M. S. Wong and P. Gunter, *Appl. Phys. Lett.*, **69**, 13–15 (1996)
16) B. Cai, K. Komatsu and T. Kaino, *Jpn. J. Appl. Phys., Part 2*, **40**, L964–L966 (2001)
17) 永妻忠夫, 滝沢孝充, 横尾篤, 戒能俊邦, 1996電子情報通信学会エレクトロニクスソサエティ大会, C-221 (1996)
18) K. Kawase, M. Mizuno, S.Shoma, H. Takahashi, T. Taniuchi, Y. Urata, S. Wada, H. Tashiro and H. Ito, *Opt. Lett.*, **24**, 1065–1067 (1999)

第6章　フォトリフラクティブ材料

黒田和男＊

1　はじめに

　電気光学効果を用いると，材料にかける電界を調整することで，屈折率を変えることができる。この原理は電気光学変調器などに利用されている。この場合，外付けの電気駆動回路で電界を制御する。本章で取り上げるフォトリフラクティブ材料では，光を当てて材料内部の電荷を動かし，その結果生じる電界分布を利用して，最終的に屈折率を制御する。この意味で，光駆動型の屈折率制御材料と言える。

　フォトリフラクティブ効果を発現するための必要条件として

① 電気光学効果を有すること
② 電荷をトラップするサイト（フォトリフラクティブ中心）を持つこと
③ 光照射により，電荷が移動できること
④ 電荷分布を打ち消すように働く自由電荷が存在しないこと

が挙げられる。一見，この条件を満たすのは大変なようであるが，実際は，強誘電体や，④の要件を満たす半絶縁性半導体など幅広い材料でフォトリフラクティブ効果が観測されている。

　なお，フォトリフラクティブ材料については，多くの論文と著書が出版されている。なかでも，P. Günter and J-. P. Huignard 編集の3分冊本は，最新の成果を網羅し，この分野の現状を知るうえで役に立つ[1~3]。

2　電気光学効果

　電気光学効果には，屈折率変化が電界の大きさに比例するポッケルス効果と，電界の2乗に比例する電気カー効果がある。ポッケルス効果は，反転対称性を欠く材料でのみ起こる現象である。一方，カー効果はどのような材料でも起こる。

　異方性媒質の屈折率は，屈折率楕円体で表すことができる。異方性媒質に入射した平面波は，二つの固有偏光に分けられ，それぞれ異なる屈折率を持って伝搬する。旋光性がないとき，固有

＊　Kazuo Kuroda　東京大学　生産技術研究所　教授

偏光は直線偏光になる。その偏光ベクトル（光の電束密度 D に平行な単位ベクトル）を u とする。電界がないときの屈折率 n_0 は，屈折率楕円体の主軸を座標軸にとった座標系で

$$\frac{1}{n_0^2} = \sum \frac{u_j^2}{n_j^2} \tag{1}$$

と表される。ここで，n_j は主屈折率である。これに外部電界 E がかかると，屈折率は

$$\frac{1}{n^2} = \sum \frac{u_j'^2}{n_j^2} + \sum r_{jkl} u_j' u_k' E_l + \sum s_{jklm} u_j' u_k' E_l E_m \tag{2}$$

と変化する。ここで u' は電界がかかったときの偏光ベクトルである。電界の1次の係数 r_{jkl} をポッケルス係数，2次の係数 s_{jklm} をカー係数という。屈折率変化は十分小さく，また，電界をかけても偏光ベクトルは変化しないとすると，屈折率差 Δn は

$$\Delta n = -\frac{1}{2} n_0^3 r_{eff} E - \frac{1}{2} n_0^3 s_{eff} E^2 \tag{3}$$

と表すことができる。ここで

$$\begin{aligned} r_{eff} &= \sum r_{jkl} u_j u_k a_l \\ s_{eff} &= \sum s_{jklm} u_j u_k a_l a_m \end{aligned} \tag{4}$$

はそれぞれ，有効ポッケルス係数と有効カー係数，E は電界の大きさ，ベクトル a は，電界 E の方向を向いた単位ベクトルである。フォトリフラクティブ効果では，通常，ポッケルス効果を利用する。

3　フォトリフラクティブ効果

　誘電体の電子構造は，電子で満たされた価電子帯と，空の伝導帯から成る（図1）。価電子帯と伝導帯の間の禁制帯には，不純物や格子欠陥などに起因する準位が存在する。不純物準位には，電子を放出するドナー準位（密度 N_D）と，電子を捕らえ正孔を放出するアクセプター準位（密度 N_A）がある。価電子帯やドナー準位から熱励起で電子が伝導帯に励起され，それと釣り合う正孔が価電子帯に作られる。また，アクセプター準位も価電子帯から電子を捕獲し，正孔を作る。バンドギャップが大きく，不純物準位も禁制帯の深いところにあると，熱平衡状態で生じる自由電荷の密度は十分小さい。このような結晶は，電気的には絶縁体，あるいは，高抵抗の半導体となる。

第6章　フォトリフラクティブ材料

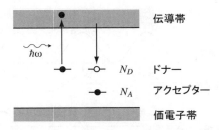

図1　フォトリフラクティブ材料の電子構造

　フォトリフラクティブ効果の動作原理は，図1に示すような，禁制帯に深いドナー準位と浅いアクセプター準位を持つ単純化されたモデルで説明できる。ドナー電子の一部はアクセプターに奪われ，その分，空のドナー準位が生成される。初期状態では，電子で満たされたドナーと空のドナーが一様に分布している。このドナー準位が電荷のトラップ（フォトリフラクティブ中心）として働く。この材料に光を当てると，ドナー準位から伝導帯に電子が励起される。自由電子は伝導帯内を動き，やがて空のドナーと再結合する。こうして実質的にドナー準位間に電荷移動が起きる。空間的に一様な光を照射した場合，電荷移動も一様に起こるから，特に変化は生じない。ところが，光が強度分布を持つと，事態は変わってくる。図2は，強度が正弦波状に変化する干渉縞を照射した場合の状態の変化を表した図である。光を照射すると，明るい部分で自由電子が励起される。自由電子は結晶内を移動し，空のドナーと再結合する。こうして，明るい部分から暗い部分へ電荷が移動し，電荷分布が生じることになる。空間的に電荷が分布すれば，電界が発生する。その結果，電気光学効果により屈折率が変化する。

　フォトリフラクティブ効果の特徴を挙げよう。第一に，光は電荷を移動する補助的な役割を果たすのみで，屈折率変化はあくまで空間電荷分布によって引き起こされることである。これが真性の非線形光学効果による屈折率変化と決定的に異なる点である。真性非線形光学効果では屈折率の変化量は光強度に比例する。一方，フォトリフラクティブ効果では屈折率変化は，光強度分布の形状には依存するが，強度にはよらない。屈折率変化の大きさは，照射する干渉縞のピッチやコントラストによって決まるのである。極端な例が，一様な光の照射で，屈折率変化は生じない。むしろ，すでに存在する屈折率変化を消去する目的で一様な光を照射することがある。

　では，光強度は何に効いてくるかというと，屈折率変化が生じる速度を決めるのである。フォトリフラクティブ効果は，光励起と再結合の繰り返しで発現する。よって，光強度が強くなれば，このサイクルが速く回り，したがって，電荷分布の形成も速くなる。

　フォトリフラクティブ効果が光強度に依存しないといっても，下限はある。材料中に書き込まれた屈折率分布は，放置すれば，熱励起の効果により消去される。少なくとも，書き込みの速度

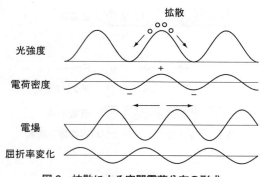

図2 拡散による空間電荷分布の形成

が消去の速度に比べ十分速くなるだけの光強度は必要である。これが光強度の下限を与える。

　特徴の第二の点は，図2を見ると明らかであるが，光強度分布と屈折率分布の間にずれが生じることである。実際，屈折率分布は光強度分布に比べ，干渉縞のピッチの1/4だけ，位相にして$\pi/2$だけ横ずれする。この横ずれ量ϕは，外部電界が存在すると変化する。このことを，屈折率格子の生成は非局所的であるという。

　以上の結果を式にまとめておこう。この式の導出は文献1)を参照されたい。ピッチΛ，波数$K=2\pi/\Lambda$の干渉縞を照射したときに，フォトリフラクティブ効果によって生じる空間電界の大きさをE_{sc}とすると，屈折率変化Δnは

$$\Delta n = -\frac{1}{2}n^3 r_{eff} E_{sc} \equiv n_1 e^{i\phi} m \tag{5}$$

$$E_{sc} = im\frac{k_B T}{e}\frac{K}{1+(K/K_0)^2} \tag{6}$$

となる。ここで，mは干渉縞の変調度，k_Bはボルツマン定数，Tは温度，eは素電荷である。またK_0は

$$K_0 = \sqrt{\frac{e^2 N}{\varepsilon k_B T}} \tag{7}$$

と定義される量で，デバイ波数と呼ばれる。ここで，$N = N_A(N_D-N_A)/N_A$は有効トラップ密度，εは媒質の誘電率である。

4　縮退2光波混合と光増幅

フォトリフラクティブ効果を介して2光波が相互作用する現象を2光波混合という。特に2光波が同じ周波数を持つとき，縮退しているという。図3のように，フォトリフラクティブ材料に互いにコヒーレントな2光波を入射する。材料内に干渉縞が形成され，屈折率変化が生じる。これは位相型の回折格子として機能し，入射光を回折する。二つの光波をE_1，E_2と表そう。E_1側には，E_1の透過光と，E_2の回折光が干渉した光が出力される。E_2側についても同様である。フォトリフラクティブ材料を位相型の記録材料と考えれば，これはホログラムの原理にほかならない。ただし，フォトリフラクティブ材料では現像の必要がないので，実時間ホログラムと呼ばれる。

通常の位相型のホログラム（光強度に比例して屈折率が変化する媒質に記録したホログラム）では，対称性を考えれば，もしもE_1，E_2の強度が等しければ，二つの出力光の強度も等しいはずである。ところがフォトリフラクティブ効果では，屈折率格子は干渉縞に対し位相ϕだけ横ずれするため，対称性が崩れている。その結果，E_1，E_2の出力光強度は等しくならず，エネルギーの一方的な流れが生じることになる。流れの向きは材料に固有で光の強度比にはよらない。エネルギーがE_2からE_1に流れるとしよう。E_1がE_2に比べ十分弱いときは，E_1の強度は伝搬長に対し指数関数的に増大する。これは，レーザーの増幅効果に匹敵する現象である。指数関数的な増大をするので，増幅利得係数を定義することができる。フォトリフラクティブ利得係数Γは，光強度に依存せず，式(5)のフォトリフラクティブ係数を用い

$$\Gamma = \frac{4\pi n_1}{\lambda \cos\theta}\sin\phi \tag{8}$$

と書ける。ここで，λはレーザー光の波長，2θは二光束の交差角である。位相ずれが$\phi = \pi/2$のとき，フォトリフラクティブ利得係数は最大になる。利得係数はレーザーに比べても非常に大きく，$BaTiO_3$で20 cm^{-1}を超える値が報告されている。利得係数が大きいので，損失の大きい

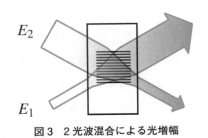

図3　2光波混合による光増幅

共振器を使っても発振させることが可能である。なお、屈折率格子による回折効率は $|\Delta n|^2$ に比例し、位相ずれには関係しない。回折効率は、入射光の一方を遮断することによって測定できる。

図3の配置では、結合する二つの光波は材料の一方の側から入射する。この配置を透過型とよぶ。これに対し、2光波を材料の裏表両面から対向して入射する配置を反射型とよぶ。一般に、反射型の方が干渉縞のピッチは細かくなり、屈折率変化は小さくなることが多い。

5 おもな材料

これまで発見されたフォトリフラクティブ材料はつぎのように分類できる。

(a) 強誘電体：$BaTiO_3$, $LiNbO_3$ など多数
(b) 常誘電体：$Bi_{12}SiO_{20}$ などのシレナイト化合物
(c) 化合物半導体：GaAs など。バルク結晶, 多重量子井戸構造
(d) 有機材料：結晶, ポリマー

いくつかの材料について、簡単にまとめておく。

5.1 LiNbO$_3$

ニオブ酸リチウム($LiNbO_3$)とタンタル酸リチウム($LiTaO_3$)は、当時Bell研究所にいたAshkinらによって1966年に発見された最初のフォトリフラクティブ材料である。ニオブ酸リチウムは万能の光学結晶で、非線形光学を用いた周波数変換や、電気光学効果を用いた高速の光変調器に用いられている。Ashkinらによる発見も、第2高調波発生の実験中に、光の照射によって結晶内部に屈折率が不均一になる現象が観測されたことに端を発する。後にこれがフォトリフラクティブ効果によることが判明した[4]。その直後に、ニオブ酸リチウムを用いたホログラムの記録再生の実験が、一躍注目を集めることとなった[5]。これは、ニオブ酸リチウムのフォトリフラクティブ特性の特徴である、記録が安定であること、すなわち、熱的に消去されるまで長い時間がかかることに着目した応用である。記録後、光を当てずに保存すれば1年以上保持できるという報告がある。

ニオブ酸リチウムの代表的なフォトリフラクティブ中心はFeイオンである。この結晶の特徴として、非常に大きな光起電力効果を持つことが挙げられる。多くの強誘電体では、歪みによって電界が誘起されるピエゾエレクトリック効果や熱によって電界が誘起されるパイロエレクトリック効果を持つ。これとよく似ているが光によって発生する現象が光起電力効果である（pn接合に生じる太陽電池の光起電力効果とは別の現象）。この効果の存在が、ニオブ酸リチウムの

第6章　フォトリフラクティブ材料

フォトリフラクティブ特性に特異な性質を与えている。

　ニオブ酸リチウムは，光学素子やピエゾ素子，表面弾性波素子として長い研究歴があるが，その中でも特筆すべきはKitamuraらがストイキオメトリック（化学量論比）結晶の成長に成功したことである。液相と固相の組成比が一致するコングルーエント組成はLiとNbの比が1:1よりNb側にずれている。普通に結晶成長させると，Nbの組成比が大きい結晶が引き上がる。Kitamuraらは二重坩堝法を開発し，ストイキオメトリック組成の結晶を引き上げた[6]。これにより，欠陥の少ない良質の結晶を手にすることが可能になり，フォトリフラクティブ利得係数や立ち上がり時間の飛躍的な向上が観測された[7]。

　ホログラム記録材料としてのフォトリフラクティブ材料の最大の問題点は，書き込み光と読み出し光が同一波長の光であるため，データの読み出し時に記録が消去されてしまう再生劣化と呼ばれる現象が起こることにある。読み出し光を書き込み光より長波長にすれば再生劣化は避けられるが，体積型ホログラムでは再生すべき画像の全面でブラッグ条件を満たすことが難しい。このため，読み出しに広帯域光源を使う試みがある[8]。再生劣化を克服するため，いくつか不揮発化の方式が提案されてきた。その中で最も有望視されているのが，2色ホログラム記録法，あるいは，光ゲート法である。この方法では，読み出しには長波長の光を用い，書き込み時には短波長のゲート光を同時に照射する。材料は，記録用の深いトラップ準位と，書き込み用の浅い中間準位の2種類のフォトリフラクティブ中心を持つように設計される。深いトラップ準位は読み出し光に感度を持たず，再生時に記録が失われることはない。記録時には短波長のゲート光を照射し，深いトラップ準位から一度，中間準位へ電子を励起し，ここに過渡的にホログラムを記録する。中間準位に記録された情報は，深いトラップ準位に転写される。この方式の提案は古くからあるが，最近，感度の向上が著しく，高性能材料が開発されている。例を挙げると，ストイキオメトリック結晶を用い，欠陥準位（バイポーラロンおよびスモール・ポーラロンと呼ばれるアンチサイト欠陥に起因する欠陥準位）を利用した系の報告がある[9]。また，深い準位と中間準位に別々の不純物準位を充てる方式も検討され，FeとMnを同時に添加した材料などで2色ホログラム記録が実証されている[10]。

　温度を上げて記録し，室温に戻すことにより，恒常的な定着が可能である。これは，温度を上げるとプロトンの移動が可能になるので，フォトリフラクティブ効果で空間電荷分布を形成すると，それを打ち消すようにプロトンが移動する現象を利用したものである。この現象を熱定着とよんでいる。

5.2　BaTiO$_3$

　チタン酸バリウム（BaTiO$_3$）は，最初に発見された強誘電体で，セラミックスは古くからコン

デンサーの材料などに用いられていた。フォトリフラクティブ効果も初期に発見された[11]。80年代に大型で良質の単結晶が得られるようになり普及した。

チタン酸バリウムは，ペロフスカイト構造を持ち，120℃以上の高温で立方晶，120℃から5℃の間で正方晶，それ以下で斜方晶，さらに三方晶へと構造相転移する。キュリー点は約120℃で，常温では強誘電相をとる。フォトリフラクティブ中心は，多くの場合 Fe イオンで，可視域に感度を持つ[12]。Nd：YAG レーザーなど近赤外レーザーに対しては，Rh を添加した結晶がよく使われる。

チタン酸バリウムは，非常に大きなフォトリフラクティブ利得係数を持ち，強誘電体材料中では相対的に高速な応答速度を持ち，位相共役鏡（後述）や，光増幅器，光発振器に用いられる。特に，自己励起型位相共役鏡（いわゆるキャットミラー）として多くの報告がある[13]。位相共役鏡への応用については次節を見よ。

5.3　$Sn_2P_2S_6$

Tin hypothiodiphosphate（通称 SPS）は最近注目を集めているフォトリフラクティブ材料である[14]。その特徴は近赤外に高いフォトリフラクティブ利得係数を持ち，かつ，Rh 添加のチタン酸バリウムに比べ高速であることが挙げられる。このため，波長 $1.06\mu m$ の Nd 固体レーザー用の位相共役鏡として非常に有望視されている[14]。位相共役鏡としての実験例を挙げると，リング共振器自己励起型位相共役鏡の配置で，波長 $1.06\mu m$ のレーザー光を $4~W/cm^2$ の強度に集光して，反射率が 35%，立ち上がり時間が 20 ms であった。さらに，反射率が 50% を超える試料も報告されている[15]。

5.4　化合物半導体

半絶縁性の化合物半導体はフォトリフラクティブ効果を呈する。バルクの結晶ではこれまで，深い欠陥準位（EL2）により半絶縁化された GaAs[16] や，不純物をドープした半絶縁性半導体 GaAs：Cr および InP：Fe においてフォトリフラクティブ効果が確認された[17]。これらは近赤外に感度があるが，可視域では，ワイドギャップの半導体 GaP においてフォトリフラクティブ効果が観測されている[18]。この GaP は無添加であり，GaAs の EL2 と同様のアンチサイト欠陥に基づく深い欠陥準位により半絶縁化されると考えられている。また，さらにバンドギャップの大きい GaN でフォトリフラクティブ効果が観測された[19]。これは，薄膜における 2 次の電気光学効果を用いたものであるが，1 次の電気光学効果に基づくフォトリフラクティブ効果も観測されている。

半導体材料は，応答速度が $1~W/cm^2$ の光強度で μs から ms のオーダーになり，他のフォトリ

第6章　フォトリフラクティブ材料

フラクティブ材料に比べ断然速いことが特徴である。反面，電気光学定数は小さく，したがって，屈折率変化は小さい。回折効率の観点からは，屈折率変化の不足は厚い結晶を使うことにより補うことは可能である。また，外部電場をかけて，空間電場を増大することもできる。一方，動作波長をバンド端近くに設定することにより，屈折率変化そのものを著しく大きくできる。バンド端近傍における屈折率変化の増大効果を極限まで推し進めたのが多重量子井戸構造の導入である[20]。これは量子井戸中に閉じ込められた励起子の大きな電気光学効果（電界吸収効果）を利用するものである。量子井戸としては，例えばGaAs系半導体では，GaAsを井戸層，AlGaAsを障壁層とし，830nm前後の波長で動作するAlGaAs/GaAs量子井戸や，InGaAsを井戸層，GaAsを障壁層とし，長波長（930〜1100nm）で動作するInGaAs/GaAs量子井戸がある。後者ではNd固体レーザーの発振波長1.06μmに共鳴させることも可能である[21]。

5.5　有機ポリマー材料

　有機材料のフォトリフラクティブ効果は，はじめ結晶で発見され[22]，その後，ポリマー材料でも発見され，現在の関心はポリマーに集中している[23]。いろいろなポリマー材料が試されたが，特にpoly-(N-vinylcarbazole)(PVK)に2,4,7-trinitro-9-fluorenone(TNF)をドープした光伝導性ポリマーに，発色団を含む有極性分子を混ぜた，分子分散型有機ポリマーが提案され，この材料を基に多くの研究がなされた。MeerholtzらはPVK：TNFに可塑剤であるethylcarbazole(ECZ)を混ぜたものをベースとして，これに有極性分子として2,5-dimethyl-4,4′-nitrophenylazoanisole(DMNPAA)を添加することにより非常に高い回折効率を得ることに成功

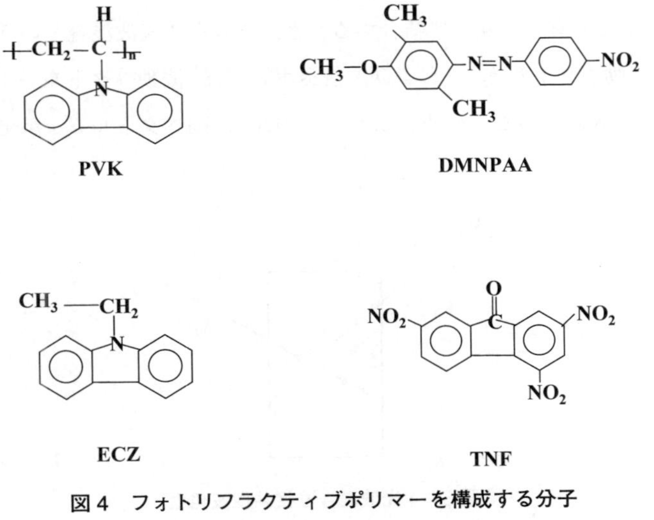

図4　フォトリフラクティブポリマーを構成する分子

した(図4)[24]。可塑剤ECZはガラス転移温度を室温近くまで引き下げ，材料を軟らかくする効果がある。このため，材料内部の電界分布により分子が回転し，複屈折を誘起して，大きな屈折率変化を引き起こすことが分かった。この現象を分子配向増強効果と呼ぶ[25]。

フォトリフラクティブポリマーの特徴は，フォトリフラクティブ効果の発現の各プロセスを異なる分子が担うことにある。すなわち，光を吸収して電荷を作る電荷発生剤，電荷の輸送材，電荷のトラップ，材料の力学特性を制御する可塑剤，そして，屈折率変化を発現する極性分子から成る。このように分子によって機能が分かれていることは，非常に大きな設計の自由度を与えることになる。実際，PVKをベースとして，極性分子や電荷発生剤を代えた改良型が多数報告されている。しかし一方で，異種の材料を混合するので，相溶性を上げることや，同一分子同士が結晶化するのを避けることが必要となる[26]。

6 位相共役鏡

フォトリフラクティブ材料の用途にはつぎのようなものがある。
(A) 2光波混合を用いた光増幅
(B) 実時間ホログラムを用いた情報処理，干渉計測
(B) 位相共役鏡
(C) ホログラフィックメモリー
(D) その他

ここでは4光波混合を用いた位相共役鏡を取り上げる。図5のように，二組の対向する光波が存在すると，縮退2光波混合により，透過型と反射型の二種類の屈折率格子が形成される。4光波がこの屈折率格子を共有し，互いに結合するとき，これを4光波混合という。通常は，対向する前進ポンプ波(波動ベクトルk_F)，および，後退ポンプ波(波動ベクトルk_B)に重ねて，信号波(波動ベクトルk_S)を入射すると，回折により第4の光(波動ベクトルk_P)が発生する。回折過程

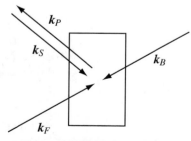

図5　4光波混合位相共役波発生

第6章 フォトリフラクティブ材料

を調べると，第4の光波の振幅は，信号波の振幅の複素共役になることが分かる。すなわち，信号波の振幅が $E_S = A \exp(i\phi)$ のとき，第4の光波の振幅は $E_P = rA \exp(-i\phi)$ である。ここで，r は反射係数である。位相が反転するから，第4の光波を位相共役波とよぶ。位相共役波は信号波と同一の波面を持つが，逆向きに進む。これは信号波の時間反転波をとったのと等価である。

位相共役鏡の重要な応用に，位相歪み補償がある。光源から出た光が，屈折率がランダムに分布した媒質中を通過すると，波面が位相歪みを受ける。この光を位相共役鏡で反射し，往路で通った媒質に返す。こうして光源の位置に戻ると，往路で受けた位相歪みが補償され，光源から出た歪みのない波面が得られる。実用的な応用例として，高出力レーザー増幅器における熱歪み（熱レンズ効果）の補償がある。高出力レーザー装置では，しばしば，低出力だが高品質のビームを出す発振器を，高出力の増幅器を組み合わせる。発振器からのレーザー光が忠実に増幅されれば，ビーム品質の高い高出力光を得ることができる。ところが，高出力増幅器には大量のエネルギーを注入するから，温度が上昇し，増幅媒質中の屈折率が不均一になる。このため，増幅器によって，ビーム品質が劣化することになる。これでは，せっかく発振器と増幅器を分けた意味がない。この問題を解決するのが，位相共役鏡である。図6はその一例である[27]。発振器（Master laser）から出た波長 $1.06\,\mu\mathrm{m}$ のレーザー光を，半導体レーザーで側面から励起した Nd:YVO$_4$ レーザーで増幅する。増幅器から出たレーザー光を Rh 添加のチタン酸バリウムを用いた位相共役鏡で反射し，再度，増幅器に戻すことにより，二重の増幅を受けると同時に，増幅

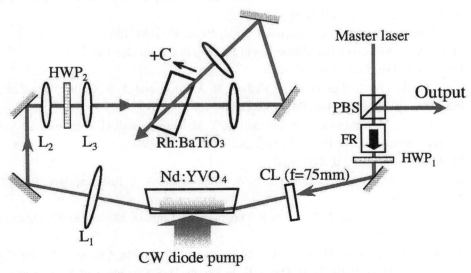

図6 位相共役鏡を用いた高出力高ビーム品質レーザー増幅器[27]

器内部の温度分布による位相歪みを補償する。こうして発振器の高いビーム品質を保って，高出力光を得ることができる。この方式で，10 ps 程度の短パルスの繰り返し発振で，平均出力 30W に近い高出力が得られている[28]。

文　献

1) P. Günter and J-. P. Huignard, eds.: Photorefractive Materials and Their Applications, Vol. 1 Basic Effects, Springer (2006)
2) 同上 Vol. 2 Materials, Springer (2007)
3) 同上 Vol. 3 Applications, Springer (2007)
4) A. Ashkin, G. D. Boyd, J. M. Dziedzic, R. G. Smith, A. A. Ballman, J. J. Levinstein, and K. Nassau, *Appl. Phys. Lett.*, **9**, 72 (1966)
5) F. S. Chen, J. T. LaMacchia, and D. B. Fraser, *Appl. Phys. Lett.*, **13**, 223 (1968)
6) K. Kitamura, J. K. Yamamoto, N. Iyi, S. Kimura, and T. Hayashi, *J. Crystal Growth*, **116**, 327 (1992)
7) H. Hatano, Y. Liu, and K. Kitamura, Growth and Photorefractive Properties of Stoichiometric $LiNbO_3$ and $LiTaO_3$, Ref. 2, pp. 127–164.
8) R. Fujimura, T. Shimura, and K. Kuroda, *Opt. Lett.*, **32**, 1860 (2007)
9) H. Guenther, R. Macfarlane, Y. Furukawa, K. Kitamura, and R. Neurgaonkar, *Appl. Opt.*, **37**, 7611 (1998)
10) K. Buse, A. Adibi, and D. Psaltis, *Nature*, **393**, 665 (1989); A. Adibi, K. Buse, and D. Psaltis, *Opt. Lett.*, **25**, 539 (2000)
11) R. L. Townsent and J. T. LaMacchia, *J. Appl. Phys.*, **41**, 5188 (1970)
12) M. B. Klein, Photorefractive Properties of $BaTiO_3$, Ref. 2, pp. 241–284.
13) J. Feinberg, *Opt. Lett.*, **7**, 315 (1982)
14) S. G. Odoulov, A. N. Shumelyuk, U. Hellwig, R. A. Rupp, and A. A. Grabar, *Opt. Lett.*, **21**, 752 (1996); *J. Opt. Soc. Am.*, **B13**, 2352 (1996)
15) A. A. Grabar, M. Jazbinsek, A. N. Shumelyuk, Y. M. Vysochanskii, G. Montemezzani, and P. Gunter, Photorefractive Effects in $Sn_2P_2S_6$, Ref. 2, pp. 327–362.
16) M. B. Klein, *Opt. Lett.*, **9**, 350 (1984)
17) A. M. Glass, A. M. Johnson, D. H. Olson, W. Simpson and A. A. Ballman, *Appl. Phys. Lett.*, **44**, 948 (1984)
18) K. Kuroda, Y. Okazaki, T. Shimura, H. Okamura, M. Chihara, M. Itoh, and I. Ogura, *Opt. Lett.*, **15**, 1197 (1990)
19) T. Innami, R. Fujimura, M. Nomura, T. Shimura, and K. Kuroda, *Opt. Rev.*, **12**, 448 (2005)
20) A. M. Glass, D. D. Nolte, D. H. Olson, G. E. Doran, D. S. Chemla, and W. H. Knox, *Opt.*

Lett., **15**, 264 (1990); D. D. Nolte, D. H. Olson, G. E. Doran, W. H. Knox, and A. M. Glass, *J. Opt. Soc. Am.*, **B7**, 2217 (1990)

21) D. D. Nolte, S. Iwamoto, and K. Kuroda, Photorefractive Semiconductors and Quantum-Well Structures, Ref. 2 pp. 363–389.
22) K. Sutter and P. Günter, *J. Opt. Soc. Am.*, **B7**, 2274 (1990)
23) S. Ducharme, J. C. Scott, R. J. Twieg, and W. E. Moerner, *Phys. Rev. Lett.*, **66**, 1846 (1991)
24) K. Meerholz, B. L. Volodin, Sandalphon, B. Kippelen, and N. Peyghambarian, *Nature*, **371**, 497 (1994)
25) M. E. Moerner, S. M. Silence, F. Hache, and G. C. Bjorklund, *J. Opt. Soc. Am.*, **B11**, 320 (1994)
26) R. Bittner and K. Meerholz, Amorphous Organic Photorefractive Materials, Ref. 2 pp. 419–486.
27) Y. Ojima, K. Nawata, and T. Omatsu, *Opt. Express*, **13**, 8993 (2005)
28) K. Nawata, M. Okida, K. Furuki, and T. Omatsu, *Opt. Express*, **15**, 9123 (2007)

第7章　光硬化性樹脂による光波制御フィルム

服部俊明*

1　はじめに

　光硬化性樹脂（フォトポリマー）は，溶剤を必要とせず，速硬化可能な特徴を有する経済性に優れた環境に優しい高分子材料である。特性的には，高い機械的強度や耐磨耗性を実現可能であり，製版材料，印刷インキ，塗料，接着剤，コーティングなど産業用途に広く利用されてきた。本書の対象である光学分野においては，光学用および矯正用レンズ，光ファイバー，光導波路などのいわゆる透明光学部材としての適用例が多い。

　基本的な光硬化性樹脂の構成は，多官能／単官能のオリゴマーとモノマーの混合物と光開始剤からなる。この組成物にUV光を照射し，生成される活性種を基点として光重合反応が進行する。活性種の種類によって，光ラジカル重合系と光カチオン重合系に大別され，ラジカル系では（メタ）アクリレート系モノマー／オリゴマーが，カチオン系ではビニルエーテルやエポキシ樹脂が用いられる。これまでに多数の材料が開発・市販されており，それらの詳細については成書[1]を参照していただきたい。

　主にレンズ材料用として臭素（Br）や硫黄（S）の入った高屈折率材料[2]が，光通信用としてフッ素（F）の入った低屈折率材料[3]が開発されており，その屈折率範囲は1.3から1.7に亘っている。前述したとおり，光硬化性樹脂は複数のオリゴマー，モノマーを配合することが可能であり，その配合比により，高い精度の屈折率制御が可能である[3]。このことが光学用途に多用される理由の一つである。

　透明光学部材に利用される光硬化性樹脂の構造は，言うまでもなくアモルファスであり，均質系である。二官能以上のモノマーを用いた場合，重合体は三次元的な架橋構造を形成するため，よほど相溶性の悪いモノマーの組み合わせを用いない限り，これはかなり容易に達成される。

　逆に重合体に不均一構造を形成することは容易ではない。光硬化性樹脂に不均質（相構造）を生じさせる光技術として，ホログラムが挙げられる[4]。これは多成分からなる樹脂組成物の反応速度差を利用したものである。樹脂組成物にレーザー光の可干渉性を利用して光強度に強弱をつけた光を照射すると，高強度部分で反応性の高い成分が優先的に硬化するため，成分分布すなわ

---

*　Toshiaki Hattori　三菱レイヨン㈱　中央技術研究所　機能材料研究グループ　主任研究員

第7章　光硬化性樹脂による光波制御フィルム

ち，屈折率分布のついた硬化物を得ることが出来る。

　本章で紹介する光波制御フィルムは，従来技術とは異なり，光硬化性樹脂中に自発的に形成される相構造を利用したものである[5]。この微細な相構造のため，屈折率の周期的変化が形成される。我々は，この相構造を利用した光波制御素子の開発を進めている。ここでは，その構造，光学特性，及び光学的応用例について紹介したい。

2　微細相構造

　樹脂内部で多数のロッドが一方向に配向した構造が，光硬化性樹脂中に自発的に形成される相構造の代表的な例である。その模式図を図1(a)に示す。このような相構造は，レーザーの干渉光やフォトマスクを用いなくても，平行光束をそのまま照射するだけで形成することが可能である。三官能メタクリレート系モノマーと単官能メタクリレート系モノマーの混合物に紫外平行光束を照射して得られたフィルムの面内顕微鏡写真を図1(b)に示す。また，その断面観察結果を図1(c)に示す。図1(b)より，直径1〜2μmの微細なドット状相構造の形成が示唆され，図1(c)より，フィルムの表層50μm程度の部分を除き，フィルム内部にロッド状の相構造が形成されている事がわかる。

　図1(b)に示した構造は面内の規則性から言えばランダムパターンであるが，適切な条件下では規則的なパターンを形成することも可能である[5〜7]。図2(a)に三官能メタクリレートモノマー単体で得られた規則的な相構造の顕微鏡写真を示す。

　形成された相構造の島部と海部の違いを見るために，各領域の顕微レーザーラマンスペクトルを測定した。結果を図2(b)に示す。島部のラマンスペクトルは，海部のそれに対して，1450cm^{-1}付近のメチレン鎖に基づくピークは強く，1640cm^{-1}の炭素間二重結合に基づくピークは弱くなっており，相構造が二重結合の分布によって形成されていることがわかる[6,7]。また，樹脂の組成により，組成分布が生じている場合があることもラマンスペクトルから確かめられている。

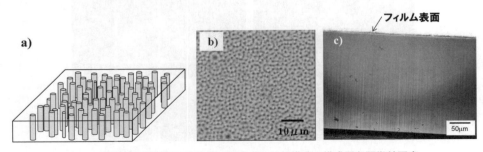

図1　光硬化性樹脂中に自発的に形成される相構造の模式図と顕微鏡写真

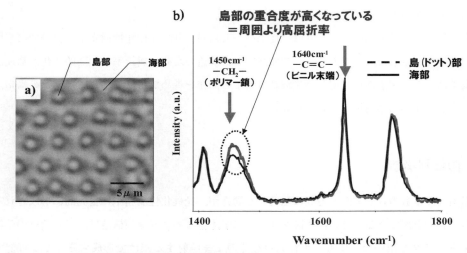

図2　規則構造の a)顕微鏡写真と b)顕微レーザーラマンスペクトル

このように相構造は架橋度の粗密や組成分布に基づくものであり，これによって二次元的な屈折率の周期分布が形成することが可能である。

3　相構造の光学特性

相構造の規則性を評価するために，光硬化フィルムのレーザー回折像を観察した。得られた回折パターンの写真を図3(a)に示す。回折パターンは，顕微鏡写真のFFT解析から得られるパターン（図3(b)）とよく一致しており，相構造の規則性の高さを示している。

この相構造の特徴とするところは，フィルム内部にアスペクト比の高いロッド状の構造が形成

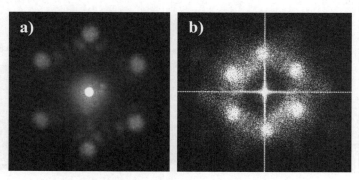

図3　規則構造の a)回折パターンと b)FFTパターン

第7章 光硬化性樹脂による光波制御フィルム

されるところにある(図1(c))。回折格子では、その特性を大まかに分類する指標として、Q値が使われる。このQ値が大きいときには、ブラッグ型の回折特性を示しやすく、小さいときにはラマン―ナス型となる[8]。前述したアスペクト比の高い相構造を持つこのフィルムは、高いQ値を実現可能であり、二次元位相格子でありながら高い回折効率で一次回折光のみを得ることが可能である。他にはあまり例がなく、本技術の特徴的な点である。

しかしながら自発的な相構造の形成だけでは、無欠陥の構造を形成する事は非常に難しく、抜け、ディスロケーションといわれる欠陥を発生しやすい(図4)。特に回折素子などへ応用することを考えた場合、これら欠陥はビームスポットの滲みや、散乱成分の増加を引き起こすため好ましくない。

相構造により高い規則性を付与するためには、フォトマスクによる前段硬化を用いたテクスチャリング法が効果的である。ゲル化点近傍における相構造の誘起をテクスチャリング法により

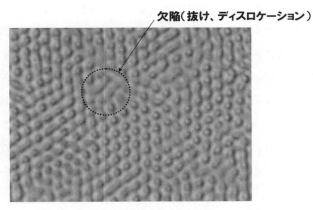

図4 光硬化性樹脂中に自発的に形成される相構造の欠陥構造

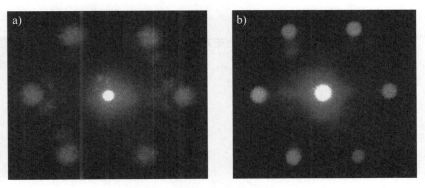

図5 回折パターンの比較

アシストし，引き続いて行われる平行光束の紫外線照射により，相構造を成長させ固定化することにより，規則性に配列したロッド構造の形成が実現される[6, 9, 10]。図5に自発形成のみで作成したフィルムの回折パターン(a)とテクスチャリングしたフィルム(b)のそれを比較した。ビームスポットの滲みと散乱成分が減少していることが確認できる。

　以上のように，点光源からの平行光束を用いた光重合で，樹脂内部にアスペクト比の高いロッド構造を規則的に配列させることができる。これらのフィルムは回折素子などの光波制御素子として利用されることが期待される。

4　光波制御素子への応用例

　屈折率が二次元周期的に変化した位相格子は，光学ローパスフィルター（OLPF）として機能する。CCDなどを用いた撮像装置は，不連続かつ規則正しく配置された画素を有しているため，被写体に画素のピッチに対応する高周波成分が含まれていると偽信号（モアレ）が発生する。デジタルカメラでは，このモアレ発生を防止する為に水晶製のOLPFが用いられている。

　我々は，光硬化フィルムに形成される規則的な相構造の応用として，OLPFへの展開を検討している[11]。携帯電話用などの小型カメラにおいては，光路長の制約から1mm以上の厚さが必要な水晶OLPFは使用されていない。そのため，被写体によっては，モアレ（画像ノイズ）が発生する。携帯電話などの小型カメラでも"綺麗な写真"を撮りたいというユーザーの要求に対応した高画素・高精細カメラにおいてはモアレの防止は重要な課題である。内部の相構造を利用した光硬化フィルム型OLPFは，水晶製OLPFに比べ厚さが1/10程度に薄く，小型カメラの光学系にも挿入可能である。

　OLPFとしての特性は，サーキュラーゾーンプレートの撮像により評価した。比較のため，

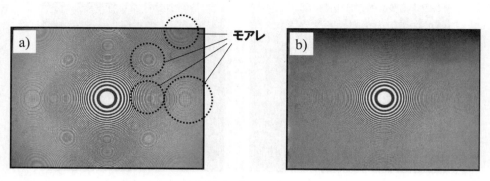

図6　撮像結果

第7章　光硬化性樹脂による光波制御フィルム

OLPFを組み込んでいないカメラでも同様に撮像した。撮像結果を図6に示す。OLPFなしのカメラによる画像(図6(a))では，水平，垂直，斜め方向に多数のモアレが生じていたのに対して，光硬化フィルム型OLPFを挿入したカメラによる画像(図6(b))では，各方位ともにモアレを効果的に消失できている。この結果は，光硬化フィルム型OLPFが，2枚あるいは3枚組に相当する水晶OLPFを実現できることを示している。

5　おわりに

単純な光照射方法により，光硬化性樹脂フィルム中に，自発的に規則的な相構造が形成されることを示した。この相構造の特徴とするところは，アスペクト比の高いロッド状の構造であり，それゆえにブラッグ型回折素子として機能する。このような二次元位相格子は，光学的ローパスフィルターとしての応用が期待される。今後は，この動的な相構造形成をより深く理解し，それにより誘発される現象を把握して，材料が取りうる相構造を積極的に制御できる技術開発が望まれる。光学的応用の立場から見ると，相構造の制御は，微小領域の屈折率制御そのものであり，今後の新しい光機能デバイス開発においての重要な研究領域であると考えられる。

文　献

1) 角岡正弘，UV硬化材料　開発事例集，情報機構(2006) など
2) 磯部孝治，新UV・EB硬化技術と応用展開，p35，シーエムシー出版(1997)
3) 村田則夫，光時代の透明性樹脂，p 177，シーエムシー出版(2004)
4) W. J. Tomlinson et al., Appl. Opt., **16**, 2180 (1977)
5) 服部俊明，實藤康一郎，茶谷俊介，刀禰誠司，2006年春季第53回応用物理学関係連合講演会，24a-D-12
6) 服部俊明，實藤康一郎，茶谷俊介，伊藤公一，2007年第16回ポリマー材料フォーラム，1DIL04
7) 實藤康一郎，茶谷俊介，服部俊明，刀禰誠司，2006年高分子討論会予稿集，1Pd030
8) 西原浩著，「光集積回路」，p 80，オーム社(1990)
9) Shunsuke Chatani, Go Otani, Koichiro Sanefuji, Toshiaki Hattori and Masakazu Ito, International Symposium on Engineering Micro-/Nano-Materials based on Self-assembling and Self-Organization，p58 (2007)
10) 茶谷俊介，實藤康一郎，服部俊明，刀禰誠司，2006年第15回ポリマー材料フォーラム，2PB12
11) 服部俊明，實藤康一郎，茶谷俊介，刀禰誠司，2006年第15回ポリマー材料フォーラム，2PB14

第 4 編

光学材料の特性・開発状況

〈材料・素材〉

第1章　光学用ポリカーボネート

長島広光*

1　はじめに

　ポリカーボネート樹脂(以下PCと記す)は，耐衝撃性，耐熱性，寸法安定性，自己消火性(難燃性)等のバランスに優れ，最も広範に利用されている汎用エンプラである。とりわけ，汎用エンプラの中では唯一透明であることから，光学関連への需要も大きい。

　光学関連の分野では，光ディスク用途としての需要が最も多く，CD，MO，DVD等の光学情報記録媒体として広く普及している。PCは透明性に加えて，低吸水率，高耐熱性，耐衝撃性等の利点から市場を拡大してきたが，流動性が悪い，複屈折が大きいという欠点もあり，成形機等のハード面の改良や成形技術の進歩により，これらの欠点を補ってきている。

　ここでは，屈折率を制御したPCや，流動性の悪さ，複屈折が大きい欠点を改良したPCの例として，①光学レンズ用PC，②位相差フィルム・導光板用PC，そして一般的なPC原料モノマーである，ビスフェノールA以外のモノマーを使用した③光学用特殊PCの最近の動向について紹介する。

2　光学レンズ用PC

　PCは透明樹脂の中で比較的高い屈折率を有し，射出成形が可能であるため大量生産に適しており，軽量化も達成できることから，ガラスレンズ，CR-39(熱硬化性樹脂)の代替を目的とした光学レンズ用途に利用されている。光学レンズ用の熱可塑性樹脂材料としては，光線透過率の高さや複屈折の小ささに優れるメタクリル樹脂(PMMA)が代表的であるが，屈折率，耐熱性，耐衝撃性，寸法安定性の高さからPCの利用も広がっている。特に眼鏡レンズ用材料としては，耐衝撃性に優れるPCが，安全性の面からも採用を伸ばしている。

　表1に三菱エンジニアリングプラスチックス社製PC(ユーピロン)の眼鏡レンズグレードを示した。矯正眼鏡用(CLV1000)，保護眼鏡用(CLS1000)，サングラス用(CLS400，CLS3400)があ

---

*　Hiromitsu Nagashima　三菱エンジニアリングプラスチックス㈱　技術本部　開発センター　材料開発グループ　主任研究員

光学材料の屈折率制御技術の最前線

表1 ユーピロンのメガネレンズ用グレード

項　目	試験方法	試験条件	単　位	CLV1000 高粘度 矯正眼鏡	CLS1000 高粘度 保護眼鏡	CLS400 高粘度 サングラス	CLS3400 低粘度 サングラス
物理的性質							
密度	ISO 1183	―	g/cm^3	1.20	1.20	1.20	1.20
吸水率		23℃水中	%	0.24	0.24	0.24	0.24
レオロジー特性							
メルトマスフローレイト	ISO 1133	300℃, 1.2kg	g/10min	7.9	5.3	8.0	15.0
メルトボリュームレイト		300℃, 1.2kg	cm^3/10min	7.4	5.0	7.5	14.0
機械的特性							
引張弾性率	ISO 527-1, 527-2		MPa	2400	2400	2400	2400
降伏応力				60	60	60	62
降伏ひずみ			%	5.5	5.4	5.5	6.7
破壊呼びひずみ				105	108	105	119
曲げ強さ	ISO 178		MPa	93	93	93	93
曲げ弾性率				2300	2300	2300	2300
シャルピー衝撃強さ ノッチなしシャルピー強さ	ISO 179-1, 179-2	23℃	kJ/m^2	NB	NB	NB	NB
シャルピー衝撃強さ ノッチ付きシャルピー強さ		23℃	kJ/m^2	84	88	84	67
熱的特性							
荷重たわみ温度	ISO 75-1, 75-2	1.80MPa	℃	131	131	131	124
		0.45MPa		145	145	145	139
線膨張係数	ISO 11359-2	MD	1/℃	6.5E-05	6.5E-05	6.5E-05	6.5E-05
		TD		6.6E-05	6.6E-05	6.6E-05	6.6E-05
備　考				UVカット 波長 380nm以 下(3mm)	UVカット 波長 380nm以 下(3mm)	UVカット 波長 400nm以 下(3mm)	UVカット 波長 400nm以 下(3mm)

この物性表のデータは，試験方法に基づいた測定値の代表値である。

（三菱エンジニアリングプラスチックス㈱カタログ資料）

り，高い衝撃強度と紫外線カット能力を有した材料となっている。

図1に射出成形レンズにおける複屈折の発生原因を示した。樹脂の流動配向による面内複屈折と熱収縮による垂直複屈折が発生する。面内複屈折には樹脂の固有複屈折が大きく影響し，垂直複屈折には，樹脂の光弾性定数の値が影響を及ぼす。

PCは光弾性定数が大きく，光学的歪が欠点とされてきたが，成形技術や製品設計・金型設計技術の進歩により，光学的歪の少ないPC製レンズも成形できるようになってきている。例え

第1章　光学用ポリカーボネート

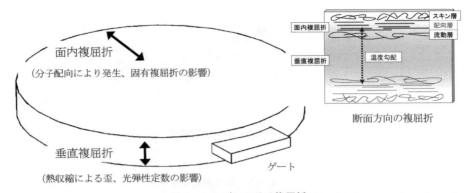

図1　レンズにおける複屈折

ば，成形温度が高いほど，光学歪が少なく複屈折を小さくすることが出来る。

さらに，射出圧縮成形を用いて均一に圧力をかけることにより成形歪を低減化する手法や，断熱金型技術により，流動性を向上させて分子配向を抑制することで，複屈折を低減化する手法がある[1]。

レンズ用途のPCとしては，PMMAと比較して低吸水性であることから寸法精度に優れるため，デジタルカメラや携帯電話のカメラ，リアプロジェクションTVのレンズ等，種々の光学レンズ用に採用されている。これらの厳しい精度が要求される分野では，超精密金型加工技術や超精密成形加工技術の開発が進んでいる[2]。また，複屈折の低減だけでなく，屈折率の波長分散特性を改良しアッベ数を制御する目的でも，ビスフェノールA以外の主鎖骨格を有する特殊PCの開発が盛んに行われている。これらについては，光学用特殊PCの項で紹介する。

3　位相差フィルム・導光板用PC

液晶表示ユニット中では，拡散フィルム，位相差フィルム，反射シート，導光板等の用途にPCが使用されている。

位相差フィルムは，偏光の形を変える機能を持ち，偏光板により偏光状態になった光に位相差を付ける事によって，液晶層に生じた偏光の位相差を補正し，反射型LCDではコントラストを明瞭とし，透過型LCDでは視野角向上を目的として，PCを原料とした一軸延伸配向フィルムが用いられている[3]。

導光板は，端面より入射した光を均一に面発光させる機能を有し（図2），透過率の高さからPMMAが主に採用されているが，携帯電話・PDA・デジタルカメラ等の小型製品の液晶用導光板には，寸法安定性，耐熱性，耐衝撃性に優れる点からPCが多く使用されている。最近では，

光学材料の屈折率制御技術の最前線

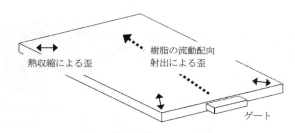

図2 導光板における複屈折

表2 ユーピロンの導光板用グレード

項目	試験方法	試験条件	単位	導光板グレード HL-4000 高流動高輝度	導光板グレード HL-7001 超高流動高輝度	基本グレード H-4000 ディスク
レオロジー特性						
メルトマスフローレイト	ISO 1133	300℃, 1.2kg	g/10min	63	—	63
メルトボリュームレイト		300℃, 1.2kg	cm^3/10min	60	—	60
光学特性 3mmt						
全光線透過率	JIS-K7361		%	90.1	90.1	90.0
YI	JIS-Z8722			0.8	0.8	1.2
屈折率	自社法			1.585	1.585	1.585
アッベ数	自社法			30.1	30.1	30.1
熱的特性						
荷重たわみ温度	ISO 75-1, 75-2	1.80MPa	℃	123	118	123
		0.45MPa		136	132	136
線膨張係数	ISO 11359-2	MD	1/℃	6.5E-05	6.5E-05	6.5E-05
		TD		6.6E-05	6.6E-05	6.6E-05

この物性表のデータは，試験方法に基づいた測定値の代表値である。
(三菱エンジニアリングプラスチックス㈱カタログ資料)

軽量化を目的とした薄肉化と視覚性向上のための高輝度化が求められており，本用途のPCとしては，流動性の向上と透明性の向上が必要とされている[1]。

表2に三菱エンジニアリングプラスチックス社製PC(ユーピロン)の導光板用グレードを示した。

導光板グレードのPCは，光線透過率が向上しており，黄色度(YI)が小さいことに加え，流動性の向上と離型性向上による微細なパターンの転写性向上をも実現している。また，ガス発生も抑制されており連続生産性にも優れている。更には，断熱金型技術等，新規な成形加工法との組合せによる性能向上が期待され，PMMAと同等以上の透過率を得るPCの加工技術も開発さ

4 光学用特殊PC

PCの欠点である複屈折の低減を目的として,ビスフェノールA以外のモノマーからなる光弾性定数の小さなPCが開発されている。また,PC固有の複屈折を相殺する構造のブレンドまたは共重合化に関する検討が行われている[4]。

PC低複屈折化の具体的な手法としては,主鎖の芳香族基に起因する光学異方性を打ち消すために,側鎖に分極率の高いベンゼン環等の構造を導入したり,主鎖フェニル基の構造を変化させることで,分極率異方性を低減する方法や[5],PCと固有複屈折の符号が異なるポリスチレン(PS)をブレンドまたは共重合化する方法が挙げられる。

また,負の配向複屈折を持ち,長径の平均粒子サイズが500nm以下の無機の針状結晶(炭酸

表3 ユピゼータ EP-4000, EP-5000 物性値

樹脂		EP-4000	EP-5000	PC H4000
Tg	℃	121	145	143
熱分解温度	N2下5%	374	375	489
	AIR下5%	366	372	450
MI(g/10min) 2.16kg荷重	240℃	17	15	13
	250℃	28	25	21
	260℃	46	40	32
面内複屈折	1/32″厚	8	5	230
全光線透過率	%, 3mmdisc	90	89	91
405nm透過率	%, 3mmdisc	82	82	89
屈折率	nD	1.603	1.634	1.586
アッベ数	νD	28.4	23.9	30
吸水率	24時間	0.11	0.07	0.25
	飽和	0.37	0.35	0.35
線膨張係数	Ave30–50℃, ppm	64	66	65
曲げ弾性率	MPa	2600	2780	2260
曲げ強度	MPa	108	100	79
引張り強度	MPa	74	84	58
引張り伸び	%	7	12	61
IZOD	kJ/m^2	10	4	62

・面内複屈折は633nm光源での測定値
この物性表のデータは,試験方法に基づいた測定値の代表値である。

(三菱ガス化学㈱カタログ資料)

ストロンチウム；長軸方向の屈折率が低い)を添加することで複屈折を消去する報告もある[6]。

三菱ガス化学社では，低複屈折の特殊 PC グレードとして表3に示す，EP グレードを上市している。「ユピゼータ EP-4000」は，複屈折を一般 PC の約30分の1に大幅低減し，屈折率も1.6以上を達成しており，デジタルカメラのレンズ用途に使用されている。また，さらに低複屈折，高屈折率の「ユピゼータ EP-5000」もラインナップしている[7]。

さらには屈折率を制御した PC として，フィルシータ RI シリーズのラインナップもあり，ユーザーの要望に合わせた屈折率の PC 供給を可能としている。

5 おわりに

光学用ポリカーボネートとして，光学レンズ用 PC，位相差フィルム・導光板用 PC，光学用特殊 PC について紹介した。この他にも，光メディア用途，自動車ランプレンズ用途，光ファイバー用途等，PC の高透明性，低吸水率，高耐熱性，高耐衝撃性を利用した光学用途への利用は幅広い。

日々進化を遂げる，これら種々の光学用途に対しては，複屈折の低減，屈折率の制御を始めとする PC 物性改良の要求が多くなると思われ，PC のモノマー設計の最適化等の材料開発および成形加工技術の進歩が望まれている。新しい要望に応えるべく材料・技術の開発を進めてゆくことに，材料供給メーカーとしての存在価値を示す必要がある。

文　　献

1) 秋原勲，光時代の透明性樹脂，シーエムシー出版，p. 49 (2004)
2) 本間精一，プラスチックエージ・エンサイクロペディア 2007〈進歩編〉，p. 65 (2007)
3) 吉見裕之，長塚辰樹，季刊 化学総説，No. 39, p. 155 (1998)
4) 吉岡博，季刊 化学総説，No. 39, p. 105 (1998)
5) 加藤秋広，プラスチックエージ・エンサイクロペディア 2008〈進歩編〉，p. 136 (2008)
6) 特許第 4140884 号
7) 化学工業日報　2007. 12. 19

第2章 光学用フィルム―バックライト用反射フィルム，偏光散乱フィルム―

楠目　博[*1]，小野光正[*2]

1 はじめに

ポリエチレンテレフタレート（PET）はそのコストパフォーマンスの優れた素材として高く評価され，従来からフィルムとしても磁気記録用途，包装用途，農業用途，各種工業用途と幅広い用途に採用されてきているが，帝人㈱はこの素材を用い，1960年代からテイジン®テトロン®フィルムとして生産，販売を始めた。近年になって，2000年には米国デュポン社とポリエステルフィルム分野で合弁し，帝人デュポンフィルム㈱となった後，より一層グローバルな事業展開を進めていく中，成長が期待されたフラットパネルディスプレイ分野の各種光学フィルムの開発，生産に精力的に取り組んできた。本稿ではその中でも特徴のある技術として，バックライト用反射フィルム，および偏光散乱フィルムについて紹介する。

2 バックライト用反射フィルム

バックライト用反射フィルムとして求められるのは，冷陰極管（CCFL）やLEDなどの光源からの光をパネル側すなわち導光板や拡散板へ均一にかつ光の損失を抑えて反射させることであり，またバックライトの点灯下においても反射フィルムが光学的，熱的に安定であることである。これらの要求特性とコストの面を兼ね備える材料としてPETフィルムが最もふさわしい材料の1つと考えられ，また，光源の輝線を緩和させる事においても銀蒸着反射フィルムのような正反射ではなく，拡散反射を有する白色反射フィルムが中型，大型バックライトにおいて特に望まれており，その需要は年々増してきている。図1には液晶テレビに主に用いられている直下型バックライトの一例，モニター，ノートPCで主に用いられているエッジライト型のバックライ

[*1] Hiroshi Kusume　帝人デュポンフィルム㈱　開発センター　第1開発室　グループリーダー

[*2] Mitsumasa Ono　帝人デュポンフィルム㈱　フィルム技術研究所　フィルム研究室　グループリーダー

光学材料の屈折率制御技術の最前線

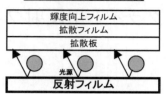
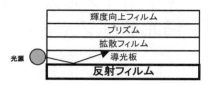

図1　バックライトの構成例

トの一例を示す。

　PET系白色反射フィルムはその構成から大きく分類すると3タイプに分類する事が出来る。①白色無機粒子をPETに添加したタイプ。②PETと非相溶な樹脂（オレフィン系樹脂など）をPETに添加したタイプ。③PETシートに炭酸ガスなどを含浸させ発泡させた（超臨界技術を用いた）タイプ。帝人デュポンフィルムの反射フィルムは，従来から用いていた白色無機粒子を添加する①の技術を追求し，最高レベルの反射率を有する反射フィルムの検討を進めてきた。従前はホモPET樹脂を中心とした白色PETフィルムが主流であったものの，ホモPET樹脂においては，2軸延伸時におけるフィルムの延伸性の観点から，白色無機粒子を添加出来る量に限界があり，そのために満足するような反射率が得られなかった。この課題を克服するためにPETの改良（共重合化（ポリエチレンイソフタレート（PEI）等）と反射フィルム自体を多層化構造とする技術を用いた結果，従来まで可能とされていた白色無機粒子添加の限界量を超え，従前の白色PETフィルムの反射率を10%前後上回る事に成功し，バックライト用反射フィルムとして採用されるようになってきた。

　白色無機粒子をPETに添加した反射フィルムにおいては，まず白色無機粒子を含んだPET樹脂を溶融状態からシート化した後，2軸に延伸し，この延伸の過程においてフィルム内部に存在する無機粒子周辺には多数のボイド（気泡すなわち空隙のこと）が形成され，フィルム外部から入射してきた光はボイドとPET樹脂の界面において屈折差から反射を生じる事となり，ボイドがフィルム厚み方向に多数形成される事によって反射率の上昇を生じさせる事が出来る。また添加した白色無機粒子自体も高反射率を示す物質が多く，例示として硫酸バリウムにおいては，反射率測定における標準白板として用いられる物質であり，②や③の技術を用いたタイプと比較して同ボイド数の場合であっても，粒子においても反射率を稼ぐことが出来，非常に有利な技術であると言える。この白色無機粒子を用いた白色PETフィルムにおいては，如何に分散性の良好な白色無機粒子を数多く添加してボイドを形成させるかが技術上重要となってくる（図2には粒子周辺に形成されたボイドの形成例を示す）。

　現在，テイジン®テトロン®UXシリーズのラインナップとしては，スタンダードタイプの

第 2 章　光学用フィルム―バックライト用反射フィルム，偏光散乱フィルム―

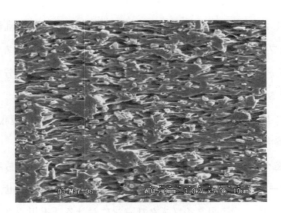

図 2　粒子周辺に形成したボイド

表 1　テイジン®テトロン®フィルム「UX シリーズ」

		単位	UX	UX02	UXZ1
フィルム厚み		μm	188	188	188
反射率(@ 550nm/BaSO4 標準板)		%	98.1	98.5	98.5
フィルムカラー(x, y)	x	--	0.309	0.310	0.310
(CIE1931 C/2°)	y	--	0.316	0.316	0.316

「UX」，反射率を向上させた「UX02」，「UXZ1」の 3 タイプとなっており，いずれも白色無機粒子として硫酸バリウムを用いたタイプである。各種フィルム厚みは 150μm，188μm，225μm と揃えているが，各種ともそれぞれフィルム厚みが増減するにつれ反射率としては，0.2%程度増減する（これはフィルム厚み方向のボイド数を増やす事が可能となるためである）。なお表 1 中には各種 188μm 厚みの代表値を掲載した。「UX」の構成は 3 層フィルムであるのに対し，「UX02」，「UXZ1」はいずれも性能面重視の観点から 2 層フィルムの設計としたものである。

テイジン®テトロン® UX シリーズはその優れた反射率によって液晶バックライト用反射フィルムとして，大型テレビ，モニター，ノート PC，デジタルカメラ，その他小型液晶表示装置までの多種にわたり，幅広く利用されてきたが，今後も更なる輝度向上に繋がる商品，環境負荷に配慮した商品の展開を目指しており，これら UX シリーズ商品群がこれからもフラットパネルディスプレイ産業の発展に少なからず貢献していけるものと確信している。

3　偏光散乱フィルム

帝人デュポンフィルムでは，入射光散乱機能に異方性を持つ新規な偏光散乱ポリエステルフィ

ルム Imajor™ を開発した。本商品は，帝人㈱が開発した偏光異方性散乱機能を発現させるための技術を帝人デュポンフィルム㈱にて商品化したもので，通常のポリエステルフィルムと同等の特性を持ちつつ，かつ，特殊な表面加工を施すことなく，片方の偏光成分を透過させながら他方の偏光成分を散乱させることができる（図3）。

Imajor™ は，製法により光散乱強度を調節することが可能であり，現在のところ，PST（高透明タイプ）グレードをメインにサンプルワークを行っている（表2）。

Imajor™ の主な用途ターゲットは，プロジェクションスクリーンである。液晶ディスプレイタイプのプロジェクターから出射される直線偏光のみを効率的に散乱させ，不要な偏光成分を透過させることが可能なため，(a)透明タイプスクリーンにおける透過視認性向上・視野角確保，(b)外光散乱防止による明所での高コントラスト化，を期待することができる。

(1) **透明スクリーン（図4）**

従来より，透明基材へのプロジェクション表示として，航空機，自動車などのヘッドアップディスプレイ（HUD）が実用化されており，また，店舗などの窓，内装建材などを媒体とするデジタルサイネージ，広告などの需要も多い。いずれのケースも，スクリーンに求められる特性

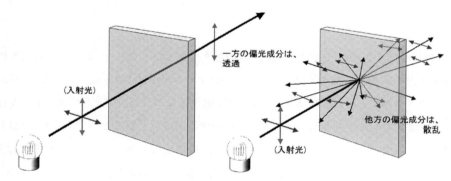

図3　Imajor™の特性発現原理

表2　Imajor™の光学特性例

(D65 参照光)		全光線反射率 (%)	全光線透過率 (%)	拡散光線透過率 (%)	平行光線透過率 (%)	ヘーズ値 (%)
PST1-100μm	透過軸	9.1	90.9	2.4	88.5	2.7
	散乱軸	14.3	85.7	11.1	74.6	13.0
	平均	11.7	88.3	6.8	81.5	7.7

（本データは，試作サンプルの測定例であり，製品物性を保証するものではありません）
・プラスチック透明材料の全光線透過率の試験方法（JIS K 7361，ISO 13468）
・プラスチックの光学的試験方法（JIS K 7105，ASTM D 1003）
・プラスチック透明材料のHAZEの求め方（JIS K 7136，ISO 14782）

第2章　光学用フィルム―バックライト用反射フィルム，偏光散乱フィルム―

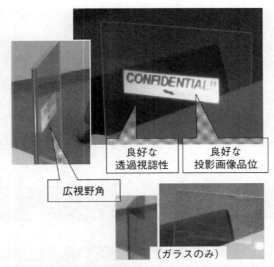

図4　Imajor™を用いた透明スクリーンの例（合せガラス）

は，透過視認性と投影画像品位の両立である。

　Imajor™は，上述のとおり，投影光と直交した不要な偏光成分を透過させる機能を持つため，投影画像品位を損なうことなくスクリーンの透明度を高めることが可能となる。

　また，Imajor™は，拡散光により投影画像を表示するため，鏡面反射では得られない広い視野角を確保することができ，デジタルサイネージ，広告などのアイキャッチ効果や，HUDにおけるプロジェクターサイズ，設置・投影位置の自由度向上が期待できる。

(2)　**明所用スクリーン（図5）**

　ビジネス，教育用途，ホームシアター用途などの既存タイププロジェクション表示における潜在要求の一つとして，照明下などの明所での使用があり，外光散乱によるコントラスト低下を防止する機能を持つ多くのスクリーン商品が提案されている。

　Imajor™は，外光のうち，投影光と直交した偏光成分を透過させる機能を持つため，明所使用におけるコントラスト低下の防止が期待できる。図5においては，投影中のスクリーンをさらにハロゲンランプで照射しており，コントラスト保持効果を実演している。

(3)　**Imajor™ の使用形態**

　Imajor™は，特殊表面加工により該機能を発現する従来技術と異なり，表面加工の高い自由度を持っている。ホットスポット防止のアンチグレア加工や，透過した外光を吸収させる裏面黒色加工，窓その他の基材に貼付けるための粘着加工，その他，通常のポリエステルフィルムと同様に表面加工を施すことができる。

図5 Imajor™を用いた明所用スクリーンの例
第17回フラットパネルディスプレイ研究開発・製造技術展（FINETECH JAPAN；2007.4.11〜13）に，出展。
投影中のスクリーンをハロゲンランプでさらに照射している。

　図4においては，通常のガラス飛散防止用ポリエステルフィルムと同様の中間膜材料を用いて，合わせガラスサンプルを作成している。また，図5のスクリーンは，表面アンチグレア加工と裏面黒色加工を施したものである。
　入射光散乱機能に異方性を持つ新規な偏光散乱ポリエステルフィルム Imajor^{TM} の基本特性，用途案について紹介した。本稿にて紹介した以外にも，Imajor^{TM} の特性を生かした潜在用途の可能性に期待している。

第3章　シクロオレフィンポリマー

小原禎二*

1　シクロオレフィンポリマー

　光学用透明プラスチックは，その成形加工性の良さや量産性を生かして，光学レンズ・プリズム・光ディスク・光学フィルム・光ファイバーなどの多くの工業製品に使用されている[1,2]。シクロオレフィンポリマー（COPと略）は，シクロオレフィン類をモノマーとして合成されるポリマー中に脂環構造を有するポリマーであり，その主用途として光学用透明プラスチックを意図して開発されてきた[3〜5]。現在工業化されているCOPにはシクロオレフィンの中でも反応性の高いノルボルネン誘導体をモノマーに用いた，水素化開環メタセシス重合型COPおよびエチレンとの付加共重合型COPがある（図1）。当社では，光学用透明プラスチックとして特性バランスの良い水素化開環メタセシス重合型COPを工業化している。

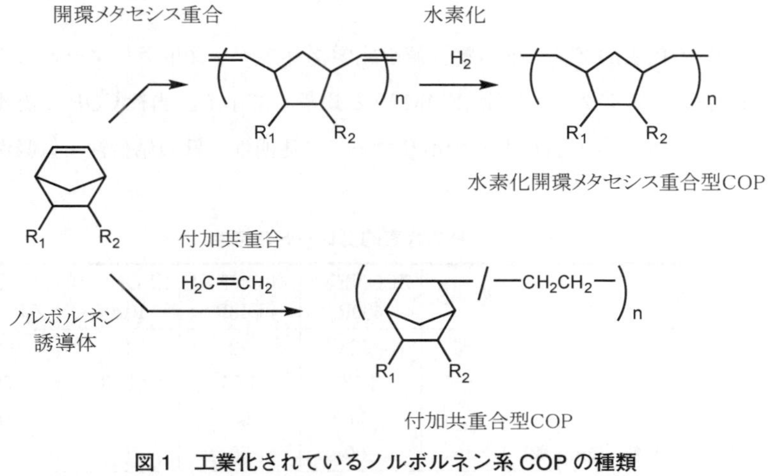

図1　工業化されているノルボルネン系COPの種類

---

*　Teiji Kohara　日本ゼオン㈱　総合開発センター　高機能樹脂研究所　所長

2 光学用プラスチック

光学用透明プラスチックの基本的機能として、①無色透明であること、②複屈折が小さいこと、③吸湿性が小さく吸湿変形しないこと、④光学部品の製造工程や使用環境での耐熱性が高いこと、⑤射出成形による精密成形性が優れていることなどの特性が要求される。

透明性・低複屈折性・精密成形性を発現するために光学用ポリマーは非晶性であることが好ましい。結晶性ポリマーは結晶部で光散乱するため透明性が劣り、光学的異方性も大きいために複屈折が大きく、溶融成形後に結晶化による成形品の歪みも生じ易いためである。吸湿性を小さくするには、吸湿性の高い極性基を持たない炭化水素ポリマーとすることが好ましい。非晶性ポリマーはガラス転移温度（Tg）以上では熱変形するため、耐熱性を高めるために Tg を高めることが必要である。Tg を高めるためにポリマー構造中に嵩だかく剛直な芳香族環の導入や分子間力を高める極性基を導入すると効果があるが、分極率異方性の大きい芳香族環の分子配向による複屈折の増大や極性基の導入による吸湿性の増加を招き易い。

このような観点から、光学用プラスチックでは芳香族環に代わる脂環構造が導入され、極性基を持たない炭化水素系非晶性 COP が開発されてきた。

3 COP の特長

表1に当社 COP の代表的グレードの物性値を光学プラスチック用ポリマーとして代表的なポリカーボネート（PC）、メタクリル樹脂（PMMA）と比較して示す。当社 COP は前述の考え方に即して炭化水素系モノマーから合成されたポリマーで、透明性・低複屈折性・低吸湿性・耐熱性

表1 COP の代表的グレードの特性

物　性	単　位	ZEONEX® 480R	ZEONEX® E48R	ZEONOR® 1020R	PC 光学グレード	PMMA
全光線透過率	%	92	92	92	90	93
屈折率 n_d	—	1.53	1.53	1.53	1.59	1.49
アッベ数	—	56	56	—	30	58
複屈折（レタデーション相対値, 3mm 板）	—	100	50	—	—	—
比重	—	1.01	1.01	1.01	1.20	1.19
吸水率	%	<0.01	<0.01	<0.01	0.15	0.3
ガラス転移温度	℃	138	139	105	145	105
曲げ強度	MPa	94	104	76	96	115
曲げ弾性率	MPa	2100	2500	2100	2400	3300

ZEONEX®, ZEONOR® は日本ゼオン㈱の製品名である。

第3章　シクロオレフィンポリマー

などのバランスの良い性能を実現している。

　COPの透明性は全光線透過率で92％と良好である。屈折率は1.53でPMMAとPCの間にあるが、アッベ数はPCより大きく、PMMAに近い。屈折率の割に大きなアッベ数を有することは脂環式構造を有するポリマーの特徴となっており、色収差の小さな材料である。吸湿性はいずれも非常に低く、吸水率は0.01％以下である。吸湿性が小さいことは成形品の吸湿による屈折率変化を小さくするために重要な特性である。

3.1　吸湿性

　炭化水素系COPは吸水率が非常に小さく、低吸湿性であることが他の光学用プラスチックに無い特長となっている。図2に炭化水素系COP（当社製品名：ZEONEX®E48R；吸水率＜0.01％）および極性基含有モノマーを共重合した水素化開環メタセシス重合型COP（a；吸水率＝0.05％）の試験片を、85℃・85％RHの環境下に40時間保持し、その後23℃・50％RHの環境に4日間静置した時の吸湿・乾燥による屈折率の変化の様子を示す。屈折率n_dは図中のピークトップの値として読み取る。吸水率の非常に小さいZEONEX®E48Rは高温高湿下に保存した後でも屈折率の変動がほとんど無く、光学用プラスチックとして安定した屈折率を保つことが示されている。一方、吸湿性のあるCOP(a)は高温高湿環境で吸湿して屈折率が高くなっている。その後常温常湿環境に戻すと水分を放出して、屈折率は低屈折率側にブロードなピークとなってくる。しかし、4日目では未だ元の状態には戻らない。COP(a)の吸水率は0.05％と比較的小さいにもかかわらず、光学特性に及ぼす吸湿の影響は大きいことが示されている。

　光学部品の吸湿変化はレンズの焦点距離変化にも現れる。上記COP（ZEONEX®E48R）およびCOP(a)の厚肉光学レンズを同上高温高湿下に保存した時のレンズの焦点距離の変化を図3に示

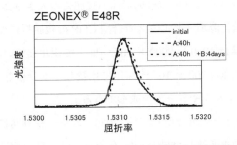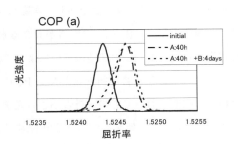

図2　吸湿による光学プラスチックの屈折率変化
ZEONEX®E48Rは日本ゼオン㈱の製品名である。
COP(a)：水素化開環メタセシス重合体（吸水率：0.05％、試験片：3mm厚）。
保存試験環境：環境A：85℃、85％RH、40h；環境B：23℃、50％RH、4days。
測定機：KPR-200（カルニュー光学工業社製）；屈折率：n_d(25℃)。

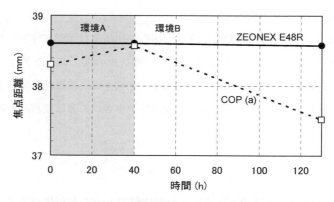

図3 光学レンズの焦点距離変化(高温高湿環境保存後)
保存試験環境：環境A：85℃，85%RH，40h；環境B：23℃，50%RH，4days

す。ZEONEX®製レンズでは，ほとんど焦点距離の変化が見られないのに対し，吸湿性のあるCOP(a)製レンズでは焦点距離が環境変化に対して大きく変化している。焦点距離の変化は，レンズが吸湿・乾燥する過程で，レンズ内に屈折率の不均一な状態が生じることによる影響が大きい。

3.2 複屈折

プラスチックの射出成形や押出し成形においては，溶融成形時の分子配向が複屈折発生の要因となることが知られている。高分子の複屈折に関して井上らにより詳細に研究され，高分子の複屈折と応力の関係が次式の修正応力光学則[6]で示されている。

$$\Delta n = C_R \sigma_R + C_G \sigma_G$$

ここでΔnは複屈折，$C_R \cdot C_G$はゴム領域・ガラス領域の応力光学係数，$\sigma_R \cdot \sigma_G$は応力である。$C_R \cdot C_G$はポリマーに固有の値であり，実際のプラスチックの溶融成形品の複屈折の大きさとC_R値は良い相関を示す。$R_1 \cdot R_2$の構造が異なる水素化開環メタセシス重合型COPの複屈折についても報告され[7]，$R_1 \cdot R_2$の構造の違いによりC_R値は$1000 \sim 2000 \times 10^{-12} Pa^{-1}$で変化している。しかし，これらの値は複屈折が生じ易いPCのC_R値$5000 \times 10^{-12} Pa^{-1}$に比較して十分小さく，溶融押出し成形においても複屈折の小さい光学フィルムやシートを成形できる。

図4に，異なるC_R値を有する水素化開環メタセシス重合型COPのフィルムを一軸方向に延伸した時の位相差(Δn)の発現性を示す。同条件で延伸した場合，C_R値とΔnには良い相関があることが分かる。LCDでは，視野角を向上させるなどの目的で所定の位相差を有する位相差フィルムが使用される。水素化開環メタセシス重合型COPでは，溶融押出し成形時にフィルムの複屈折を小さく抑え，延伸により所望の位相差を発現させるポリマー設計ができた。当社で

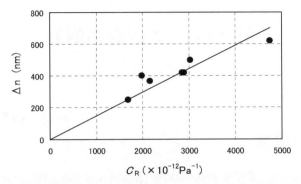

図4 水素化開環メタセシス重合型 COP 延伸フィルムの位相差 Δn
延伸前フィルム厚さ：140μm，延伸温度：$Tg+10℃$，延伸倍率：2.5倍

は，従来困難とされていた光学フィルムの溶融押出し法による工業化を達成した。

4 おわりに

COPは優れた透明性・低複屈折性・耐熱性・低吸湿性・精密成形性などを活かして，光学レンズ・プリズム・光学ミラー・血液分析用光学セルなどの光学部品，偏光フィルム・位相差フィルムなどの光学フィルム・導光板・光拡散板などのLCD用部材などとして広く使用されるようになった。技術進展の著しいオプトエレクトロニクス技術では，プラスチック材料に絶えず高性能化が要求されており，それらに合わせた更なる機能性を付与した新たな光学用プラスチックが開発されてゆくことが期待される。

文　　献

1) "光学用透明樹脂における材料設計と応用技術"，技術情報協会（2007）
2) 本間精一，プラスチックスエージ，**53**(5)，56（2007）
3) M. Yamazaki, *J. Mol. Catal., A: Chem.*, **213**, 81 (2004)
4) 熊澤英明，プラスチックスエージ，**53**(5)，87（2007）
5) 小原禎二，高分子，**57**，613（2008）
6) 井上正志，尾崎邦宏，高分子論文集，**53**，602（1996）
7) T. Inoue, H. Okamoto, K. Osaki, T. Kohara, T. Natsuume, *Polym. J.*, **27**, 943 (1995)

第4章　フッ素系樹脂

小島　弦[*1]，青崎　耕[*2]

1　フッ素元素の特徴

フッ素（F）は原子番号9，原子量19.0，7B族の非金属元素で最も軽いハロゲン元素であり，原子半径0.64Å，イオン半径1.33Åと小さい。第一イオン化ポテンシャル17.42eV，電子親和力3.448eVで，電気陰性度は4.0で全ての元素中最大である。

この小さな原子・イオン半径と大きな電気陰性度とがフッ素化合物に様々な特徴をもたらす。例えば，C–F結合は共有結合でありながらイオン結合的性質も帯び，結合距離も小さい（1.32Å）ために非常に大きな結合解離エネルギー（116kcal/mole）を有する。

また，電気的にも分子構造によって高誘電率から低誘電率まで幅広い特性が得られ，誘電率（ε）と屈折率（n）は $\varepsilon = n^2$ の関係で直結しているから，屈折率についても同様に分子設計によって他の高分子材料に見られない化合物を持つ樹脂が得られる。

2　各種フッ素樹脂の特性

表1に各種フッ素樹脂の一般的特性を示す[1]。殆どのフッ素樹脂が結晶性であって結晶粒界による光の散乱を生じるために，通常の厚みでは充分な光の透過性を得ることは難しいので，光学的特性関連の知見や応用は少ない。紫外線や酸素による劣化を起こし難く，耐候性に優れているために，フィルムとしての光透過性を利用して農業用フィルムやドーム等の天井・壁面膜材料に応用されているが，高度の光学材料としての応用は従来検討されて来なかった。しかし，パーフルオロフッ素樹脂はその低い誘電率と高いC–F結合エネルギーから，非晶性の樹脂が得られれば広い波長領域に亘って光の吸収の少ない低屈折率材料の得られることが期待され，デュポンのテフロンAFや旭硝子のサイトップが開発された。

[*1]　Gen Kojima　㈱産業技術総合研究所　ナノテクノロジー研究部門
[*2]　Ko Aosaki　旭硝子㈱　化学品カンパニー　統括主幹技師

第4章 フッ素系樹脂

表1 各種フッ素樹脂の一般的特性

特性	ASTM試験法	PTFE	PFA	EPE	FEP	PCTFE	PVDF	ETFE	ECTFE	CYTOP
融点(℃)		327	310	295	275	220	171	270	245	—
比重	D792	2.14~2.20	2.12~2.17	2.12~2.17	2.14~2.20	2.1~2.2	1.75~1.78	1.7	1.68~1.69	2.03
機械的特性										
引張強さ(kgf/cm^2)	D638	140~350	280~300	250~280	190~220	315~420	390~520	460	490	410~490
伸び(%)	D638	200~400	300	300	250~330	80~250	100~300	100~400	200~300	162~192
ショアー硬度	D1706	D50~55	D64	D55	D60~65	—	D80	D75	D55	HDD81 デュロメーター
熱的特性										
熱伝導率(×10^{4}cal/cm·s·℃)	D177	6.0	6.0	6.0	6.0	4.7~5.3	3.0	5.7	3.8	—
比熱(cal/℃·g)		0.25	0.25	—	0.28	0.22	0.33	0.56~0.47		0.24
線膨張係数(10^5/℃)	D696	10	12	—	8.3~10.5	4.5~7.0	8.5	9.0~9.3	8	12
電気的特性										
体積低効率(Ω·cm)	D257 (50%RH, 23℃)	>10^{18}	>10^{18}	>10^{18}	>10^{18}	20×10^{18}	20×10^{14}	>10^{16}	~10^{15}	>10^{17}
絶縁破壊強度(kV/mm)	D149(短時間, 32mm厚)	19	20		20~24	20~24	10	16	20	20
誘電率(60HZ)	D150	<2.1	2.1	2.1	2.1	2.24~2.8	8.4	2.6	2.6	2.0~2.1
誘電率(10^{6}HZ)	D150	<2.1	2.1	2.1	2.1	2.3~2.5	6.43	2.6	2.6	2.0~2.1
誘電正接(60HZ)	D150	<0.0002	0.0002	0.0002	<0.0002	0.0012	0.0049	<0.0006	<0.0005	<0.0008
誘電正接(10^{6}HZ)	D150	<0.0002	0.0003	0.0003	0.0005	0.009~0.017	0.17	0.005	0.015	<0.0008
耐アーク性(s)	D495	>300	>300	>300	>300	>360	50~70	72	18	>200
光学的特性										
透明性	—	△	△	△	△	△	△	△	△	◎
その他の特性										
吸水率(%/24h)	D570	0.00	0.03	0.03	<0.01	0.00	0.40	0.029	0.01	<0.01
Oxygen Index	D2863	>95	>95	>95	>95	>95	43	30	60	—
耐酸性		◎	◎	◎	◎	◎	◎	◎	◎	◎
耐酸性	D543	◎	◎	◎	◎	◎	○	◎	◎	◎
耐アルカリ性	D543	◎	◎	◎	◎	◎	△	◎	◎	◎
溶剤可溶性	D543	なし	なし	なし	なし	なし	—	なし	なし	フッ素系可溶

3 透明フッ素樹脂「サイトップ」

「サイトップ」は旭硝子㈱が開発したパーフルオロ樹脂の1つで，フッ素樹脂の撥水性（低表面エネルギー）や耐薬品性などの特長を備えながら，さらにその環状分子構造に由来する「ねじれ構造」によってポリマー分子は「アモルファス（非晶質）構造」をとり，図1に示すように可視光線だけでなく紫外線から近赤外線の広い範囲で透明という大きな特長を持っている。さらには，その屈折率は1.34と小さく，アッベ数は90と大きいために屈折率の変化（分散）は光線の波長の影響を受けにくい（図2）。

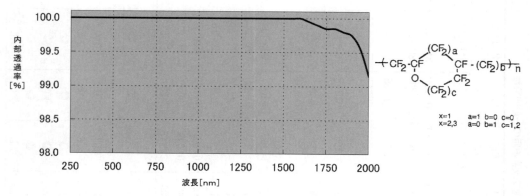

図1　「サイトップ」の内部透過率
表面と裏面の反射ロスを差し引いた内部透過率は，紫外線（〜400nm），可視光線（400〜700nm），近赤外線（〜2000nm）まで透明である。

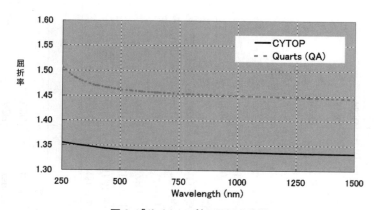

図2　「サイトップ」の屈折率分散
「サイトップ」（グラフ実線）のアッベ数は90と大きく，石英（Quarts）（グラフ破線）と比較して，光線波長による屈折率の変化が小さい。

第4章 フッ素系樹脂

光学特性に加えて,「サイトップ」はアモルファスであるがゆえに,特定のフッ素系溶剤に溶かすことができ,コーティングによって容易に製膜することが可能であるために,オプト分野への幅広い応用が期待される。

3.1 オプト分野への応用性

代表的な例として,「サイトップ」は半導体製造工程のフォトリソグラフィ(露光)工程において,フォトマスクをパーティクル汚染から保護する「ペリクル膜」の材料として使用されている(図3)。最先端の露光プロセスである KrF レーザー(波長248nm)・ArF レーザー(波長193nm)の紫外線領域において耐久性を有する(劣化しない)材料であり,精密な製膜性によって光の波長の1/2の倍数の膜厚の無反射膜として使用されている。

また,「サイトップ」はその低屈折率を利用して反射防止膜として利用できる。ガラスやフィルムなどの透明基材は,その屈折率は一般的に1.5前後であり,光線反射率は片面で4%と高く,光線エネルギーの損失や写り込みなどの問題がある。「サイトップ」を反射防止膜として基材の表面に光の波長の1/4の膜厚でコーティングすると,その反射率を1%以下に低減することができ,エネルギーの有効利用や写り込み防止を実現することができる(図4)。

前述の通り「サイトップ」は近赤外線の領域においても透明である。これは C–H 結合を持たないフッ素樹脂がその光線領域で実質的に吸収損失が無いことによるもので[2],通信用のプラスチック光ファイバーあるいは光導波路の材料として有望である。

光導波路のもう1つの例としては,低コストが期待される高分子レーザーにおいて,その最低次モードを支持する導波路の構成材料として「サイトップ」が報告されている[3]。

近年,光と電波との境界波長領域として「テラヘルツ(THz)」領域の応用研究が注目されている。「サイトップ」はテラヘルツ領域においても高い透明性が確認されており,また THz 領域の屈折率が可視領域の屈折率に近いというユニークな特性も持ち合わせていることから,有望な材

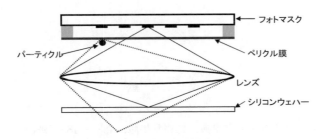

図3 ペリクル膜材料への応用
ペリクル膜はフォトマスクをパーティクル汚染から保護し,膜の
上にパーティクルが付着してもシリコンウェハーには結像しない。

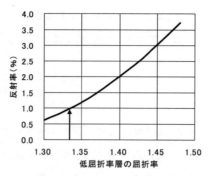

図4 反射防止コートの効果
透明基材(反射率4%)の表面に「サイトップ(屈折率1.34)」の薄膜を
コーティングすることにより，反射率を1%以下に低減可能である。

料と考えられている[4]。

3.2 オプト以外の分野への可能性

「サイトップ」はオプト材料としてのユニークな特性に加えて，本来のフッ素樹脂に特有の耐薬品性や優れた電気特性などの特長を持ちあわせており，最近では微小なMEMS(Micro-Electro-Mechanical Systems)への応用検討が盛んに行なわれている。

例えば，MEMSを加工するプロセスにおけるエッチング保護膜のほか，電荷を長期間・安定に保持するという特性を活かして，環境の微小な振動からエネルギーを取り出す「エレクトレット・マイクロ発電器」[5]，あるいは低表面エネルギーと電気絶縁性を利用したエレクトロウェッティング・デバイスなどへの応用研究(液体レンズ，液体プリズム，回転軸の無い液体モーターなど)が活発に報告されている[6~8]。

以上のような「サイトップ」のユニークな特徴を活かせる応用はまだまだ多いと思われる。とくに先端分野の研究者，技術者の方々に役に立つことがあれば幸いである。

文　　献

1) エンジニアリングプラスチック事典，技報堂出版，483~485 (1988)
2) W. Groh, Overtone Absorption in Macromolecules for Polymer Optical Fibers, *Macromol. Chem.*, **189**, 2861 (1988)

第4章　フッ素系樹脂

3) I. D. W. Samuel, *Applied Physics Letters*, **92**, 163306 (2008)
4) N. Sarukura, *Applied Physics Letters*, **89**, 211119 (2006)
5) 鈴木雄二，日本機械学会，第9回動力・エネルギー技術シンポジウム，37 (2004)
6) I. Shimoyama, IEEE MEMS 2007, 305 (2007)
7) I. Shimoyama, *IEEE Journal of Microelectromechanical Systems*, **16**, (6) December (2007)
8) I. Shimoyama, IEEE MEMS 2008, 42 (2008)

第5章　高屈折率ポリイミド

安藤慎治*

1　はじめに

　デジタルカメラや携帯電話用カメラなどに使用されるCCDやCMOSイメージセンサー（IS）は，高画素化や小型化に対応して画素ピッチの縮小や薄型化が進んでおり，集光効率の向上のために内部レンズ構造（図1）や導波路構造が取り入れられつつある[1]。ISの表面被覆と集光（レンズ）機能を有する光学ポリマーを設計する際には，可視域での透明性と高い屈折率（$n > 1.8$）に加え，ハンダ・リフローに耐える熱的安定性（$> 250℃$）と低い複屈折（Δn）が要求される。また，屈折率の波長依存性が小さいこと（低波長分散）や，物性が数年に亘って不変であることも重要となる。従来の高屈折率ポリマー，例えば硫黄を含むエポキシやアクリル樹脂，ポリウレタンなどは，光学特性は優れるものの熱的安定性や長期安定性の点から上記の用途に最適とは言いがたい。

　一方，耐熱性ポリマーとして知られる全芳香族ポリイミド（PI）は，熱安定性，環境安定性，機械的特性，誘電特性等においてバランスの良い特性を有しており[2]，しかもベンゼン環やイミド環の分極率が高いことから高屈折率のポリマーとして期待され，最近はIS向けの上市も始まっている。高屈折の点からは，すでに3,3',4,4'-ビフェニルテトラカルボン酸二無水物（s-

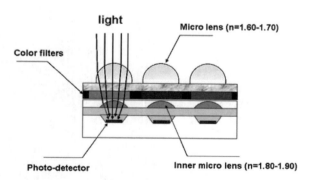

図1　CMOSイメージセンサー上に作製された微小レンズ群の模式図

* Shinji Ando　東京工業大学　大学院理工学研究科　物質科学専攻　教授

第5章　高屈折率ポリイミド

BPDA）とビス（4-アミノフェニル）ジスルフィドから合成されるPIが波長：$\lambda = 1324$ nm において等方的な屈折率：$n = 1.698$，フィルム面内と面外の複屈折：$\Delta n = 0.090$ を示すことが報告されている[3]。しかし，全芳香族PIは電子供与性のジアミン部分と電子受容性の酸二無水物部分の繰り返し構造からなるため，分子内および分子間で電荷移動（CT）相互作用が生じ，その結果，薄黄色～褐色に着色して可視光域（$\lambda = 400 \sim 800$ nm）での光透過性が低いことから，一般に光学用途には適さないため，汎用のPIとは異なる分子設計が必要となる[4]。

　PIの着色を低減する検討として，電気陰性度が高く分子間相互作用を低減させるフッ素（F）を含有する置換基（$-CF_3$ や $-C(CF_3)_2-$ など）の導入，あるいは脂環構造の導入などが検討されてきた。特に含フッ素PIを光学材料として用いる研究には20年以上の歴史があり，近年は光導波路や集積光部品としての適用が広がりつつある[5]。但し，Fの導入はおもにCT相互作用の低減を狙いとしているが，分極率も同時に低下するため屈折率が低下してしまうことから高屈折率化には適さない。一方，芳香族環のパラ結合をメタ結合に交換して，自由体積を増加させることも着色の低減に有効とされるが，これも分極率をわずかに低下させる。従って，PIが有する優れた特性を減ずることなしに，透明性を改善し屈折率を向上させる新規光学材料の開発は，相反する物性をともに満足させることを目指す挑戦的な課題と言える。

　最近のナノ材料科学の進展にともない有機・無機ハイブリッド，すなわち有機ポリマーのマトリックス中に TiO_2（アナターゼ：$n = 2.45$，ルチル：2.70），ZrO_2（2.10），非晶質シリコン（4.23），PbS（4.20），ZnS（2.36）などの無機ナノ粒子を均一分散させる手法が，高屈折率ポリマーの新しい調製法として注目されている[6]。ナノ粒子の粒径が透過光波長の1/10（～40 nm）以下で，かつ均一分散している場合にはナノハイブリッド膜はほぼ透明となる。ここで，屈折率増加にはナノ粒子の体積分率を増やす必要があるが，高屈折の無機物は比重が大きく，また有機ポリマーとの親和性が低いため凝集構造を作る傾向が強い。従って，ナノ粒子を過剰に導入すると，凝集体の散乱により光学損失が増加し，またポリマーの成形加工性を損ねてしまう。結果として，ナノ粒子の表面修飾技術や均一分散のための特殊な混合技術が必要となり，従来の光学ポリマー設計とは異なる領域での研究開発やノウハウの蓄積が必須となる[7]。

　本論では，光学ポリマーの物性予測手法に基づき，高屈折・低波長分散を示す新規の含硫黄ポリイミドの分子設計と光学特性について解説する。

2　含硫黄ポリイミドの分子設計と屈折率

　最近，東工大上田充教授と筆者のグループが共同で，時間依存の密度汎関数法（TD-DFT）に基づく光学ポリマーの分子設計手法[8]を駆使し，高い硫黄含有率（S_c）を有する全芳香族ポリイ

スキーム1 含硫黄ポリイミドの構造式

ミド(スキーム1)を合成して，$\lambda = 633$ nm で $n = 1.7$ を超える高屈折率を示すことを報告している[9〜19]。

ここで，主鎖にスルフィド基やチアンスレン骨格を有する PI の光透過性と屈折率の波長分散を解析して，分子構造や凝集状態との一般的な関係性を明らかにすることは今後の分子設計に有用である。屈折率の計算方法については，本書の第3編2章において詳述しているが，一例として酸無水物に s-BPDA を固定，またはジアミンに APTT を固定した場合の各種 PI の TD-DFT による光吸収スペクトルと n の計算値(n_{cal})を図2(n_{cal} は図の凡例内)に示す。これらの PI は密度が未知なので凝集係数：$K_p = 0.6$ を仮定した。酸無水物固定の場合は，吸収端がジアミンの影響をあまり受けず，n_{cal} は硫黄原子の重量分率(S_c)に沿って単調に増加する。但し，スルホニル基($-SO_2-$)を含む BADPS だけは吸収端が短波長化し n_{cal} も低下する。一方，ジアミン固定の場合は，吸収端の位置が CT 相互作用を強く反映するため，吸収端が酸無水物の電子吸引性の影響を強く受けるが，S_c の増加にともなって n_{cal} が上昇する傾向は同様である。また，脂環式酸無水物(CHDA, CBDA)を用いた場合は，CT 吸収帯が抑制されて透明性が大きく向上するものの，脂環構造の分極率が低いため n_{cal} の低下が予想される。

スキーム2に m-DPSDA 酸無水物と4種の含硫黄ジアミンを組み合わせて合成した PI の構造式を，また表1にこれらの PI フィルムの熱的・光学的性質を示す。

これらの PI は，主鎖のベンゼン環やイミド環をつなぐ構造がすべて $-S-$ または $-SO_2-$ であることから，S_c は 19〜22% と高く，$\lambda = 633$ nm での等方平均屈折率(n_{av})は 1.716〜1.748 とこれまで知られているポリマー中で最高レベルの値を示している[11]。なお，n_{av} は下記の(1)式で与え

第5章 高屈折率ポリイミド

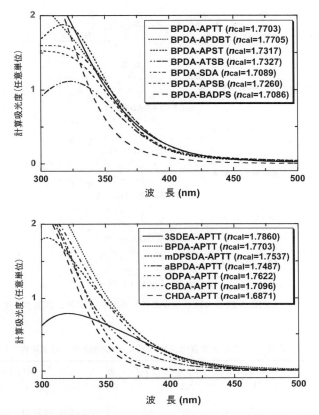

図2 酸無水物を sBPDA に，またジアミンを APTT に固定した場合の
PI の屈折率計算値と計算光吸収スペクトル[20]

られる。

$$n_{av} = \sqrt{(2n_{TE}^2 + n_{TM}^2)/3} \tag{1}$$

加えて，–S–結合や–SO$_2$–結合は内部回転のポテンシャルが低く柔軟なため，これらの PI においては主鎖やベンゼン環の面内配向が抑制され，面内（n_{TE}）と面外（n_{TM}）の屈折率差で定義される複屈折（Δn）が 0.007 以下と小さいことから，光学用途に好適である。ガラス転移温度（T_g）も 178℃以上，5％重量減少温度（$T_{5\%}$）は 474℃以上と耐熱性にも優れている[11]。但し，これらの PI 薄膜の吸収端（カットオフ波長，λ_{cutoff}）が可視域に近いため，どのフィルムも薄黄色～黄色に着色している。例えば，m-DPSDA を用いた場合，λ = 450 nm での光透過率（T_{450}）は 87％以上であるものの完全に無色透明のフィルムは得られていない。図8に示すように m-DPSDA から合成される PI の光透過性（計算値）は，3SDEA から得られる PI と同レベルであるが，実際の系では–SO$_2$–のかさ高さとベンゼン環のメタ結合の連鎖が自由体積を増加させ，かつ分子間

スキーム2 *m*-DPSDA酸無水物から合成されるポリイミドと参照ポリイミド [11]

表1 スキーム2に示す含硫黄ポリイミドの熱物性と光学物性 [11]

ポリイミド	$S_C{}^a$ (wt%)	$T_g{}^b$ (°C)	$T_{5\%}{}^c$ (°C)	$\lambda_{\text{cutoff}}{}^d$ (nm)	$T_{450}{}^e$ (%)	d^f (μm)	屈折率と複屈折 ^{g}				
							n_{TE}	n_{TM}	n_{av}	Δn	$n_{\text{cal}}{}^h$
PI-1：*m*-DPSDA-BADPS	19.2	207	474	365	95	3.6	1.7182	1.7121	1.7162	0.0061	1.7095
PI-2：*m*-DPSDA-3SDA	19.8	178	490	374	92	5.4	1.7329	1.7269	1.7309	0.0059	1.7400
PI-3：*m*-DPSDA-APDBT	19.9	203	476	380	89	3.1	1.7426	1.7367	1.7406	0.0059	1.7480
ref-PI：3SDEA-3SDA^i	20.5	192	492	402	60	9.3	1.7505	1.7437	1.7482	0.0068	1.7708
PI-4：*m*-DPSDA-APTT	22.4	205	475	385	87	4.5	1.7453	1.7388	1.7432	0.0065	1.7537

^{a} 硫黄重量分率。^{b} DSCで測定したガラス転移温度。^{c} 5% 重量減少温度。^{d} 吸収端波長 ^{e} 波長450nmにおける透過率。^{f} フィルム厚。^{g} 波長632.8nmで測定。^{h} DFTで計算された屈折率 ($K_p=0.6$を仮定)。^{i} 参照試料：3SDEA-3SDAポリイミド。

CT相互作用を抑制するため相対的に高い光透過性を示す。ジアミンを3SDAに固定し，3種の酸無水物から合成したPIの構造式をスキーム3に，また得られたフィルムの光透過スペクトルを図3に示す [12]。

m-DPSDA-3SDA は，3SDEA-3SDA に比べて可視域での光透過性が優れており，しかも屈折率の低下が抑えられている。脂環式のCBDAを用いた場合は光透過性がさらに優れるが，n_{av}

第5章　高屈折率ポリイミド

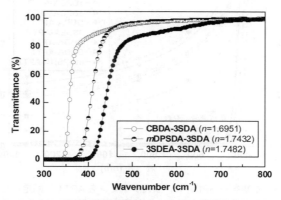

スキーム3　3SDAジアミンから合成される含硫黄ポリイミド[12]

図3　スキーム3に示す含硫黄ポリイミドの光透過スペクトル[12]

の低下も顕著である。

　図2で計算したPIの吸収スペクトルと波長依存の屈折率（ともに実測）を図4に示す[20]。
　ここで，屈折率測定にはプリズムカプラー（Metricon PC-2000）を用い，光吸収の影響が少ない長波長域（λ = 633, 845, 1324 nm）においてn_{TE}とn_{TM}を測定した。それぞれの波長での平均屈折率（n_λ）は(1)式から求め，その波長依存性を単純Cauchy式（$n_\lambda = n_\infty + D/\lambda^2$）で近似して電子遷移吸収の影響がない無限波長での屈折率（n_∞）と分散係数（D）を決定した[21]。屈折率の波長分散は図4に示すように単純Cauchy式で近似でき，また吸収端も計算と実測で良い一致を示している。但し，図5に示すようにn_∞の実測値と計算値の間には系統的な誤差が見られ，K_pがn_∞の増加と共に単調に減少していることから，この関係を取り入れることによりさらに高精度の屈折率予測が可能となる。
　また，図6に示すように酸無水物を固定した場合にはS_cとn_∞には線形関係が見られるが，これは–S–結合の増加に伴うα/V_{int}の増加が屈折率に反映されたためであろう。

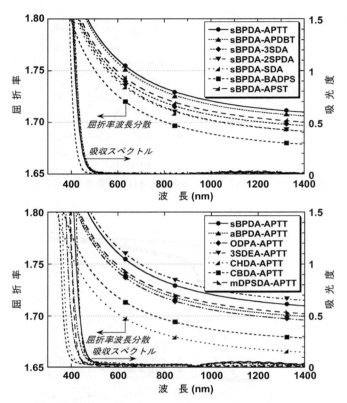

図4 酸無水物を s-BPDA に，またジアミンを APTT に固定した場合の PI の屈折率実測とフィルムで観測された吸収スペクトル[20]

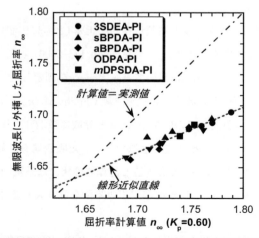

図5 屈折率計算値（$K_p=0.6$ を仮定）と3波長での屈折率実測値を無限波長に外挿して得た屈折率（n_∞）の比較

第5章　高屈折率ポリイミド

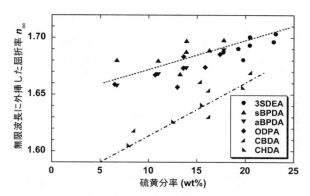

図6　PIの硫黄含有率(S_c)と無限波長への屈折率外挿値(n_∞)の関係(酸無水物の種類で分類)[20]

s-BPDAから合成されるPIは他の酸無水物由来のPIに比して高いn_∞を与えるが，これはα/V_{int}が高いとともにs-BPDA近傍の稠密な凝集状態が原因と考えられ，n_{av}(実測)とn_{cal}(計算)から算出したK_p値もこの傾向を支持している。合成されたPI中，S_cが最も高い3SDEA-APTTが屈折率最高値(n_{633} = 1.761)を示し，他の硫黄含有PIのn_{633}も従来の全芳香族PIや含硫黄高屈折材料に比して高い値となっている。但し，スキーム1に示すPIのうち全芳香族酸無水物から得られるすべてのPIが淡黄色～褐色に着色し，短波長域での光透過性が十分とは言えない。これは3SDEAに代表される含硫黄酸無水物の電子吸引性が高く，それにともなってCT吸収帯が長波長化するためである。この領域の透明性向上(無色透明化)には，上述のように脂環式酸無水物や含フッ素酸無水物の使用が有効だが，それらの低い分子分極率の影響でn_{633}は1.7程度まで低下してしまう。3SDEA-APTTと同等の高い屈折率を有し，かつ無色透明の全芳香族PIは未だ得られておらず，新規の分子設計指針の構築が待たれる。

3　含硫黄ポリイミドの屈折率と分散係数の関係

含硫黄PIにおけるn_∞とDの関係(図7)は以前の検討結果[21]によく対応しており，高屈折のPIほど大きな波長分散(D)を示している。

但し，電子吸引性が低く吸収端が短波長側にあるODPAやm-DPSDAから調製されたPIは他のPIに比べて低い分散性(小さなD値)を示す。この図からは各酸無水物の個性を知ることができ，例えば脂環式酸無水物と他の芳香族酸無水物では関係性が明確に異なり，また3SDEAやs-BPDAは同じジアミンを用いた場合でも高屈折率PIの設計に有効である。λ = 633, 845, 1324 nmにおける屈折率分散を単純Cauchy式で近似して得られた換算アッベ数ν_{VIS}とn_{633}の関係

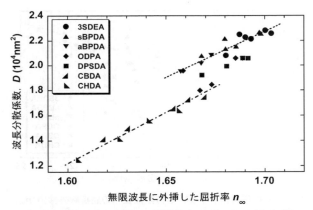

図7 無限波長屈折率(n_∞)と波長分散係数(D)の関係[20]
図中の記号は酸無水物の種類に対応している

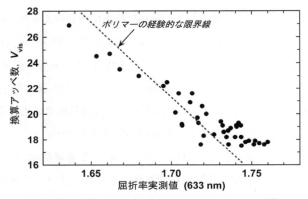

図8 含硫黄PIの屈折率と換算アッベ数の関係[20]
点線は汎用光学ポリマーに見られる限界線を示す(第3編2章の図2を参照)

を図8に示す。ほとんどの全芳香族PIが薄黄色を呈しているにもかかわらず,n_{633}が1.7を超える高屈折率PIの多くが,既存の光学ポリマーに見られた"アッベ数の限界線"を超えており,波長分散が小さな光学ポリマーであることを示している。

最後に,冒頭で述べた有機・無機ハイブリッドへの適用例を紹介する。無色透明で複屈折の小さな含硫黄PI:CHDA-3SDA(n_{633} = 1.680)のポリアミド酸溶液中に,表面をシリカ(SiO_2)で被覆したTiO_2ナノ粒子を均一に分散し(45 wt%),製膜後,熱硬化した。反射スペクトル法で測定したこの薄膜の屈折率はn_{633} = 1.810であり,図1に示したIS内部レンズの要求値($n > 1.80$)を満足している。また,このポリアミド酸／TiO_2ナノハイブリッド溶液に光塩基発生剤を加えて密着露光・現像・熱硬化[22]することで,4μm幅ライン＆スペースのネガ型の微細加工に成

第5章　高屈折率ポリイミド

功している[13]。このことは，含硫黄の高屈折率 PI が IS 内部レンズなどの微細光学部品に適用可能なことを示している。

4　今後の展開

ポリイミド(PI)は，高い分極率を有するベンゼン環やイミド環を高い分率で含むため，屈折率が本質的に高いポリマーであり，本論で紹介したように，さらに複数の硫黄(S)原子を主鎖構造に導入することでポリマー材料中，最高レベルの屈折率を達成することができる。芳香族 PI では，分子内および分子間で電荷移動(CT)相互作用が生ずるため，可視短波長域での光透過性が低下しやすいが，熱安定性，環境安定性，機械的特性，誘電特性など PI 本来の優れた特性を減ずることなしに透明性を改善し，屈折率とその波長分散特性を向上させる新規光学材料の開発が続けられている。一方，耐熱性は PI に比べて劣るものの，分子内にベンゼン環やイミド環を含まず，極めて高い S 含量を有する新規のポリアクリレートやポリチオエーテルスルホンが，既存の光学用ポリマーに見られる屈折率―アッベ数の限界線を大きく超える優れた光学特性を示すことが最近，明らかとなった[23,24]。これらのポリマーは，複数の S 原子を分子体積を増加させない脂環構造として含有し，かつ–S–や–SO_2–結合が電子遷移吸収を増加させない形態で導入されているため，紫外～可視域での高透過性，高屈折率，高アッベ数を同時に満足している。この優れた高屈折率ポリマーの分子設計戦略は，PI を始めとした他のポリマー群にも適用可能と考えられる。

文　　献

1) A. El Gamal And H. Eltoukhy, IEEE Circuits & Devices Magazine May/June 6-20 (2005)
2) a) 今井淑夫, 横田力男編, "最新ポリイミド―基礎と応用―", エヌ・ティー・エス (2002); b) 柿本雅明編, "最新ポリイミド材料と応用技術", 技術情報センター (2006) など
3) Y. Terui and S. Ando, *J. Photopolym. Sci. Technol.*, **18**, 337 (2005)
4) S. Ando, T. Matuura and S. Sasaki, *Polymer J.*, **29**, 69 (1997)
5) a) R. Reuter, H. Franke and C. Feger, *Appl. Opt.*, **27**, 4565 (1988); b) S. Ando, *J. Photopolym. Sci. Technol.*, **17**, 219 (2004)
6) a) M. Weibel, W. Caseri, U.W. Suter, H. Kiess and E. Wehrli, *Adv. Mater.*, **2**, 75 (1991); b) H. Althues, J. Henle, S. Kaskel, *Chem. Soc. Rev.*, **36**, 1454 (2007)
7) 'Hybrid Materials, Synthesis, Characterization, and Applications', G. Kickelbick eds.,

Wiley-VCH (2007)
8) a) S. Ando, T. Fujigaya, M. Ueda, *Jpn. J. Appl. Phys.*, **41**, L105 (2002) ; b) S. Ando, T. Fujigaya, M. Ueda, *J. Photopolym. Sci. Technol.*, **15**, 559 (2002) ; c) S. Ando and M. Ueda, *J. Photopolym. Sci. Technol.*, **16**, 537 (2003) ; d) S. Ando, *J. Photopolym. Sci. Technol.*, **19**, 351 (2006)
9) J.-G. Liu, Y. Nakamura, Y. Shibasaki, S. Ando and M. Ueda, *Polym. J.*, **39**, 543 (2007)
10) J.-G. Liu, Y. Nakamura, Y. Shibasaki, S. Ando, M. Ueda, *Macromolecules*, **40**, 4614 (2007)
11) J.-G. Liu, Y. Nakamura, Y. Suzuki, Y. Shibasaki, S. Ando and M. Ueda, *Macromolecules*, **40**, 7902 (2007)
12) J.-G. Liu, Y. Nakamura, Y. Suzuki, Y. Shibasaki, S. Ando and M. Ueda, *J. Polym. Sci. Part A, Polym Chem.*, **45**, 5606 (2007)
13) J.-G. Liu, Y. Nakamura, T. Ogura, Y. Shibasaki, S. Ando and M. Ueda, *Chem. Mater.*, **20**, 273 (2008)
14) J.-G. Liu, Y. Nakamura, C. A. Terraza, Y. Shibasaki, S. Ando, M. Ueda, *Macromol. Chem. and Phys.*, **209**, 195 (2008)
15) C. A. Terraza, J.-G. Liu, Y. Nakamura, Y. Shibasaki, S. Ando, M. Ueda, *J. Polym. Sci., Part A: Polym. Chem.*, **46**, 1510 (2008)
16) Y. Suzuki, J.-G. Liu, Y. Nakamura, Y. Shibasaki, S. Ando and M. Ueda, *Polymer J.*, **40**, 414 (2008)
17) Y. Suzuki, Y. Nakamura, S. Ando and M. Ueda, *J. Photopolym. Sci. Technol.*, **21**, 131 (2008)
18) N-H You, Y. Suzuki, D. Yorifuji, S. Ando, M. Ueda, *Macromolecules*, **41**, 6361 (2008)
19) N.-H. You, Y. Suzuki, T. Higashihara, S. Ando, M. Ueda, *Polymer*, **50** (3) , 789-795 (2009)
20) 安藤慎治・劉金剛・中村康広・芝崎祐二・鈴木康夫・上田充, 高分子学会予稿集, **56**, 4905 (2007)
21) S. Ando, Y. Watanabe and T. Matsuura. *Jpn. J. Appl. Phys.*, **41**, 5254 (2002)
22) K. Fukukawa, Y. Shibsaki, M. Ueda, *Polym. Adv. Technol.*, **17**, 131 (2006)
23) R. Okutsu, S. Ando and M. Ueda, *Chem. Mater.*, **20**, 4017 (2008)
24) R. Okutsu, Y. Suzuki, S. Ando, M. Ueda, *Macromolecules*, **41**, 6165 (2008)

第6章　光部品の光路結合用接着剤における屈折率制御技術

村越　裕[*1], 村田則夫[*2]

1　はじめに

大量の情報を送ることができるFTTH(Fiber To The Home)サービスが普及拡大している。これに伴い，光通信機器の需要が急速に拡大していることから，高品質で低価格な光部品の大量供給が必要となっている。これを実現するため，光部品の組立には，簡便で経済性に優れた接着技術が期待されている。

光部品の組立において光路結合部に使用されている接着剤には，光の伝播を乱さないこと，すなわち，高い光透過率と光学的に最適な結合(例えば，接合部材と接着剤の屈折率整合)を形成するための機能が要望されることが多い。また，髪の毛程に細い(直径0.125mm)光ファイバーの光軸を合わせて固定・接合することなどから，ミクロン単位の精度が要望されることが多い。

また，通信ネットワークは，社会のインフラストラクチャとして，社会生活や企業活動などに欠くことのできない重要なものであり，極めて高い信頼性，長寿命が要求されるので，そこで使用される機器・部品を組み立てる接着剤も同様に，高耐久信頼性，高信頼，長寿命が要求されている。

本章では，光部品の光路結合用接着剤について，その屈折率制御技術を概説するとともに，開発された接着剤の特徴とその応用例を紹介する。

2　光路結合用接着剤の屈折率制御技術

接合部材と接着剤の屈折率が異なると，接着結合部の界面で光の一部が反射する。特に結合部が光源に近い場合，雑音発生の原因となり問題である。

図1に，光ファイバーの接着接続における接着剤の屈折率と反射減衰量(この値が大きいほど

[*1] Yutaka Murakoshi　NTTアドバンステクノロジ㈱　営業本部　第四営業部門　担当課長
[*2] Norio Murata　NTTアドバンステクノロジ㈱　先端プロダクツ事業本部　光プロダクツビジネスユニット　技術アドバイザー

光学材料の屈折率制御技術の最前線

光の反射が少ない)の関係を示す。接着剤と光ファイバーの屈折率が一致すると，光路結合部での光の反射が最小になることがわかる[1]。

屈折率 n_0 と n_2 の光学部材を屈折率 n_1 の接着剤で貼り合せた時，最大反射減衰量（Pmax）は式(1)で与えられる。

$$\mathrm{Pmax} = 10 \times \log \left[\frac{(n_2-n_1)/(n_2+n_1) \pm (n_1-n_0)/(n_1+n_0)}{1 \pm (n_2-n_1)/(n_2+n_1) \cdot (n_1-n_0)/(n_1+n_0)} \right]^2 \quad (1)$$

各種の光学部品を接合するための接着剤の最適な屈折率設計は，屈折率の波長依存性と温度依

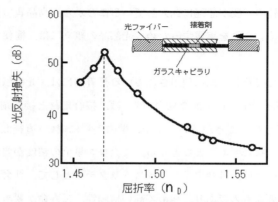

図1　光ファイバー接続部での光反射損失と接着剤の屈折率との関係

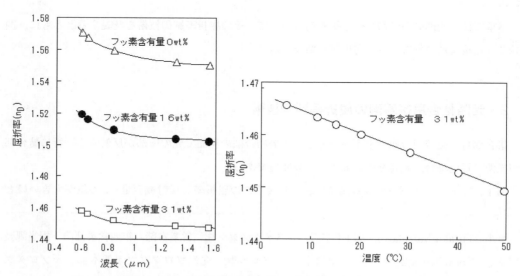

図2　フッ素化エポキシ系 UV 接着剤硬化物の屈折率の波長依存性と温度依存性

第6章　光部品の光路結合用接着剤における屈折率制御技術

存性(図2)を考慮し，上式を用いて行うことができる。簡便には，$n_1 = (n_0 \times n_2)^{1/2}$で求められる。

現在，屈折率(硬化物のNa-D線測定値)を1.31～1.70の範囲，±0.001の精度で，自由にコントロールできる透明な光学接着剤が開発されている(図3)[2,3]。この光学接着剤は各種の光学ガラスやプラスチックなどを用いて作製した光ファイバーや光導波路と精密に屈折率整合できるので，光路結合部での光の反射を0.01％以下に抑えることができる。

接着剤の屈折率制御は，低屈折率のフッ素原子を有するエポキシ系やアクリル系樹脂，高屈折

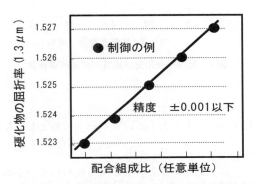

図3　屈折率の精密制御例(エポキシ系光路結合用接着剤)

表1　フッ素含有エポキシ／アクリレートおよびイオウ含有ビニル系樹脂の化学構造，屈折率とフッ素／イオウ含有量

タイプ	R_f	屈折率 n_D			フッ素含有量(wt%)		
		A	B	C	A	B	C
Bisphenol AF	BA	1.518	1.512	—	25	19	—
Cyclohexane	CH	1.408	1.413	1.402	43	34	44
Glycol	GL	1.381	1.416	1.381	48	37	49
Vinyl sulfide	SV		1.72			イオウ含有量32wt%	

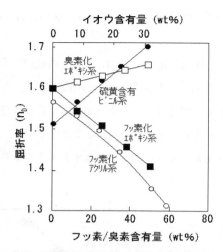

図4　光路結合用光学接着剤の屈折率制御

率のイオウ原子を有するビニル系樹脂など(表1)をベース材料として使用し，それらを混合することにより実現する(図4)。

光通信分野では石英ガラスなど低屈折率の材料が多く使われているので，これらと屈折率整合可能な低屈折率の接着剤が求められることが多い。また近年，反射防止コート樹脂や光導波路形成樹脂などでは，1.7を超える高屈折率の材料が求められることがあり，TiO_2の高屈折率ナノフィラを均一分散させる技術などで，高屈折率化が検討されている。

3　光路結合用接着剤の主な特性 [3〜5]

表2に，光路結合用に商品化されている接着剤の主な特性を示す。

エポキシ系接着剤では，屈折率を1.47〜1.57の範囲，±0.005の精度でコントロールでき，この屈折率範囲内で安定した接着特性を示している。

光透過率は，図5に示すように，光通信で使用されている波長0.8，1.3および1.55μmで，80%以上(厚さ1mmの硬化シート)と優れている。

直径が数〜数十μmの細い光路を結合する接着では，接着界面に侵入した水分が，接着時のミクロな濡れ不良箇所，あるいは硬化時・温度変動時に発生した応力によって生じた接着界面形態の不安定箇所に，ミクロンオーダの剥離を発生させる。この接着界面の剥離が光損失増による部品故障の主原因となることがある。そこで，光路結合用接着剤の耐久評価試験方法として，図6に示すような実際の光部品に近い構造を持つ光結合部モデル試験が提案された[6]。光路結合用

第6章　光部品の光路結合用接着剤における屈折率制御技術

表2　光路結合用光学接着剤の特性

	項目	試験方法：条件	単位	屈折率整合タイプ		高耐久タイプ	
				高Tgタイプ	低Tgタイプ	高Tgタイプ	低Tgタイプ
性状	粘度	E型粘度計：25℃	cP	250～740	250～560	180	440
	屈折率	アッベ屈折率計：25℃	n_D	1.44～1.55	1.43～1.55	1.473	1.478
硬化物の特性	光硬化時間	接着固定時間		～数分	～数分	10秒～1分	10秒～1分
	屈折率	アッベ屈折率計：25℃	n_D	1.46～1.57	1.45～1.57	1.504	1.505
	ガラス転移温度(Tg)	動的粘弾性：tanδのmax温度	℃	132～147	49～57	111	0
	硬化収縮率	硬化前後の密度比	%	3～5	4～8	9	6
	硬度	ショアーD：25℃		78～82	23～43	38	24
	光透過率	厚さ1mm、$\lambda=1.3\mu m$	%	85～91	86～90	89	90
	弾性率	動的粘弾性測定装置：25℃	dyn/cm^2	10×10^{10}	4×10^9	5×10^8	1×10^8
	熱膨張率	25～80℃	$℃^{-1}$	$6～9 \times 10^{-5}$	$8～14 \times 10^{-5}$	2×10^{-4}	2×10^{-4}
	剪断接着強さ	DRY(25℃)	kgf/cm^2	94～>180	>200	159	150
		WET(121℃、100%RH、10h処理後)		>58	>160	75	54
	曲げ接着強さ	DRY(25℃)	kgf/cm^2	24～36	21～29	18	23
		WET(121℃、100%RH、10h処理後)		12	22	16	22
	耐湿性	貼り合わせガラスの剥離発生 (1)121℃、100%RH (2)75℃90%RH	剥離発生の有無	(1)>100h (2)>2,000h	(1)>500h (2)>5,000h	(1)>500h (2)>5,000h	(1)>500h (2)>5,000h

接着剤は，ベルコア（現テルコーディア）規格[7]の耐湿試験条件である75℃，90%RH，5000時間あるいは電子部品の信頼性試験条件の121℃，100%RHで20時間の厳しい加速試験においても，ファイバー端面のコア部に剥離の発生が認められず，優れた耐湿性を示した。一方，耐湿信頼性に劣る接着剤は，1000時間以下でファイバー端面にミクロンオーダーの剥離が発生する。

光路結合用接着剤は，比較的低粘度で取扱い易く，$10mW/cm^2$程度の紫外線照射で，数分間以内の敏速な接着固定ができるため，光軸合わせなどの作業がしやすい。

また，光路結合用接着剤は，適切な接着促進剤が添加されているので，ガラス表面に対し強固な接着界面結合が実現されており，ガラスに対する接着強度は$50kgf/cm^2$以上と大きい。さらに，75℃，90%RHの高温高湿条件下5000時間後も接着強度の低下が少なく，耐湿接着性に優れている。

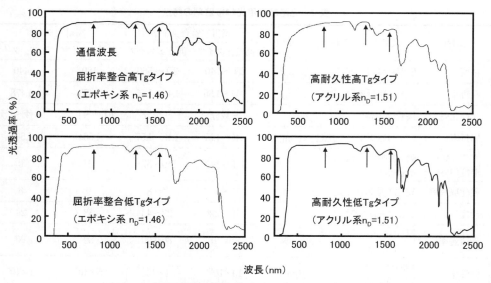

図5　光路結合用光学接着剤硬化物（厚さ1mm）の光透過率

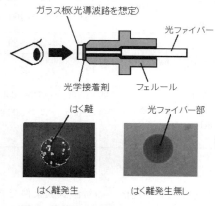

図6　光路結合用接着剤のモデル試験

4　光路結合用接着剤の応用例

4.1　PLCと光ファイバーの結合

プレーナ型光回路（PLC）部品で，1×8スプリッタ回路と光ファイバーアレイをUV硬化光学接着剤（$n_D = 1.46$）で接合した[8]。平均0.09dBの低損失でファイバーと回路が接続できる。樹脂を充填した金属ケースでパッケージすると，ベルコア（現テルコーディア）規格の耐湿試験条件の75℃，90％RHの環境雰囲気に5000時間以上放置しても接着接合部に剥離などが発生せず，

第6章　光部品の光路結合用接着剤における屈折率制御技術

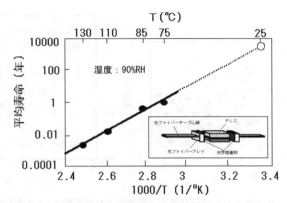

図7　高耐久光学接着剤で結合されたPLC型光スプリッタモジュールの寿命

光結合損失の増加を0.4dB以下に保持できるなど，信頼性に優れた光部品が実現されている。

また，耐湿性の極めて優れたアクリル系光学接着剤（表2の高耐久性低Tgタイプ）を用いて，光ファイバーとPLCを結合した1×8スプリッタでは，パッケージなしの裸素子の状態で，25℃，90%RHの環境条件下30年後の故障率が0.6Fit以下という極めて高い信頼性が確認されている（図7）[9]。

4.2　PLCに挿入された光フィルターの固定

光カップラと光フィルターを一体化した光フィルター内蔵導波路型カップラが開発されている。ポリイミド製光フィルターは光路結合用接着剤で溝に固定されている[10,11]。

4.3　LN導波路と光ファイバーの結合

光路結合用接着剤を用いて$LiNbO_3$系光変調器素子と光ファイバーが結合されている。光変調器素子の導波路と光ファイバーの光軸を整合した後，導波路と光ファイバーを光路結合用接着剤で接合固定する。補強ガラスパイプを用いたことで，光変調器素子と光ファイバーの結合強度は500g以上となっている[12]。

4.4　光導波路形成用樹脂

UV硬化型のエポキシ系光路結合用接着剤は，光透過性に優れ，かつ無溶剤のため平滑性に優れた塗膜を形成でき，多層光配線が容易に作製できるので光導波路のコア，クラッド材への適用が検討された[13]。

光導波路形成用に開発されたエポキシ系UV樹脂は，屈折率，ガラス転移温度，粘度などの特

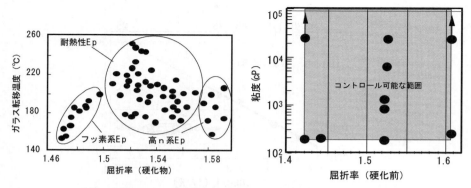

図8　屈折率とガラス転移温度，屈折率と粘度の制御（エポキシ系）

性をコントロールできる（図8）。ガラス転移温度が200℃以上のエポキシ系光学接着剤を原料にその屈折率を±0.001の精度でコントロールした配合物を光導波路のコアとクラッドに使用し，直接露光法により作製した光導波路では，光損失0.08dB/cm以下（波長0.83μm）の低損失で，250℃で1時間加熱しても，光損失増がほとんど無く，優れた耐熱性ポリマー光導波路が実現されている[14]。また，ポリマーの特性を活用し，基板レスでフレキシブルな光導波路フィルムも実現されている[15]。

UV硬化エポキシ樹脂をクラッド，重水素化PMMAをコアに用いて，三層コア構造の積層型多段ポリマー導波路も作製され，光衛星間通信用レーザー光検出センサーへの適用が検討された[16]。

5　おわりに

光部品の低コスト化が求められていることから，光路結合用接着剤を利用した光部品の簡便な組立技術が，拡大普及している。光通信用機器などで使用される接着剤は，反射防止コート材など他の用途への展開も期待され，屈折率の更に広いコントロールや，耐久信頼性の向上が期待されている。また，近年は環境や安全性に問題のない接着剤も要望されている。

文　献

1)　T. Maruno and N. Murata, Proceedings of International Conference on Electrical, Optical

第6章 光部品の光路結合用接着剤における屈折率制御技術

and Acoustic Properties of Polymers EOA III, pp. Vi/1-vi/8 (1992)
2) N. Murata, Proceedings of the 48th Electronic Components and Technology Conference, # 192 (1998)
3) NTT アドバンステクノロジ,技術データ (2008)
4) 村田則夫,西史朗,山本二三男,日本接着学会誌,**30** (9),pp. 407-417 (1994)
5) 村田則夫,中村孔三郎,日本接着学会誌,**26** (5),pp. 179-187 (1990)
6) 村田則夫,西史朗,細野茂,中村孔三郎,丸野透,1993年電子情報通信学会秋季大会,C-195
7) Bellcore 社,TA-NWT-001221:Generic Reliability Assurance Requirements for Fiber Optic Branching Components (Nov. 1993)
8) 堉文明,山田泰文ほか,1992年電子情報通信学会秋季大会,C-210及びC212,Y. Hibino, F. Hanafusa, H.Nakagome, N. Takato, T. Miya and M. Yamaguchi, *Electron. Lett.*, **30** (8), pp. 640-642 (1994)
9) F. Hanafusa, F. Hanawa, Y. Hibino and T. Nozawa, *Electron. Lett.*, **33** (3), pp. 238-239 (1997) 花房廣明,堉文明,日比野善典,永井収,野澤敏矩,1996年電子情報通信学会エレクトロニクスソサイエテェイ大会,C-158
10) T. Oguchi and F. Hanawa *et al.*, *Electron.Lett.*, **29** (20), pp. 1786-1787 (1983);福光高雄,井上靖之ほか,1997年電子情報通信学会エレクトロニクスソサイエティ大会,C-3-114
11) 山本二三男,NTT 技術ジャーナル,pp. 123-124 (1998-7)
12) 柳橋光昭,宮沢弘ほか,信学技報,EMC91-34,pp. 7-11 (1991)
13) M. HIkita, Y. Shuto *et al.*, *Appl. Phys. Lett.*, **63** (9), pp. 1161-1163 (1993)
14) 圓佛晃次ほか,1998年電子情報通信学会総合大会,C-13-6,圓佛晃次ほか,1997年電子情報通信学会エレクトロニクスソサイエティ大会,C-3-19
15) 小林潤也,畠山豊,川上直美,池田元昭,八木生剛,2006年電子情報通信学会エレクトロニクスソサイエティ大会,C-3-21
16) 疋田真ほか,1999年電子情報通信学会総合全国大会,C-3-95

第7章　高屈折率光硬化ナノコンポジット材料

上野信彦*

1　開発背景

　近年，世界中のメーカー・大学で高い屈折率を有する樹脂材料の開発が盛んに行われている。その背景としては，通常高屈折率の光学材料として使用されているガラスを，①安価な樹脂で置き換えることが出来ればコスト的に大きなメリットがあること，②複雑形状を作成しやすい，軽い，等の樹脂特有のメリットも付加出来ること，等を挙げることが出来る。主な用途としては，光学レンズ（眼鏡レンズ，カメラレンズ，光ピックアップレンズ等），光学用接着剤，反射防止膜，光取出し膜等が検討されている。

　しかしながら，これまでにガラスを樹脂で置き換えることが出来た例としては，眼鏡レンズや一部の光学部材を除いて，それほど多く無いのが現状である。この原因の一つとしては，典型的な光学ガラスと比較して，樹脂をベースにした高屈折率材料は，屈折率の最高値が低く，アッベ数の範囲が狭い，つまりガラスに比べると狭い光学特性しか持っていない為である。例えば，眼鏡レンズに使用される熱硬化系の樹脂の例で見ると，屈折率的には $n_D = \sim 1.76$（以下屈折率は全て n_D）の高屈折率が達成されているが，アッベ数は 30～35 であり，広い光学設計に対応出来るだけの，アッベ数に幅のある材料があるとは言えない状況にある。この欠点を克服すべく，色々な化学構造を持つ高屈折率樹脂がこれまでに精力的に検討されてきた。一般に樹脂を高屈折率化するには，フッ素以外のハロゲンの導入，芳香族環の導入，硫黄原子の導入等の手法が知られている。しかしながら，有機材料をベースにした高屈折率樹脂には，上記の手法を用いても自ずと屈折率やアッベ数の範囲に限界がある。そこで，より高い屈折率，広いアッベ数を実現させるための方法として，樹脂に比べて高い屈折率，広いアッベ数の選択肢を持った無機材料をナノ粒子化し，樹脂に透明に分散したナノコンポジット材料に注目が集まっている[1～17]。

　有機材料（例えば屈折率1.5）と無機材料（例えば屈折率2.0）のように，屈折率差の大きな材料を混合して白濁させずに透明を実現するためには，材料間の散乱を出来るだけ小さくする必要がある。ナノサイズの粒子による散乱は，Rayleigh散乱の式で計算することが出来る。ナノコン

---

　*　Nobuhiko Ueno　㈱三菱化学科学技術研究センター　機能商品研究所　光硬化樹脂設計技術室長

第7章　高屈折率光硬化ナノコンポジット材料

ポジット材料の散乱の大きさは，ナノ粒子の粒子径に大きく依存するため，出来るだけ小さいナノ粒子を使用することがナノコンポジット材料の透明性を上げる事につながる。しかし，小さくなったとは言え散乱はゼロではないため，特にナノ粒子を高充填量で樹脂中に分散した場合，透明性が低下しヘイズとして現れることに注意が必要である。

2　光硬化樹脂ナノコンポジット材料の意義

　光硬化樹脂を使用するナノコンポジット化のメリットとデメリットを考察する。ベース樹脂が光または熱硬化樹脂の場合，常温で液体であるモノマーを選択してナノ粒子を分散することができる為，固体にナノ粒子を分散させる必要性のある熱可塑性樹脂ベースのナノコンポジットと比較して，ナノ粒子の凝集を防ぎながら分散させることが容易である。熱可塑性樹脂では，通常Tg以上の温度（一般的な光学樹脂で100℃以上）でナノ粒子を練り込むか，熱可塑性樹脂を溶媒に一旦溶解させて，ナノ粒子を加えて分散させた後に，温度をかけて溶媒を揮発させる必要がある。後者のプロセスでは粒子の分散は容易であるが，最終的に溶媒が飛んでいく過程で粘調な溶液となり，溶媒を除くプロセスに難点があると言える。

　一般に光硬化プロセスは，着色が小さく，硬化速度が速い，光学ひずみが小さい，などの優れた特徴も有する。しかしながら一方では，射出成型可能な熱可塑性樹脂に比較すると生産性においては劣り，更に，光の通らない部材や厚みの厚い部材は光硬化では成型しにくいなどの欠点も保有する。㈱三菱化学科学技術研究センター（略号：MCRC）では，特に分散性と生産性のメリットを考慮し，光硬化樹脂をベースとして高屈折率ナノコンポジット材料開発を実施した。以下にその結果を述べる。

3　ナノ粒子の種類と物性

　典型的な高屈折率ナノ粒子としては，金属の酸化物や硫化物，例えば酸化チタン（屈折率2.7（ルチル）），酸化ジルコニウム（屈折率2.2），酸化亜鉛（屈折率2.0），硫化亜鉛（屈折率2.37），などが知られている。但し，これらの屈折率はあくまでもバルク結晶としての屈折率であり，実際のナノ粒子は，結晶欠陥，粒子表面積の増加，等の要因で，前記の屈折率より低めになっている事に注意が必要である。筆者の経験では，ゾル―ゲル法で合成した非常に小さい粒径（5nm＞）のナノ粒子の屈折率は，バルク結晶の屈折率よりも1割ほど低めになることが多い（ナノ粒子の屈折率は樹脂とナノコンポジット化して，計算により算出）。これは主にはナノ粒子の表面積が大きくなり，結晶として寄与しない表面層の影響が大きくなっているためと考えている。このよ

うにナノ粒子の屈折率は，合成条件による欠陥，ナノ粒子の粒子径，粒子径の分布などさまざまな条件で変わるので，ナノ粒子毎に屈折率を慎重に検証することが必要である。

4 MCRCの高屈折率ナノコンポジット材料紹介（開発中）

三菱化学㈱グループは幾つかの高屈折率光硬化樹脂を保有している（例えば，UV1000（硬化後1.64，アッベ数23.0），UV3000（硬化後1.60，アッベ数36.4），いずれも油化電子㈱（三菱化学100％子会社）より販売中）。これらの樹脂をベースに，更に高屈折率化を目指すためにナノコンポジット化を検討した。

まず，高屈折率ナノ粒子として，酸化チタンと酸化ジルコニウムのナノ粒子の合成検討をゾル―ゲル法を用いて行った。結果，酸化チタン（ルチル）のナノ粒子として1～4nm，酸化チタン（アナターゼ）のナノ粒子として2～5nm，酸化ジルコニウムのナノ粒子として4nmのナノ粒子が得られた。酸化チタン（ルチル）のTEM写真を図1に示す。

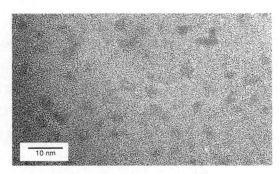

図1　MCRC合成ナノ粒子のTEM写真（酸化チタン（ルチル））

これらのナノ粒子を使用して，ナノコンポジット化を検討した。ナノコンポジット化の合成フローと作製したナノコンポジット材料の外観写真，およびTEM写真を図2，3，4に示す（図3の数字はナノ粒子の重量％）。

作製したナノコンポジット材料の光学特性を図5に示す。酸化チタン，酸化ジルコニウムいずれのナノ粒子を使用した場合も樹脂の屈折率の向上を確認する事が出来た。

MCRCの開発したナノコンポジット材料は，これまで特許などで知られているナノコンポジット材料と比較して，少量のナノ粒子の添加でより大きな屈折率向上が可能である。これは図6に示したように，ナノ粒子の表面処理にMCRC独自の工夫として，屈折率の高い表面処理剤を使用しているためである。また，図7に示すように屈折率とアッベ数の関係をプロットしたと

第 7 章 高屈折率光硬化ナノコンポジット材料

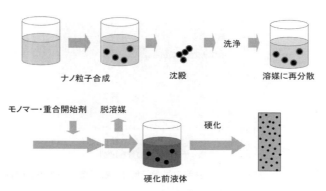

図 2 ナノコンポジット材料の合成フロー

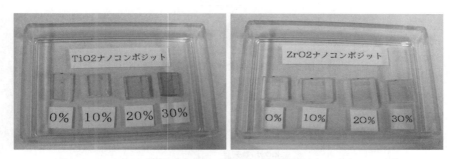

図 3 　TiO_2, ZrO_2 ナノコンポジット材料の外観写真（サンプル 2 mm 厚）

図 4 　TiO_2 ナノコンポジット材料の TEM 画像（約 10wt%TiO_2（アナターゼ））

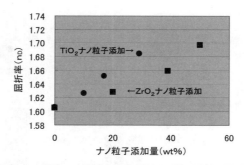

図5　ナノコンポジット材料の光学特性1　粒子量と屈折率の関係

図6　MCRC合成ナノ粒子の模式図

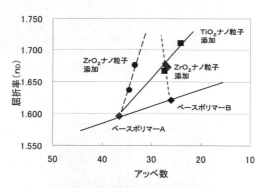

図7　ナノコンポジット材料の光学特性2　屈折率とアッベ数の関係

ころ，ナノ粒子添加に伴って光学特性の移動する方向が，ナノ粒子の種類によって違う結果となった。つまり，ナノコンポジット材料の屈折率とアッベ数を同時に制御するためには，設計段階でナノ粒子の種類を慎重に選ぶ必要性がある。

次にナノコンポジット材料の物理特性の測定を実施した。一例として表1に合成したナノコンポジット材料（ZrO_2 ナノ粒子 42wt％）の物理特性を纏める。

ナノ粒子を含まないベース樹脂と比較して，ナノコンポジット材料は，「ガラス転移点が向上する」，「線膨張係数が小さくなる」などの点で光学材料として，より好ましい特徴を有する。一方，「飽和吸水率が大きくなる」事によって，「吸水による屈折率変化が大きくなる」，「吸水によ

第 7 章　高屈折率光硬化ナノコンポジット材料

表 1　MCRC 合成ナノコンポジット材料の物理特性まとめ

	測定方法・サンプル	ナノコンポジット	ベース樹脂のみ
ガラス転移点 (Tg) (℃)	DMS 0.2 mm 厚	147	127
線膨張係数 (ppm/℃)	TMA (45℃〜100℃ 平均) 0.2 mm 厚	96	126
飽和吸水率 (%)	2 mm 厚	約 1.7	約 0.75
吸水による屈折率変化 (Δn_D)	2 mm 厚	-0.004	± 0.0004
吸水による伸び (%)	2 mm 厚	約 0.65	約 0.2

る伸びが大きくなる」,「吸水の速度が遅くなっている」等の光学材料として好ましくない特徴も出てきている。これは主に，今回使用した高屈折率ナノ粒子(TiO_2, ZrO_2)が，金属酸化物のナノ粒子であり，表面の水酸基などで吸水しやすい性質があるためであると推測している。光学材料としてガラスに替わって現実の環境で使用できる高屈折率ナノコンポジット材料を実現するためには，このナノ粒子表面の吸水しやすい性質を如何に制御するかが，成功の鍵であると言えよう。

5　今後の課題と展望

以上示したように高屈折率ナノコンポジット材料の大きな技術課題は「吸水率が増加する」ことにあるが，他にも，ナノ粒子添加量を増やしていくにつれて，「もろくなる（脆性）」,「耐溶剤性が低下する」,「ヘイズが増加する」，などを挙げることが出来る。今後，これらの欠点を克服していくためには，ナノコンポジット材料の発現する特性を，単純な「ナノ粒子＋樹脂」と捉えて材料設計するのではなく，「ナノ粒子＋ナノ粒子の表面処理＋樹脂」の 3 つの要素で設計を行い，特に，上記の課題に重要な影響のある「ナノ粒子の表面処理」に重点化した開発を目指すべきであると考えている。最後に，研究に携わった MCRC のメンバーにお礼申し上げます。

文　献

1) E. J. Pope, M. Asami, J. D. Mackenzie, *J. Mater. Res.*, **4**, 1018 (1989)
2) G. L. Wikes *et al.*, *Macromolecules*, **24**, 3449 (1991)

3) B. Wang, G. L. Wikes, C. D. Smith, J. E. McGrath, *Polym. Commun.*, **32**, 400 (1991)
4) B. Wang, G. L. Wikes, *J. Polym. Sci. Part A Polym. Chem.*, **29**, 905 (1991)
5) T. K. -Leodidou, W. Caseri, U. W. Suter, *J. Phys. Chem.*, **98**, 8992 (1994)
6) W. Caseri, *Macromol. Rapid Commun.*, **21**, 705 (2000)
7) L.-H. Lee, W.-C. Chen, *Chem. Mater.*, 1137 (2001)
8) B. Yang et al., *J. Mater. Chem.*, **13**, 526 (2003)
9) B. Yang et al., *J. Mater. Chem.*, **13**, 2189 (2003)
10) W. Caseri et al., *Macromol. Mater. Eng.*, **288**, 44 (2003)
11) B. Yang et al., *Macromol. Mater. Eng.*, **288**, 717 (2003)
12) W.-C. Chen, W.-C. Liu, P.-T. Wu, P.-F. Chen, *Materials Chemistry and Physics*, **83**, 71 (2004)
13) H. Mataki, S. Yamaki, T. Fukui, *Jpn. J. Appl. Phys.*, **43** (8B), 5819 (2004)
14) M. Xiong, S. Zhou, L. Wu, B. Wang, L. Yang, *Polymer*, **45**, 8127 (2004)
15) N. Nakayama, T. Hayashi, *Composites: Part A*, **38**, 1996 (2007)
16) S. Lee, H.-J. Shin, S.-M. Yoon, D. K. Yi, J.-Y. Choi, U. Paik, *J. Mater. Chem.*, **18**, 1751 (2008)
17) H.-W. Su, W.-C. Chen, *J. Mater. Chem.*, **18**, 1139 (2008)

第8章　金属酸化物ナノ粒子を用いた
　　　　コーティングと屈折率制御

村井幸雄*

1　はじめに

　近年，透明プラスチック素材の改良，開発および成型技術の向上により，高屈折率プラスチック成型品が数多く製品化されている。特に眼鏡用プラスチックレンズの高屈折率化は顕著であり，現在では屈折率1.49～1.74を超える製品まで幅広く普及している。しかし，プラスチックレンズは傷つき易いという欠点があり，それを補うため，ゾルゲル法によるハードコーティングが一般的に行われている。また，プラスチックレンズとハードコート膜間に起こる光の干渉を防ぐため，ハードコート膜の屈折率をプラスチックレンズの屈折率に合わせる処置が施されており，その屈折率を合わせる調整材料として金属酸化物ナノ粒子が用いられている。
　本稿では，幅広い屈折率製品が普及している眼鏡用プラスチックレンズ用ハードコーティング膜を例に取り，金属酸化物ナノ粒子を用いたハードコーティング材料および屈折率制御を中心とした機能について概説する。

2　金属酸化物ナノ粒子を用いたハードコート

　眼鏡用プラスチックレンズは，1942年に米国PPG社が開発したジエチレングリコールビスアリルカーボネート（CR-39：屈折率1.50）より始まる。このCR-39レンズは，耐候性，耐薬品性，切削研磨性および耐衝撃性に優れ，更には容易に染色できることなどの特徴があり，長年にわたり市場に受け入れられてきた。しかし屈折率の低さから，強度数を必要とする場合，レンズが厚くなる（重くなる）という問題があり，次第にレンズの高屈折率化が要望されるようになった[1]。1980年代前半には屈折率1.60レンズ製品が登場し，1990年から2000年にかけては屈折率1.67～1.74までの高屈折率レンズが相次いで製品化されてきた[2]。
　レンズの高屈折率化に伴い，ハードコート膜やプライマーコート膜の屈折率調整も行われるよ

---

*　Sachio Murai　日揮触媒化成㈱　ファイン総合研究所　A＆I研究所　A＆I名古屋分室
　室長

うになり，その調整材料として金属酸化物ナノ粒子が用いられてきた。

現在主流の眼鏡プラスチックレンズ用ハードコートは，マトリックス＋金属酸化物ナノ粒子のナノコンポジット膜で対応している。マトリックスとしては，熱硬化型のHybridゾルゲルマトリックスまたは多官能アクリル系樹脂が用いられ，熱硬化型とUV硬化型に大別されている。金属酸化物ナノ粒子としては，要求されるハードコート膜の屈折率によってシリカナノ粒子（屈折率1.46前後）〜チタニア系ナノ粒子（屈折率2.0前後）から選択されている。

また，眼鏡プラスチックレンズの表面処理膜（ハードコート，プライマーコート）に要求される機能としては，①光学特性（透明性，着色，屈折率，均質性），②耐擦傷性，硬度，③信頼性（密着性，耐候性，耐光性，耐薬品性など），④耐熱性，⑤耐衝撃性（プライマーコート）などが挙げられ，要求特性に応じ，マトリックス成分，金属酸化物ナノ粒子および硬化触媒等が選択されている。

2.1 熱硬化型ハードコート

熱硬化型ハードコートは，いわゆるゾルゲル法の過程をたどり行われる。出発原料となる金属アルコキシドや金属アルコキシド含有化合物は，材料の種類，コスト，加水分解反応制御，ハードコート膜の耐久性能などの観点から，シリコーン系が用いられ，特に官能性有機基を持ったシランカップリング剤が目的に応じて選択されている。表1にシリコーン系ハードコート材料の一例を示す。

眼鏡プラスチックレンズに用いられている一般的な熱硬化型ハードコート剤は，前記シランカップリング剤の加水分解部分縮合物（ゾル状態）をマトリックス成分とし，有機溶媒，硬化触媒，レベリング剤および金属酸化物ナノ粒子より構成されている。このゾル状物質を含むハードコート剤は，ディップコート法やスピンコート法などによりレンズに塗布され，その後の加熱により，未反応のシラノール基（加水分解物）が縮合反応を起こし，流動性のないゲル状態に変化し[4]，プラスチックレンズ表面を保護するハードコート膜となる。

ここで，ハードコート膜の構成物質の一つである金属酸化物ナノ粒子の機能について説明を加える。眼鏡プラスチックレンズ用ハードコートに金属酸化物ナノ粒子を用いる目的は，①屈折率

表1 シリコーン系ハードコート材料の一例[3]

アルコキシシラン	シランカップリング剤
$Si(OC_2H_5)_4$	$NH_2C_3H_6Si(OC_2H_5)_3$
$CH_3Si(OCH_3)_3$	$NH_2CH_2CH_2NHC_3H_6Si(OCH_3)_3$
$CH_3Si(OC_2H_5)_3$	$CH_2\text{-}CHCH_2OC_3H_6Si(OCH_3)_3$
$C_2H_5Si(OCH_3)_3$	$\diagdown O \diagup$

第8章　金属酸化物ナノ粒子を用いたコーティングと屈折率制御

調整，②ハードコート膜の硬度向上，③ゲル化収縮時のクラック防止，④紫外線吸収，⑤透明性などが挙げられる。

① 屈折率調整材料としての機能

金属酸化物ナノ粒子をシリコーン系ハードコート剤に併用することで，幅広いプラスチックレンズの屈折率に対応することが可能となる。一般的なシランカップリング剤のみでハードコート膜を形成した場合や同じ金属元素を持ったナノ粒子（コロイダルシリカ）をハードコート膜中に導入した場合，その屈折率は 1.47～1.50 程度と低く，眼鏡プラスチックレンズの幅広い屈折率に適応することができない。そこで，より高屈折率を有する金属酸化物ナノ粒子を加え，塗膜屈折率を向上させる手法が取り入れられてきた。金属酸化物ナノ粒子としては，酸化チタン，酸化ジルコニウム，酸化アンチモンなどの単体ナノ粒子[5]や酸化チタン，酸化ジルコニウムおよび二酸化ケイ素を含む複合ナノ粒子[6]などが提案されている。

② 硬度向上成分としての機能

硬質な無機物質がハードコート膜中に分散固着されるため，表面硬度，特に耐擦傷性が向上する。但し，粒子の構成物質，マトリックス成分との配合比率や粒子径，マトリックス成分との固着関係によっても表面硬度は左右されるので，屈折率調整と合わせて設計する必要がある。

③ ゲル化収縮時のクラック防止材料としての機能

前述したように，シリコーン系ハードコート膜の形成は，加熱によるシラノール基の縮合反応が主反応となるため，その収縮が大きいと，熱膨張するプラスチックレンズ基板に追従できず，塗膜にクラックが生じる。金属酸化物ナノ粒子を併用することにより，相対的に塗膜単位体積中のマトリックス比率が下がり，収縮が抑えられることとなる。

④ 紫外線吸収材料としての機能

金属酸化物ナノ粒子の構成物質によるが，酸化チタンナノ粒子や酸化チタンを含む複合ナノ粒子を用いた場合，その紫外線吸収能力により，基板であるプラスチックレンズの紫外線劣化を防ぐことも期待できる。

⑤ 透明性の確保

屈折率調整材料として高屈折率成分をハードコート膜中に導入しても，透明性が失われては光学材料（特に眼鏡用レンズ製品）としての意味がなくなってしまう。その意味でも，金属酸化物ナノ粒子は最適な材料であると言える。但し，その粒子径（数～十数 nm が最適）や分散性に留意は必要である。

2.2　UV硬化型ハードコート

UV硬化型ハードコートは，多官能アクリル系樹脂に光重合開始剤を加えたものをベースと

し，機能性樹脂やシリカ粒子などを加えたものも提案されている。眼鏡用プラスチックレンズに限れば，UV硬化型ハードコートは，短時間硬化や無溶剤化が可能となる反面，密着するプラスチックレンズが限定され，表面硬度も十分でないことから，ポリカーボネートを中心とする一部のレンズへの適用に留まっている。そのため，ハードコート膜の屈折率調整も行われていないのが現状である。

3 ハードコート剤の屈折率制御

ハードコート剤の屈折率制御は，用いる金属酸化物ナノ粒子によって自由に行うことが出来る。その制御方法としては，①マトリックス成分と金属酸化物ナノ粒子の添加比率の調整，②適切な屈折率を持った金属酸化物ナノ粒子の選択使用などが挙げられる。前者は，1種の金属酸化物ナノ粒子にて自由に屈折率を制御できるが，添加比率によっては，表面硬度や密着性が低下することもあるので，設計幅，言い換えれば，屈折率制御幅が狭くなる。後者は，最適な特性となるマトリックス成分と金属酸化物ナノ粒子の添加比率を予め求めておけば，金属酸化物ナノ粒子を変更しても，ある程度の塗膜耐久性は得ることが出来る。但し，屈折率を制御するには，硬化膜が求める屈折率となるような金属酸化物ナノ粒子を選定する必要がある。

4 金属酸化物ナノ粒子の屈折率制御

眼鏡プラスチックレンズ用ハードコート液に用いられている金属酸化物ナノ粒子は，単体金属酸化物ナノ粒子や複合酸化物ナノ粒子など，数多くが提案され，実用化されている。屈折率制御が自由に行えるという観点で，高屈折率を有する酸化チタンを含み，他の金属酸化物を固溶体化させてなる複合酸化物ナノ粒子が多く用いられている。表2にその一例と該ナノ粒子を適量配合

表2 複合金属酸化物ナノ粒子と適応塗膜屈折率

複合酸化物ナノ粒子	TiO_2含有率 %	粒子屈折率	適応塗膜屈折率
TiO_2/SiO_2	92	2.19	1.71～1.74
$TiO_2/SiO_2/ZrO_2$	82	2.05	1.66～1.69
$TiO_2/SiO_2/ZrO_2$	79	2.03	1.66～1.90
$TiO_2/SiO_2/ZrO_2$	66	1.90	1.63～1.66
$TiO_2/SiO_2/ZrO_2$	48	1.77	1.57～1.60
$TiO_2/SiO_2/Fe_2O_5$	82	2.08	1.67～1.70
$TiO_2/SiO_2/ZrO_2/Sb_2O_5$	63	1.97	1.65～1.68

した場合の塗膜屈折率を示す。

5 金属酸化物ナノ粒子を用いたプライマーコート

　プラスチックレンズは，プライマーコートが施されている場合がある。目的としては，プラスチックレンズとハードコート膜間の密着性を強化することにあるが，眼鏡レンズ用としての用いられ方は，耐衝撃性の改善にあり，衝撃を受けたときの応力を吸収，分散させている。このプライマーコート膜に関しても，屈折率調整が必要とされ，前述のハードコート膜と同様な処方にて行われている。但し，ハードコート膜と異なり，マトリックス成分が有機物質であるため，プライマー膜内で金属酸化物ナノ粒子と海島構造をつくりやすく，その結果，光散乱が起こり，塗膜ヘイズとして現れてくる。この傾向は，マトリックス成分と金属酸化物ナノ粒子の屈折率差が大きいほど強くなるため，各成分の屈折率を考慮に入れ，設計する必要がある。

　マトリックス成分としては，ウレタン系[7]，メラミン系[8]，ポリエステル[9]系など，様々な樹脂，処方が提案されているが，衝撃吸収力に富んだウレタン系が最も用いられているようである。

　プライマーコート剤の塗工方法は，ハードコート剤と同様にディップコート法やスピンコート法にて行われている。プライマーコート剤をレンズに塗布後，加熱または風乾により，ある程度まで硬化（または溶剤蒸発）を進め，その後にハードコートを積層させる。プライマーコートの硬化が不十分であると耐衝撃性が低下し，逆に硬化させ過ぎるとハードコート膜との密着性が劣る傾向になる。

6 今後の課題

　今後，プラスチックレンズ素材の更なる改良・開発が進めば，近い将来，屈折率1.80以上の超高屈折率成型品が生産されることも予測される。表面処理膜の屈折率を追従させるには，屈折率調整材料としての金属酸化物ナノ粒子自体の屈折率を向上させることは勿論，該粒子の塗膜への細密充填処方やバインダー成分の屈折率向上など総合的な改善が必要となってくる。また，金属酸化物ナノ粒子に関しては，屈折率の向上だけでなく，それを用いた場合の負となる特性（例えば，酸化チタン系の金属酸化物ナノ粒子を用いた場合の光活性など）の制御方法，対策も講じる必要がある。

　一方，シリカナノ粒子（中空粒子）を用いた低屈折率薄膜を高屈折率ハードコート膜上に約100nmの厚さで積層させ，反射防止機能を付与させる技術も提案，実用化されてきている。こ

の反射防止膜は，前述したハードコート膜と同じゾルゲル法を応用したナノコンポジット膜である。現在の眼鏡プラスチックレンズは，真空蒸着法による無機物質の多層反射防止膜が施されている。しかし，無機物質からなる蒸着膜は，熱衝撃が加わった場合の耐熱クラック（プラスチックレンズと無機蒸着膜との線膨張係数の違いによるもの）[10]やフレームによる締め付けなど外部応力が加わった場合に生じる曲げクラックなどが発生し易い傾向にある。ゾルゲル法を用いた反射防止膜は，無機蒸着膜に比べ，プラスチックレンズの変形に追従できるため，クラックが発生し難いという優れた特徴がある。また，近い将来，このゾルゲル法反射防止膜がディップコート法で精度よく加工できるようになれば，コスト的にも非常に魅力的な商品となる。今後，光学・眼鏡分野において，このようなゾルゲル法による薄膜積層品の機能性および光学特性は勿論のこと，加工技術の進歩にも注目したい。

文　　献

1) 小柳津康史，押切達也，谷川晴康，宇野憲治，機能材料，**18**, No. 7 (1998)
2) 竹下克義,「表面技術」, **57**, No. 6 (2006)
3) 隅田兵治,「最新コーティング技術」, 総合技術センター (1985)
4) 作花済夫,「ゾル―ゲル法の科学」, アグネ承風社 (1990)
5) 特開平 9-5679
6) 特開平 8-48940
7) 特開平 5-25299
8) 特開平 6-186402
9) 特開 2000-144048
10) 竹下克義,「表面技術」, **57**, No. 6 (2006)

〈用途展開・製品〉

第9章 光ディスク材料(ポリマーカバー)の光学特性

後藤顕也*

1 はじめに

　レーザー光をサブミクロンサイズの微小スポットに細く絞る際に，使用できる対物レンズの最大開口数は，ポリマー製品で成る光ディスク基板の情報記録面と半導体レーザー光の入出力面との間のポリマーカバー厚(CDなら1.2mm，DVDやHD DVDなら0.6mm，BDなら0.1mm)ならびにその厚さ誤差精度によって決まる。本稿では，2008年初めまで市販されていたHD DVDディスクとその後に勝ち残ったBD(Blu-ray Disc)ディスクにおけるカバー厚さとその成形誤差値に関わる光学的な意味づけを行なうことにより光ディスク材料の光学特性を述べてみたい。BDディスクの成形方式についても簡単に述べる。

　次節で詳述するように光学系を扱う際に，レーザー光の空間波面劣化をrms波面収差で表わすのが普通である。光ディスクヘッドの光学系に関しての一番大事なことは，半導体レーザーから射出されたレーザー光がディスク内部の情報記録面層に到達するまでに経由する各種光学部品から多かれ少なかれ空間波面の歪を受けることである。この間に受けるrms全波面収差をMaréchal Criterion(マレシャル基準＝0.0712λ)以内に収める必要があることがポイントである。このことから，光ピックアップに使用する対物レンズの開口数が決まれば，必然的にポリマーカバーの厚さが定まることになる。ディスク量産時にそのポリマーカバーの厚さ制限誤差以内で，かつ高歩留りで成形する方式が大きな生産技術ポイントとなる。

2 マレシャル基準やストレールの定義について

　光ディスクによる情報記録は光空間波面応用装置である。すなわち，レーザービームを波長限界にまで細く収束して情報を記録・再生するので，収束のために使用するレンズ等の光学部品面精度を波長の数十分の一にまで良くしなければならない(波面収差量を極力少なくしなければならない)。したがって，光ディスク基板そのものや収束のための対物レンズ，さらに光ピック

---

* Kenya Goto　東海大学　開発工学部　教授；㈱科学技術振興機構　ERATO-SORST
　小池フォトニクスポリマープロジェクト　研究顧問

アップのレーザー光源から光ディスクの情報記録面までの全ての光学系部品の面精度,ならびに光部品組立の際の傾き許容度などにおいて,許容波面収差値が問題となる。波面収差に関して,よく使われる①PSF:点像強度分布,②SD:ストレールの定義,③MC:マレシャル規準(Maréchal Criterion)について,ここで簡単に述べる。

2.1 点像強度分布 (point spread function:PSF)

一つの物点から出た球面波が,光学系を通過して像面上に出来る点像の広がり分布を与えてくれる関数である。無収差の光学系であれば,光学系の瞳径で決まる回折像が得られる。この無収差回折像をエアリーディスク(Airy disk, diffraction limited PSF)という。収差を含む光学系では,点像の中心強度は低下し,さらに,半径方向に裾野を広げた強度分布となる。光波がどのように収束しているかの具合を最も視覚的にかつ直感的に表現できるのが点像強度分布関数(PSF)である。中心最大強度の半分の広がり(すなわち,半値幅)を指標に取ることもある。幾何光学的には,光線追跡法により1本1本の光線による像面での点群を求めて,スポットダイアグラムとし(これらの点群の密度分布が幾何光学的強度分布に対応する),近似的に点像強度分布を求めることができる。

2.2 ストレールデフィニション (Strehl Definition, Strehl Ratio)[1,2]

K. Strehl(1902年)は,収差を有する光学系の回折像が最大強度を示す点の強度 I を,その光学系が無収差であると仮定したときの近軸像点上の強度 I_0 に対する比 ($= I/I_0$) を定義し ($S = \frac{I(0, 0)_{aber}}{I(0, 0)} I(\xi, \eta)$ ここで $I(\xi, \eta)$ は強度ポイントのスプレッドファンクションであり,(ξ, η) は画面の座標である),これを Strehl Definition すなわち SD と称した(または Strehl Ratio という)。そして無収差に近いレンズ系の結像性能を測る目安とした。この値は $1 \sim 0$ を取るが,0.8以上であればほぼ無収差と考えることができる。

2.3 マレシャルの規準 (Maréchal Criterion)

SDとよく似た表現形式であるが,Rayleighの考え方を引き継いで,A. Maréchal(1947年)によって導かれた。この波面収差の標準偏差を求めることにより,Maréchal 規準の値も Strehl 規準の値も約 $\lambda/14$ となる。光ディスク関連ではこの量($\lambda/14$)を波面収差の許容量として用いている。

PSFに関する評価指標はあるものの,半値幅というものは画像の分解能に関係し,値が小さければ細かなものまで解像できる。しかし中心強度が低下(Strehl Ratio が小さくなる)すると,像のコントラストが低下することになる。収差量が小さくなると,無収差の場合と比較して中心

第9章 光ディスク材料(ポリマーカバー)の光学特性

強度は低下するが，回折像の中央部の広がり(半値幅)はあまり変化しない(久保田：波動光学,1971年)。Maréchal Criterion は基本的には解像度が問題になる光学系に対する評価基準であるということができる。

3　半導体レーザービームを対物レンズで極限まで絞り込む

平成20年2月までは次世代DVDとして，HD DVDやBDなどの大容量光ディスクが競争していた。結果的にHD DVDが撤退した[3]が，本稿では両者の技術の違いを明確にすることによって光ディスク基板に起因するその光学的性質や特徴を述べてみよう。

半導体レーザーから見て光ディスク基板に記録された情報ビットの記録面は光ディスクの一番奥側に位置している。レーザー波長をλ，対物レンズの開口数をNAとおけば，光ビームスポットサイズ，つまり光のビームウエストサイズ(ω_0)は$\omega_0 = \lambda \kappa / NA$で表される。レンズの開口数(NA)はNA $= n \cdot \sin\theta$で表される。nはポリカーボネート等のポリマー材でできている光ディスク基板材料の屈折率であり，κは入射レーザービームの断面強度分布に関する係数である。半導体レーザービームそのものの光量断面分布はガウス分布，つまり正規分布である。レーザービーム全体をそのまま全て使用する光学系なら，その光学系への入射ビームがガウス分布となり，$\kappa = 1.34$となる。レーザービームの先端のみを使用する場合，すなわちレーザーから充分遠く離れた場所で狭い面積ではビーム断面光量分布は一様になるので，このとき$\kappa = 0.96$という値をとる。

光ディスクの記録容量を増やすにはビームウエストサイズω_0を小さくすればよい。したがって，上記の式から，短波長レーザーを使用することと，対物レンズの開口数NAを大にすれば良い。現在容易に入手できる短波長レーザーで，かつ，ポリマー材料の吸収が少ない波長の半導体レーザーは405nmのGaN紫青色LDであり，今のところこの405nm波長が最短である。したがって，レーザービームを微小スポットに収束する場合に残る選択の余地は，対物レンズの開口数のNA大きさだけである。よってNAの大きさはレンズの波面収差と密接に関係する光ディスク基板のカバー厚ならびにその厚さ誤差精度の問題と言い換えることができる。

4　許容波面収差はレンズ開口数とポリマーカバー厚とその厚さ誤差精度で決まる

対物レンズと光ディスク情報記録面との間のプラスチック基板厚(ポリマーカバー厚さ：基板厚さ全体ではなく，既述したレーザービーム入射面と情報ビット記録面との間の厚さであり，以

後，ポリマーカバー厚と称する）を決めれば，Maréchal Criterion（前述した $\lambda/14$ 以下という基準値）の条件からレンズの使用可能な開口数の大きさが一意的に決まってしまう．

図1はポリマーカバー厚dとレンズのNAとをパラメータとするカバー厚誤差によって発生するrms波面収差の値を示しており，図2は使用するレンズのNAが定まれば必然的にカバー厚の許容誤差精度（μm単位）が決まることを示している．

CDでは，1980年に制定された規格によってポリマーカバー厚は1.2mm ± 100μmであることが決まっている．この場合には光ディスクポリマーカバーの波面収差は0.05λとなる．このためにMaréchal Criterion（前述$\lambda/14$以下という規準）の条件から使用できる対物レンズの開口数をNA = 0.45以上には大きくできない．一方，1996年に発売されたDVDではカバーポリマー

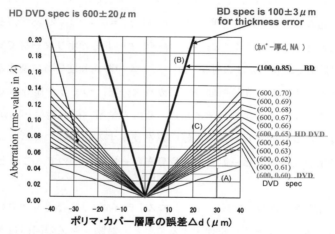

図1 （A）はCD，（B）はBD，（C）はDVDやHD DVDのカバー厚とNA
ポリマカバー厚誤差が波面収差増になる．

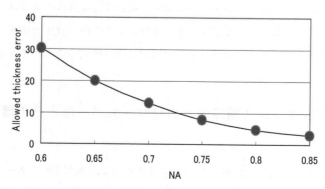

図2 対物レンズの開口数（NA）とポリマーカバー許容誤差厚（μm）の関係

第9章　光ディスク材料（ポリマーカバー）の光学特性

厚が 0.6mm ± 10μm という規格であるので，光ディスクポリマーカバーの波面収差は 0.03λ となる。そのために，Maréchal Criterion の条件から対物レンズの NA が 0.6 に増大させることができる。

　基板厚 0.6mm の場合には射出成形技術の進歩からみるともう少し基板厚誤差に余裕がある（20μm よりも誤差が少なく生産できる）ので，NA を 0.65 にまで高めることができる。HD DVD ではこの NA（= 0.65）を採用していた。ところが，図1で明らかなように NA を 0.85 にまで高めるには基板厚を薄くし，その厚さ精度もさらに厳しく管理しなければ球面収差が急速に増大してしまうので，光ディスク波面収差を 0.03λ に抑え，対物レンズの収差を 0.05λ に抑えることで解決を図ったことが図1と図2から明白である。その波面収差の計算実例を次項に示す。

5　光ディスクピックアップヘッドに適用する Maréchal Criterion[1〜8]

　光ディスクの情報記録面へ半導体レーザー光が絞り込まれる点（ビームウエスト点）までに，レーザービームが経由する光学部品は，半導体レーザーの出力窓，レーザービームを三個に分けるための回折格子，球面波を平面波に変換するコリメータレンズ，ディスクへの入射ビームとディスクからの反射ビームとを分けるビームスプリッタ，直線偏光を円偏光に変換したり，直線偏光面を 90 度回転させるための 1/4 波長板や 1/2 波長板，光ビームを微小スポットに絞るための対物レンズなど各種光学部品を経由する。これらはピックアップ光学系全体の波面収差劣化の原因となる。それらの光学部品に加えて，前述ポリマカバーとその厚さ変動，対物レンズの設置傾き（コマ収差発生の原因）なども波面収差劣化の原因となることを忘れてはならない。

　レーザー光が，これらの光学部品等を通るごとにレーザービームの空間コヒーレンスが劣化する。さらに，対物レンズを二軸（焦点調整方向すなわち光軸方向，ならびに同心円状のトラックの制御方向，すなわちラジアル方向）アクチュエータへ取り付ける際に生じるレンズの傾き誤差から生じるコマ収差も計算に入れなければならない。これらの各劣化の度合いを rms 波面収差で表現する。

　波面劣化の原因の全てをある波面収差以下に抑え込むための基準として，前述した Maréchal Criterion が使われる。これは，使用レーザー波長を λ とすれば，各部品の波面収差劣化度合いの根自乗平均すなわち rms（root mean square）波面収差を $1/14\lambda$（$\cong 0.072\lambda$）以下に収められなければ，前述の理論的なビームウエスト（$\kappa \cdot \lambda/NA$）サイズまでは絞れないという判定基準である。

　最近の光ディスクピックアップは複雑になっているが，理解するために簡単な例の CD 光ピックアップヘッドを図3に取り上げる。半導体レーザー光が Laser Diode（LD）から射出され

光学材料の屈折率制御技術の最前線

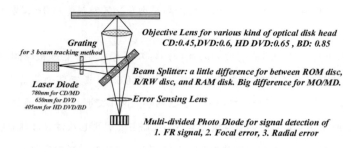

図3　単純化された光ピックアップヘッド構成の一例

Grating（GR），Beam Splitter（BS），対物レンズ（OL），そして光ディスクのポリマーカバー（CO）を経由して光ディスクの情報記録面に到達するまでの各光部品（光ディスクカバーも含む）を通過する際のレーザー光の空間コヒーレンス劣化度をrms波面収差で表現する。そして，その全てのrms波面収差をMaréchal Criterion（$\lambda/14 = 0.072\lambda$以内）に抑えなければならない[9,10]。

半導体レーザーの出力窓やビームスプリッタなどの，いわゆる平面光学部品はあまり問題にされない。なぜならば，平面光学部品の波面収差は平面研磨だけで容易に$\lambda/40$以内に収めることができるからである。したがって，ここで論じなければならないのは対物レンズやコリメータレンズ（図3では省略してあるが，HD DVDやBDには必ず使用される）などの球面光学部品を$\lambda/30$以内に収める方策である。一般にこのことは非常に困難であるし，対物レンズとの組み合わせによって，光ディスクポリマーカバーの厚さ誤差（変動）が大きな球面収差発生に繋がるからである。

5.1　CD用ピックアップ[1〜8]

CDの場合のLDからCOまでの典型的な各光学部品の波面収差はLDも，GRも，BSも0.015λとか精々$\lambda/50$程度の波面収差にまで加工することができる。しかし，CDディスクの許容CO厚変動は$1.2mm \mp 100\mu m$であり，これに相当するrms波面収差は0.05λ（$= \lambda/20$）である（図1の欄外Aのカバー厚誤差$100\mu m$のときに0.05λということがわかる）。さらに，対物レンズを二軸アクチュエータへ設置する際の光軸の傾き角度がコマ収差発生の原因となるので，ピックアップ生産の歩留まりを上げるには許容角度に対応する（ASS）rms波面収差を各メーカー独自の値で規定している。

Maréchal Criterionである$\lambda/14$以内に各項目全てのrms波面収差を設定するには，以上に述

第9章 光ディスク材料（ポリマーカバー）の光学特性

べたような項目ごとの波面収差の二乗の和の平方根を求めた値が$\lambda/14$以内に入るように対物レンズやカバー厚さを設定すれば良い。波面収差の二乗の和であるので，$\lambda/50$程度に加工できている平面光学部品はほとんど無視できる。残るのは対物レンズOLとポリマーカバーCOの波面収差ならびにメーカー独自に設定しているOL設置に伴う劣化（ASS）である。また，残り全部の波面収差も$\lambda/40$とし，ASSを$\lambda/40$とすると，OLを$\lambda/30$, COは前述のように$\lambda/20$であるからこの四項の二乗の和の平方根は

$$\sqrt{(\lambda/30)^2+(\lambda/40)^2+(\lambda/40)^2+(\lambda/20)^2}=0.073\lambda \tag{1}$$

となる。すなわち0.073λである。ここでは残り全部の波面収差やメーカー独自の対物レンズ設置に伴う劣化をそれぞれ$\lambda/40$と簡単にしているので，目標のMaréchal Criterionすなわち0.072λよりも少し大きくなってしまったが，対物レンズやディスクカバー厚以外の項目をわずかに良くしただけで成り立つことがわかる。むしろ，一般には，OLの波面収差を$\lambda/30$とせずに，$\lambda/33$（0.03λ）に設定するのが普通である。

5.2 DVD用ピックアップ[11]

図1において，DVDの基板（ポリマーカバー）厚が$600\mu m$で，NAが0.6のときの許容波面収差を調べると，ポリマーカバー厚誤差が$30\mu m$のときで0.03λであることがわかる。したがって(1)式のCO = $\lambda/20$の替わりに$\lambda/33$を代入すると

$$\sqrt{(\lambda/\chi)^2+(\lambda/40)^2+(\lambda/40)^2+(\lambda/33)^2}=0.072\lambda \tag{2}$$

から対物レンズの波面収差（λ/χ）が求まる。(1)式と比較すれば，この値は0.05λ（$\lambda/20$）になることが容易にわかる。すなわち，CDの場合にNA = 0.45が波面収差$\lambda/33$を与える最大の開口数であったのが，DVDでは$\lambda/20$を与える最大の開口数が0.6であることを意味する。図2において，許容厚さ誤差が$30\mu m$を与える開口数が0.6であることに相当する。

5.3 HD DVD用ピックアップ

HD DVDピックアップはDVDピックアップ[8, 11]とほとんど同じで，光源の波長が異なる程度である。最近の射出成形技術によれば，厚さ0.4mm以上なら直径120mmのディスク基板を射出成形にて量産が可能である。0.6mmの板厚の場合には厚さ誤差が$20\mu m$まで可能であるといわれている。そこで図2から厚さ誤差$20\mu m$を与える最大の開口数を求めるとNA = 0.65が得られる。HD DVDの対物レンズ開口数はこのようにして決められた。

光学材料の屈折率制御技術の最前線

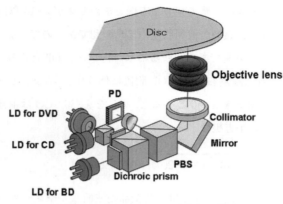

図4　BD用ピックアップ構成例[12]

5.4　BD用ピックアップ

　一例としてコニカミノルタが発表しているBDとDVD(CDも)兼用ピックアップヘッド[12]の構成を図4に示す。

　この図のなかで，必要な構成部品はBD用LDからDiscまでの光ビーム中にある波面を劣化させる原因となる光学部品等による波面収差であるので，式(1)や式(2)に見習って，平面光学素子(すなわちLD，GR，ダイクロイックミラー(Dichroic素子)，PBS，Mirrorなど)による波面劣化を精々λ/40程度に抑えることができるから，残りは(2)式と同様に，ディスクカバー厚(CO)，対物レンズ(OL)，コリメータレンズ(CL)，ならびにアクチュエータ設置に伴う劣化(ASS)のみを論ずればよい。図1からポリマーカバー厚100μmで対物レンズの開口数NA = 0.85のときは，ポリマーカバーによる波面収差をHD DVDと同じく0.03λ(= λ/33)とすれば，必然的にカバー厚誤差は3μmと厳しくなる。そして，

$$\sqrt{(\lambda/y)^2 + (\lambda/40)^2 + (\lambda/40)^2 + (\lambda/33)^2} = 0.072\lambda \quad (3)$$

を解いて対物レンズによる許容波面収差も求まる。(2)式との対比によって開口数0.85の対物レンズもy = 0.05λ(= λ/20)の許容波面収差以下に製作しなければならないことがわかる[1,4～8]。

6　ビーム傾きによるコマ収差劣化

　対物レンズから光ディスクポリマーカバー(HD DVDでは0.6mm±10μm，BDでは0.1mm±3μm)に入射するビームが傾けば，それによってコマ収差が発生し，その劣化度が対物レンズの開口数の四乗(NA^4)に比例するという問題が起こる(表1)。

第9章 光ディスク材料(ポリマーカバー)の光学特性

表1 光ディスクポリマーカバー・光学系と収差の関係

	光ディスクの要因	光学系の要因
球面収差：	ポリマーカバー厚み誤差(多層では必然)	光学部品精度
		レンズ配置精度
		(特に光軸方向)
コマ収差：	ディスクの傾斜	レンズの傾斜配置精度
		光軸外光源(像高 ≠ 0)
非点収差：	ディスクの傾斜	レンズ配置精度
		光軸外光源(像高 ≠ 0)
		半導体レーザーの非点隔差
許容値：	Maréchal 基準 (0.072 λ rms)	

7 光ディスク生産方式

これらの各難点を克服して，HD DVDでは一層17GB(RAMディスクでは20MB，三層で射出成形量産されると片面51GB，2面ディスクを構成できれば両面で102GB) BDでは一層だけで25GB，二層で50GBが可能(両面が可能ならば100GB)である。本稿では光ディスク仕様ならびに光ヘッドにおける許容波面収差値設計基準を明らかにすることが目的であるが，両生産方式について述べてみたい。図5はBD方式光ディスク製造模式図である[13]。図6に三層光ディスク模式図を示す。前述したように，ポリマーカバー厚さ制御は必須である。

図7の射出成形方式[14]はすでに市販されて久しい二層DVD-ROMディスクによって確立されており，生産タクトタイムは数秒である。一方，最初は困難視されていたBD量産技術が

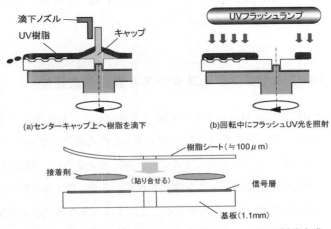

図5 BD方式100μm厚光ディスクポリマーカバーの製造方式

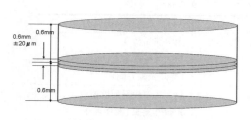
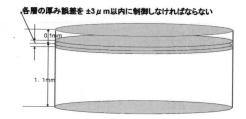

(a) HD DVD 三層構造光ディスク　　(b) BD 三層構造光ディスク

図6　三層構造光ディスク情報記録面とポリマーカバー厚制御の説明図

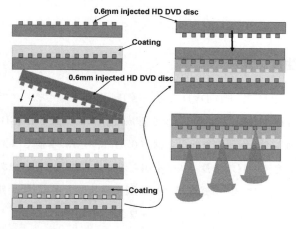

図7　二層 DVD や三層 HD DVD の射出成形による光ディスク製造方式

TDK やパナソニックによって図5の(a)→(b)に示す工程の特殊スピンコート技術が開発された[13]。また，図下部に示すような100μm厚ポリマーシートを紫外線硬化樹脂で接着する方法もソニーにて開発されている。

8　光ディスクのワーキングディスタンスと表面付着塵埃

図8に DVD，HD DVD，BD 用の対物レンズ構成と対物レンズから光ディスク表面までの間隔（これをワーキングディスタンス WD と呼んでいる）を模式図化して示す。BD 方式では NA が0.85と非常に大きい対物レンズを必要とするので，図示するように一般には2枚構成となる。もちろん，これを一体化した非球面レンズも試作されているが，BD の多層ディスクの際に生じるディスク表面から目的の層までの距離が異なることによる大きな球面収差発生の問題を解決するためには対物レンズが2枚構造の方が好都合である[15]。なぜならば，二枚のレンズ間隔を若

第9章　光ディスク材料（ポリマーカバー）の光学特性

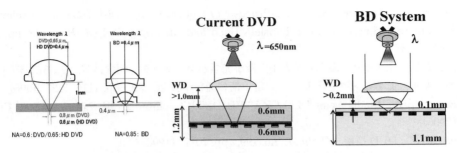

図8　対物レンズ構成と光ディスクにおけるワーキングディスタンスWD

干調整することによりこの球面収差を補正できるからである。シチズン社の液晶による収差補正素子[16]併用ならば1枚構成非球面レンズでも問題ない。

9　おわりに

最後に述べた球面収差を補正するためのレンズ間隔微調整機構は，ディスク厚さ（ポリマーカバー厚さ誤差）に厳しいBDの球面収差補正にとってきわめて優れた方式である。

光ディスク表面に付着する塵埃の問題ではTDKの発明といわれる特殊防塵コート（2008年光協会桜井健二郎賞）が施されても，ポリマーカバーの厚さが薄い方のBD方式には苦労がまだ少し残るようである。

ユーザーにとっては3層であろうが2層であろうがピックアップ自身が層を自動的に選ぶのであり，プレーヤのユーザーが知らないうちに自動的に次の層に移って再生・演奏される。このことは映画が収録されている通常のDVDにてほとんどの読者が体験済みであろう。

文　献

1) M. Born, E. Wolf, Principle of Optics, Pergamon Press (1959)
2) 久保田広，波動光学，岩波書店 (1971)
3) 後藤顕也，さろん：HD DVD 撤退に思う，*O plus E*，**30**，No. 4，pp. 428-430 (2008)
4) K. Goto, K. Mori, K. Hatakoshi and S. Takahashi, *Jpn. J. Appl. Phys.*, **26**, pp. 135-140 (1989)
5) 後藤顕也，オプトエレクトロニクス入門（改訂2版），オーム社 (1991)
6) 後藤顕也，半導体レーザーと光ディスクヘッド，レーザー研究，**19**，pp. 797-811 (1991)

7) Kenya Goto, Toshihisa Sato et.al., Proposal of Optical Floppy Disk Head and Preliminary Spacing Experiment between Lensless Head and Disk, *Jpn. J. Appl. Phys.* **32**, pp. 5459–5460 (1993)
8) 後藤顕也,光メモリと微小光学素子,微小光学バンドブック,朝倉書店,pp. 619–650 (1995)
9) 後藤顕也,光ディスクストレージ,電子情報通信学会誌,**79**,pp. 1116–1127 (1996)
10) EncyclopedicHandbook of INTEGRATED OPTICS, edited by K. Iga, Taylor & Francis (2006)
11) 山田尚志,DVD技術,*O plus E*,no. 199,pp. 70–79 (1996)
12) 大利祐一郎,波長互換対物レンズ,*Optoronics*,No. 306,pp. 121–124 (2007)
13) 大野鋭二,BD-ROMメディアの低コスト複製技術,*O plus E*,**29**,No. 11,pp. 1136–1142 (2007)
14) 大寺泰章,3層HD DVD ROMディスク技術,*O plus E*,**29**,No. 10,pp. 1030–1033 (2007)
15) F. Meda, K. Osato, I. Ichimura, High density optical disk system using new two-element lens and thin substrate disk, Tech.Digest of ISOM/ODS'96, Hawaii, USA, pp. 342–344 (1996)
16) 橋本信幸,液晶光学素子と光ピックアップへの応用,*O plus E*,**29**,No. 11,pp. 1125–1129 (2007)

第10章　精密光学用プラスチックレンズ

谷口　孝*

1　はじめに

レンズが使用される目的には，①視力矯正などを目的とする医療用途や人の眼を保護するための安全用途など人間が直接使用する装着用タイプと，②カメラ用途や照明用途などに用いられる産業用タイプの2つに大別される。

以下の図1にもう少し詳しい用途別分類を記す。

上記各種用途においてレンズ性能を決定する重要な要因としては，①素材（表面加工，複合化などを含む），②成形方法，③形状などが挙げられるが，本章では素材を中心に述べる。

いずれのレンズも，開発初期は無機ガラスが用いられた（直接，人の眼に触れるコンタクトレ

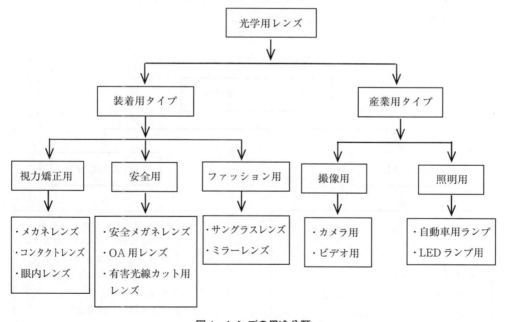

図1　レンズの用途分類

* Takashi Taniguchi　東レ㈱　研究本部　顧問

ンズですら，最初は無機ガラスが用いられたとのこと）。

　無機ガラスが適用された理由としては，①光に対する安定性に優れる，②硬度が高く，傷がつきにくい，③金属イオン添加などによって屈折率，アッベ数などの光学特性を容易に制御できる，④研磨速度が速く，加工が比較的容易，⑤耐熱性が高く，真空蒸着などによる表面加工が容易，などが挙げられる。

　反面，欠点としては，①耐衝撃性が低くて割れやすい，②比重が高くて重い，③融点が高く，射出成型加工が困難，などが挙げられる[1]。かかる欠点をカバーするために素材のプラスチック化が進められてきた。光学用レンズのプラスチック化においては，実用特性面で用途に適合する材料の選択，新規素材開発あるいは複合化技術による改良が行われてきた。

2　光学用プラスチック

2.1　透明プラスチック材料

　光学分野に用いられるということから，プラスチックとしては必然的に透明性が要求される。これまでに用いられてきた主な透明プラスチック材料を以下の図2に記す。

　また，表1にいくつかのポリマー材料物性を無機ガラスと比較して記した[2,3]。とくにプラスチックは，比重が小さい（軽い）ことがわかる。

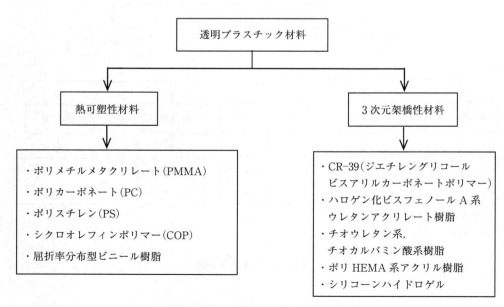

図2　主要なレンズ用透明プラスチック材料

第10章 精密光学用プラスチックレンズ

表1 主要なポリマー材料と無機ガラスの物性比較

材　料	透過率(%)	屈折率	アッベ数	比　重
クラウンガラス	92	1.52	59	2.56
PMMA	92	1.49	58	1.19
PC	87〜89	1.59	30	1.20
CR-39	92	1.50	58	1.32
COP	92	1.53	56	1.01

2.2 精密光学用プラスチックレンズ材料

光学用レンズのプラスチック化を実現するには多くの特性を満足させる必要がある。とくに重要な特性に着目して，各用途に適した材料，複合化，加工に関する技術の概要を以下に記す。

2.2.1 耐光性

サングラス用や自動車用など長期間にわたって光線に曝される用途においては特に光に対する安定性が重要である。耐光性改良手段としては，2つの方策がある。ひとつは耐光性に優れた材料そのものの使用である。この代表的な材料としては，PMMAやCOPが挙げられる。もうひとつは材料の複合化や加工による改良がある。例えばPCは耐光性が比較的劣る材料として知られているが，紫外線吸収剤の練り込み加工[4]，表層部分への紫外線吸収剤含浸加工[5]，さらには紫外線カットポリマーの表面コーティングなど[6]によって飛躍的に耐光性を向上させる技術が開発されている。

2.2.2 耐摩耗性

レンズ用途で無機ガラスのプラスチック化を妨げた最大のポイントは傷がつきやすいことであった。この欠点を改良する材料としてCR-39(3次元架橋樹脂)が開発された。しかし，メガネレンズのような頻繁に摩耗される用途では，いまだ不十分であった。そこで開発された加工技術がハードコートである。

ハードコート用材料としては，シリコーン系，メラミン系，多官能アクリル系，ウレタン系など多くの材料が提案されてきたが，レンズ用途としては，均一硬化，高硬度化が可能な熱硬化性シリコーン系材料が使用されてきた[7〜11]。ちなみに，ハードコートを施していないCR-39はスチールウールによる摩耗テストで容易に傷つくが，ハードコートを施すことによってスチールウール摩耗にも耐え得る耐擦傷性を有することが知られている[12]。

2.2.3 光学特性

レンズにとってもっとも重要な物性に屈折率とアッベ数がある。アッベ数とは下記式で表わされる屈折率の波長依存性を示す値であり，アッベ数が大きい方が波長依存性が小さく，小さい方が波長依存性が大きいことを表わす(最近はν_eで表わされることもある)。このアッベ数は実用

性との関係では，例えば光学レンズとして用いた時には，色収差として現れてくる。

$$\nu_d = \frac{n_D - 1}{n_F - n_C}$$

ここで，n_D，n_F，n_C は，それぞれフラウンホーファーの D 線（波長：589.2nm），F 線（波長486.1nm），C 線（656.3nm）の光に対する屈折率

メガネレンズなどのように一枚で使用される場合は，アッベ数の大きい材料が好ましい。また，カメラレンズなど複数枚で使用される場合は，アッベ数が異なる材料を組み合わせて色収差を無くすように設計して用いられる。

(1) 屈折率

メガネレンズ，カメラレンズなど光線の屈折が用いられる用途では，当然屈折率の高い材料が好ましい。材料の屈折率と分子構造の関係を示す式としては，Lorentz-Lorenz の式[13]が有名であるが，実際の材料設計において高屈折率化を達成する材料の構造としては，①芳香環などのπ電子含有化合物[14]，②フッ素以外のハロゲン原子の導入[15]，③金属原子の導入，④硫黄やリン原子の導入[16,17]などが検討されている。中でも芳香環，ハロゲン原子や硫黄原子を導入したポリマーが実用化されており，最近では硫黄原子を導入したポリマーで屈折率が 1.76 の材料（東海光学㈱：ベルーナグレイス ZX）[18]も開発されている。とくにメガネレンズ用に開発上市された主な高屈折率材料の物性を表 2 に示した。

また，さらなる高屈折率化を達成する目的で，まだまだ研究レベルではあるが，ゾル―ゲル法で調製した酸化チタン，酸化ジルコニウムなどの高屈折率無機酸化物微粒子をプラスチックと複合化させることも試みられている[21]。

一方，光学用途で重要な反射防止特性においては後述する低屈折率材料も重要である。

(2) アッベ数

一般的に屈折率とアッベ数は負の相関があることが知られている。比較的アッベ数の大きい材料系としては，ハロゲン原子や硫黄原子を導入した材料があり，とくに硫黄原子を導入したチオ

表2 メガネレンズ用高屈折率ポリマー

No.	屈折率	アッベ数	比重	その他
1	1.74	31	1.47	HOYA㈱ビジョンケアカンパニー：NULUX EP 1.74[19]
2	1.67	32	1.36	セイコーオプティカルプロダクツ㈱：P-1 ウィング 1.67[20]
3	1.60	42	1.30	セイコーオプティカルプロダクツ㈱：P-1 ウィング 1.60[20]
4	1.56	40	1.17	セイコーオプティカルプロダクツ㈱：P-1 ウィング 1.56[20]
BL	1.50	58	1.32	CR-39

第 10 章　精密光学用プラスチックレンズ

ウレタン系，チオカルバミン酸系やチオアクリレート系が開発の中心となっている。ただ，光学特性とは直接関係ないが，硫黄原子含有ポリマー系は切削研磨時に硫黄由来の異臭がする課題を抱えており，実用化においては異臭除去対策も必要となる。

(3)　その他

これまで光の屈折，色収差を決める要因である屈折率，アッベ数などの光学特性について材料面からのアプローチを述べてきたが，もうひとつの方法としてレンズ形状によるアプローチ法がある。

すなわち，レンズ形状には光線をあらゆる方向から集められる球面レンズと，レンズの表面形状が放物面や双曲面を有する非球面レンズがあり，加工の容易さや色収差に対する要求レベルに応じてその形状は決定される。

2.2.4　成型性

無機ガラスは研磨速度が速く，比較的易加工性である。しかし，プラスチックの射出成型に比べればその成型速度は劣ると言わざるを得ない。すなわち，前述の各種特性を有し，かつ射出成型可能な熱可塑性樹脂があれば，コスト的に圧倒的に有利となる。とくに近年，同一形状を有し，大量生産が前提となるカメラレンズなどでは透明性に優れる PMMA や低吸湿性の COP が，またメガネレンズなどでは耐衝撃性，耐熱性に優れる PC が射出成型用樹脂として用いられている。

2.2.5　表面加工

「光学用」という言葉からも明らかなとおり，光をいかに有効に，ロスなく使うかが非常に重要である。例えば，カメラレンズなどでは通常，複数枚のレンズが使用される。その際，レンズ表面で光は少なからず反射によるロスが発生する。未加工レンズは，通常片面で約5％，両面では約10％の反射がある。例えば，光がこのレンズ5枚を透過したと仮定すると光線透過量は $0.9^5 \times 100(\%) ≒ 60(\%)$ となる。すなわち，透過光は非常に少ない光量となる。また，メガネレンズの場合には，光の反射によってゴースト，フレアなどと呼ばれる反射像が生じ，着用者にとってわずらわしく，かつ外観上の問題もある。この課題解決に対してはレンズ表面に薄膜をコートし，光の干渉効果による反射防止膜を設ける加工が試みられている。反射防止膜作製方法としては，真空蒸着などの PVD（Physical Vapor Deposition）法や屈折率の異なる塗膜をスピンコート法やディッピング法などで設ける溶液コーティング法がある[22]。このような反射防止膜を設けることで，レンズ片面反射率を約0.5％以下とすることができ，その結果，レンズ5枚の光線透過率を 90％以上まで高めることが可能となる。

なお，光の干渉効果を利用する反射防止膜としては，高屈折率材料と低屈折率材料を多層膜化して用いられる。その際には，それぞれの材料を光学波長レベルの膜厚で，均一に設けられる必

要があり，コーティング加工技術も重要となる。ここで低屈折率材料としては，PVD法では，SiO_2やMgF_2などが主に用いられるが，溶液コーティング法では，メチル化ポリシロキサン，フッ素化ポリマーや，最近では中空ナノシリカなど[23]の素材が提案されている。

2.2.6 生体適合性

医療用，とくにコンタクトレンズや眼内レンズは直接，人間の組織細胞と接触した使用形態をとるため，安全面および装用感に関する生体適合性が必須である。このような観点から眼内レンズ用材料としては，紫外線吸収性のPMMAが主に用いられている。また，コンタクトレンズ用材料としては，当初はPMMA（ハードレンズ）→HEMA（ヒドロキシエチルメタクリレート）系ポリマー（高含水ソフトレンズ）→シリコーン成分を含む3次元架橋ポリマー材料（高酸素透過性ハードレンズ）→シリコーン成分と親水性成分からなる材料（高酸素透過性ソフトレンズ）という開発変遷を経て，現在に至っている。特に最近は，HEMA系ポリマーやシリコーン成分と親水性成分からなるシリコーンハイドロゲル材料を用いた使い捨てコンタクトレンズの伸長が著しい[24]。

文　　献

1) Dr. J. Henning, *Darmstadt. Kunststoffe*, 71 (2), 103 (1981)
2) 実生治郎，化学と工業，第34巻，第8号，597 (1981)
3) 透明プラスチックの最新技術と市場，シーエムシー出版 (2001)
4) 特開昭 62-146951
5) 特開平 1-247431
6) 特開平 4-106161
7) 特公昭 55-41273
8) 特公昭 57-33312
9) 谷口孝，高分子，第39巻，10月号，739 (1990)
10) 特公昭 60-11727
11) 特公昭 52-39691
12) T. Taniguchi, "New Technology of Flexible and Tintable Scratch Resistant Silicone Coating Materials" CURRENT CONTRIBUTIONS IN POLYMER SCIENCE, Michigan (1982)
13) 大塚保治，高分子，第27巻，2月号，90 (1978)
14) 特開昭 57-2312
15) 特公平 2-12489

第 10 章　精密光学用プラスチックレンズ

16) 特開昭 60-199016
17) 特開 2002-167440
18) カタログ「GRACE ZX」東海光学㈱
19) カタログ「EYVIA（アイヴィア）」HOYA ㈱ビジョンケアカンパニー
20) カタログ「P-1 ウィング」セイコーオプティカルプロダクツ㈱
21) Polymer Preprints, Japan vol. 57, No. 2, 3480 (2008)
22) 谷口孝，光学薄膜設計・評価とコーティング技術セミナー「溶液コーティングによる反射防止加工」p1 〜 p7，トリケップス (1989)
23) 特開 2001-233611
24) カタログ「アキュビューオアシス」ジョンソン・エンド・ジョンソン㈱ビジョンケアカンパニー

第11章 ディスプレイ用プラスチック基板

岡　渉[*1], 後藤英樹[*2], 楳田英雄[*3]

1 はじめに

　近年，液晶，有機EL，電子ペーパーなどの表示体にプラスチックフィルムを基板として用いた研究開発が盛んである。その理由としてプラスチックフィルムはガラスと比較し薄い，軽い，割れ難い（壊れ難い）という特徴を有するためガラス基板では出来なかったデバイスの設計が可能となることが挙げられる。また，プラスチックフィルムは巻取りが可能であるため，従来のバッチ式生産ではなく，ロール式生産が可能であり加工コストを大幅に削減できる可能性もある。

　表示方式や用途によってディスプレイ用プラスチック基板材料に求められる特性は異なるが，一般に高耐熱性，高透明性，寸法安定性，表面平坦性及び耐薬品性などが求められている。

　表1に代表的なプラスチックフィルムの特性を示す[1)]。

　フィルム上に絶縁抵抗率が低く，透明性の高いITO電極を蒸着したり，電荷移動度の高い画素駆動用の薄膜トランジスタ（TFT）アレイを描くためには，フィルムの耐熱性が180℃以上で，かつ線膨張係数が低いことが望ましい。ポリカーボネート（PC）や環状シクロオレフィン（COC）

表1　プラスチック基板の特性一覧

	PET	PEN	PC	COC	PES	PI
Thickness(mm)	0.1	0.1	0.1	0.1	0.1	0.1
Total light trancsmittance(%)	90.4	87.0	92.0	94.5	89.0	30-60
Retardation(nm)	Large	Large	20	7	<10	Large
Refractive index	1.66	1.75	1.59	1.51	1.6	—
Glass transition temperature(℃)	80	150	145	164	223	300<
Coefficient of thermal expansion(ppm/℃)	33	20	75	70	54	8-20
Water sbsorption ratio(%)	0.5	0.4	0.2	<0.2	1.4	2.0-3.0
H$_2$O barrier(g m^{-2}day^{-1})	9	2	50	—	80	—

---

*1　Wataru Oka　住友ベークライト㈱　神戸基礎研究所　研究部　主任研究員
*2　Hideki Goto　住友ベークライト㈱　FKZプロジェクトチーム　主席研究員
*3　Hideo Umeda　住友ベークライト㈱　FKZプロジェクトチーム　主任研究員

第11章　ディスプレイ用プラスチック基板

は90％を超える高い透明性を有している。しかしながら，これらの材料から出来たフィルムの耐熱性は180℃に及ばず，線膨張係数は比較的大きい。ポリエーテルスルホン（PES）は耐熱性，透明性などのバランスが良くパッシブ型（STN-LCD）の基板として用いられていたが，高い精細度が必要な用途に用いるには線膨張係数の低減が必要である。また，高耐熱で線膨張係数の低い材料としてポリイミド（PI）が知られているが，透明性の改善が必要である。

以上のように，各フィルムはそれぞれ優れた特徴を有しているが，ディスプレイ用基板として全ての要求特性をバランスよく満たすものではなく，さらなる特性の向上が求められている。

本稿では要求特性の中でも特に低線膨張係数，高耐熱性，透明性に注目し，これらの特性を共有するプラスチック基板について紹介する。

2　開発品の特性

2.1　低線膨張率化

表示セルに水蒸気や水が浸入すると表示材料の劣化を招く。よって劣化を防ぐためにプラスチック基板上にはバリア膜が必要である。また，プラスチック基板上にはTFT画素電極が配置される。

バリア膜やTFT画素電極は主に線膨張係数が小さい金属系材料でできているが，プラスチック材料の線膨張係数は金属材料の線膨張係数と比較しかなり大きい。よってバリア成膜やTFTアレイ形成中の加熱・冷却工程で各層の界面において線膨張係数のミスマッチが生じる。この線膨張係数のミスマッチが原因で生じた熱ストレス・歪みはバリア膜のクラックや剥がれ，TFT配線の断線，さらにはプラスチック基板の湾曲を引き起こすため，ディスプレイ製造工程におい

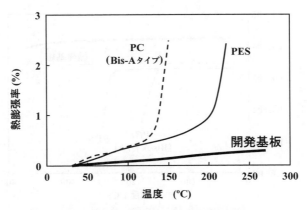

図1　開発基板の熱による寸法変化挙動

ては低い線膨張係数を有する寸法安定性の高い基板が必要とされている[2]。

　高分子材料における線膨張係数を下げる手法としてはガラス・シリカなどの球状粒子，ウィスカーなどの繊維状フィラーを添加する方法が知られているが，我々は線膨張係数の低減効果が最も期待でき，かつ柔軟性を付与できる繊維布を用い基板を開発した。

　図1に樹脂と繊維布とを複合することにより得られた開発基板の熱による寸法変化挙動を示す。比較例として耐熱性ポリマーフィルムとして知られているポリカーボネートフィルム (PC) 及びポリエーテルスルホンフィルム (PES) のデータを併せて掲載した。PCフィルム及びPESフィルムはそれぞれ130℃，200℃付近に変極点を有し，寸法が大幅に増大しているが，開発基板は250℃近辺まで変極点を持たず，寸法変化も非常に小さく線膨張係数は13ppm/℃である。

2.2　耐熱性

　図2に開発基板の弾性率の温度依存性を示す。開発基板の弾性率はPC，及びPESフィルムの弾性率と比較し高く，また，測定範囲において大きな低下が見られず耐熱性が優れていることがわかる。この高い耐熱性は，高弾性を有する繊維布とガラス転移温度が250℃を超える高分子とを複合化することによりもたらされたものである。

2.3　光学特性

　柔軟性と低い線膨張率とを有し，かつ耐熱性の高い材料とするだけであれば繊維布などのフィラーと樹脂との配合で容易に実現できる。しかしながら，透明性を付与するには用いる繊維とマトリックス高分子との界面で生じる光の散乱を抑制しなければならない。樹脂と繊維とからなる複合体において透明性を付与するには式(1)，式(2)で示される散乱効率 Q_{ext} を十分小さくするこ

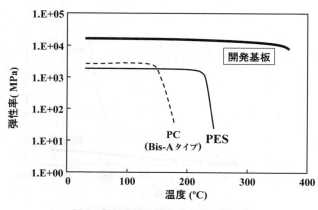

図2　開発基板の弾性率の温度依存性

第11章 ディスプレイ用プラスチック基板

とが必要であり，Q_{ext} を小さくするには式(2)より繊維とマトリックス高分子との屈折率差を小さくすることが効果的である[3]。

$$Q_{ext}(\rho) = 2\rho \int_0^{\frac{\pi}{2}} \sin(\rho\cos\gamma)\sin^2\gamma d\gamma \tag{1}$$

$$\rho = \frac{2\pi}{\lambda} D_f (n_m - n_f) \tag{2}$$

ρ：繊維中心を通り繊維の直径長さを通過した光の位相差
D_f：繊維の直径
n_f, n_m：それぞれ繊維及びマトリックス高分子の屈折率,
λ：波長
γ：光の繊維表面に対する入射角

これらの式を参考にシミュレーションを行い，表示基板として適用可能な透明性を確保するには散乱効率 Q_{ext} を 0.05 以下にしなければならないことを明らかにし，屈折率差を有効数字3桁の精度で制御することにより複合基板を作成した。図3に得られた開発基板の光線透過率の波長依存性を示す。可視光領域において透明性が高いことが分かる。

また，表示体の表示性能を向上させるにはリタデーションを低く抑制する必要がある。リタデーションは複屈折とフィルム厚みとの積で表され，厚みが一定の場合には複屈折を小さくすることがリタデーションの低減につながる。複屈折は高分子中の分子分極率の異方性を有するモノマーユニットが配向することにより生じる。開発基板の場合，成形条件などが原因でフィラー材料とマトリックス高分子との界面で歪みが生じ分子が配向し易い傾向にあるが，複屈折の生じに

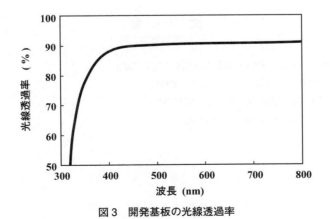

図3 開発基板の光線透過率

光学材料の屈折率制御技術の最前線

厚み: 100μm

写真1 開発基板

くい分子骨格を適用した結果，耐熱性及び透明性が高く，かつリタデーションの小さい基板を開発することが出来た。

3 おわりに

開発基板は光線透過率90％，低複屈折，線膨張係数13ppm/℃，耐熱性250℃以上，弾性率17GPaであり従来にない特徴を有する材料であると考えられる。また本材料は曲げることも切断穿孔も容易である(写真1)[4]。さらに長尺シートとしての製造も可能であるため表示体の生産に連続ロールプロセスを選択することができる。液晶，有機EL，電子ペーパーディスプレイなど，さまざまな用途において適用が期待される。

文　　献

1) H. I et al., *Jpn. J. Appl. Phys.*, **45**, No 5B, 4325 (2006)
2) E. Lueder, 月刊ディスプレイ, No 1, 35 (2001)
3) H. Iba et al., *Philos, Mag. B.* **78**(1), 37 (1998)
4) T. Nakao et al, *IDW'03 Proc.*, 621 (2003)

第12章　位相差フィルム

内山昭彦*

1　はじめに

　位相差フィルムは偏光変換素子の一種であり，無機系と高分子系材料があるが，液晶ディスプレイ（LCD）に利用されているのは高分子系材料である。高分子系位相差フィルムが本格的にLCDに利用され始めたのは，1980年代後半の単純マトリクスで駆動するスーパーツイストネマチック（STN）モード[1]の色補償フィルム[2]としてポリカーボネート系材料が利用されてからである。LCDの高性能化，高品質化を支える部材，部品は数多くあるが，位相差フィルムもそのうちの1つであり，LCD高性能化の要求に応えることにより数々のブレークスルーを経て現在に至っている。

　位相差フィルムにおける最も重要な仕様値の1つである膜厚と複屈折の積であるリタデーション値（Δnd）は，そのばらつきがわずか数nmの範囲で連続かつ大面積での品質制御が可能となっている。高分子系位相差フィルムはさらに機能も進化させ，LCDの範囲を超えて，光学機器分野における光学部品や次世代フラットパネルディスプレイ（FPD）として注目される有機ELディスプレイ（OELD）にまで採用され始めている。

　以下，断りが無い限り位相差フィルムとはすべて高分子系を指すものとする。ここではまず位相差フィルムの機能，種類を概説し，特に筆者らが開発した複屈折の波長分散制御技術（広帯域化）およびその用途について述べる。

2　位相差フィルムの機能

　LCDにおける位相差フィルムの機能は，大きく分けて広視野角化と広帯域化に大別することができる[3,4]。LCDにおいては広視野角化と広帯域化は同時に改善を狙うことが多いが，ここでは分離して例を挙げて説明する。広視野角化や広帯域化にはそれぞれ2種類あり，LC等他の光学異方性媒質との組合せでそれらを実現する場合と，位相差フィルム単独で広視野角化や広帯域化を行う場合がある。

---

　*　Akihiko Uchiyama　帝人㈱　エレクトロニクス材料研究所　テーマリーダー

光学材料の屈折率制御技術の最前線

　図1はSTNモード広帯域化の例であり，液晶セルと位相差フィルムの組合せにより広帯域化を実現させる例である。このSTNにおける広帯域化は色補償と呼ばれる場合もある。STNにおける液晶セルは，複屈折の波長分散および旋光分散を有し，それらはLCDとして最適なものではない。図1はSTNの黒状態における偏光変換の概念図であり，位相差フィルムの有無で偏光変換がどのように異なるかを模式的に示したものである。例えば黒状態を実現する場合，(a)ではSTNセルを出射した後の偏光状態を広い波長範囲で直線偏光とすることが困難であるが，(b)のように位相差フィルムを利用することでより広い波長範囲で直線偏光とし，出射側偏光板の吸収軸と偏光軸を合わせることにより，無彩色の黒表示すなわち透過率の広帯域化を実現することが可能となる。図1では位相差フィルムは1枚としているが目的に応じて複数枚使用することもできる。位相差フィルムが製造される以前はこの位相差フィルムの代わりに補償用の液晶セル[5]を用いていたが，重い，コストが高いといった問題から位相差フィルムに置き換わっていった。

　図2は位相差フィルム単独で広帯域化を実現させる例である。図2は反射型LCDにおける黒状態を実現する際の偏光変換の様子を示している。なお，この例では，黒状態においては液晶が

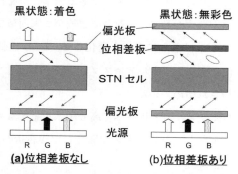

図1　位相差フィルムによるLCD広帯域化の例（STN液晶）

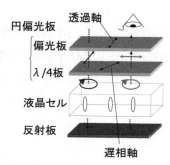

図2　位相差フィルムによるLCD広帯域化の例（反射型液晶）

第12章　位相差フィルム

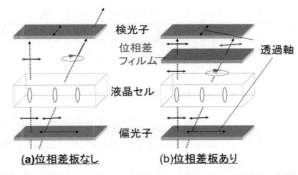

　　(a)位相差板なし　　(b)位相差板あり
図3　位相差フィルムによるLCD広視野角化の例（VA液晶）

略垂直に配向するため，垂直入射した光に対して液晶セルはほとんど位相差を与えないとしている。図に示したように入射光に対しては直線偏光を円偏光に，出射光に対しては円偏光を直線偏光に広い波長範囲で変換させる必要がある。この偏光変換を行うためには位相差フィルム単独でこの機能が要求され，かつリタデーションが可視光の広い波長帯域において4分の1波長である必要がある。この偏光変換可能な波長帯域が狭い場合には先述のSTNの図1(a)のように黒状態が無彩色とならない。

　図3はLCDの広視野角化の例で，垂直配向型（VA）液晶[6]の黒状態を示している。広視野角化では液晶セルを垂直入射した偏光だけでなく，斜め方向に伝播した偏光も制御する必要がある。図3(b)に示すように位相差フィルムにより，垂直方向に伝播した偏光は偏光変換させずにそのまま位相差フィルムを伝播させ，一方，斜め入射した偏光のみを位相差フィルムで最適な偏光状態へと偏光変換することで，検光子からの斜め入射光の漏れを抑制することができる。このようにしてどこから見てもコントラストの高い表示を実現する。

　以上，LCDの広帯域化，広視野角化における位相差フィルムの機能を分離して説明したが，いずれのケースでも広視野角，広帯域化の同時制御が好ましい。これらは設計目的に応じて好ましい位相差フィルムが選択され偏光制御に供される。

3　位相差フィルムの種類

　位相差フィルムの分類方法はいくつかあるが，ここでは光学異方性と材料での分類を行った。
　表1に光学異方性による分類を記す。光学異方性は1軸，2軸異方性，およびそれらの組合せに分類される。1軸性の場合には光学軸の方位により，A，C，Oプレートの3つに分類される。また，それぞれは正か負かによって2つに分類される。これらは位相差フィルムやLCD分野に

光学材料の屈折率制御技術の最前線

表1 位相差フィルムの光学異方性による分類

異方性	分類		三次元屈折率
1軸	A-plate（光学軸 // 表面）	negative	$n_x<n_y=n_z$
		positive	$n_x>n_y=n_z$
	C-plate（光学軸⊥表面）	negative	$n_x=n_y>n_z$
		positive	$n_x=n_y<n_z$
	O-plate（光学軸✕かつ⊥表面）	negative	$n_x<n_y=n_z$
		positive	$n_x>n_y=n_z$
2軸	B-plate *		$n_x>n_y>n_z$
			$n_x<n_y<n_z$
	Z-plate *		$n_x>n_z>n_y$
ハイブリット*	1軸，2軸異方体の組合せ		液晶 etc.

*：学術的用語ではない

表2 位相差フィルムの材料による分類

材料	配向制御	材料
非晶性高分子	延伸	PC, COP, PES, PAR, PI, TAC系
液晶性高分子	高分子液晶配向	ディスコチック，ネマチック，ライオトロピック液晶
	低分子液晶配向→重合	

おいて比較的広く用いられている用語である。一方，2軸性については適切な用語がないが，表のように3つに分類可能である。それらの名称は必ずしも広く利用されているものではないが，そのように呼ばれる例もあるという意味で記載してある。ハイブリッドは1軸，2軸異方性媒質の組合せである。1軸，2軸性については高分子フィルムの延伸配向制御により達成可能であるが，ハイブリッドについては液晶の配向を利用する必要がある。

　表2は，材料による分類を試みたものである。高分子材料は大きく分けて非晶性，結晶性，液晶性に分類されるが[7〜11]，位相差フィルムにおいて結晶性高分子が実用化された例は無く，非晶性高分子と液晶性高分子に大別される。非晶性高分子はフィルムに成形後，延伸による分子配向制御により三次元屈折率が制御される。先述したように当初はSTNモード向けに主としてポリカーボネート系が使用されていたが，シクロオレフィンやセルロース有機酸エステル等も使用されている。フィルム成形方法としては，溶液キャスト法，溶融押出法がある。当初，位相差フィルムの品質特に光学特性の斑を抑制するため，膜厚制御性に優れた溶液キャスト法のみが主として使用されていたが，材料の改良や設備能力の向上により溶融押出法でも生産されるようになってきている。

　液晶性高分子は2つに大別される。1つは，高分子液晶を溶剤に溶かして支持基板上に流延し

第12章 位相差フィルム

表3 LCDモードと位相差フィルムの関係

LCDモード	暗状態における液晶層の光学異方性	位相差フィルム
TN, OCB	ハイブリッド	異方性：ハイブリット 材料：液晶性高分子
VA, IPS	1軸性	異方性：1軸，2軸性 材料：非晶性高分子（延伸配向）

配向させて作製する方法である。一方で重合性官能基を低分子液晶に付与し，配向後に光硬化させる方法もある。前者は棒状液晶を使ったものが，後者はディスコチック液晶を使用したものがすでに商品化されている。

4 位相差フィルムとLCD広視野角化の関係

LCDの広視野角化の性能評価においては，コントラストの角度範囲が重視されることが多いため，黒状態の視野角制御が最も重要であり，図3の例で示したように一般的には黒状態の液晶セルを主として光学的に補償することで視野角を広げることが行われている。黒状態における液晶セルの光学異方性は，液晶の配向状態に応じて表1で示したように，1, 2軸性であるか，ハイブリッドであるかに分類される。ノーマリーホワイトモードのツイストネマチック(TN)液晶や，ベンドセル(OCB)では暗状態において液晶がハイブリッド構造を取っており，これらを補償するにはハイブリッド構造を取り得る液晶性高分子が好適に用いられる。一方，液晶テレビ等に広く用いられているVA液晶やインプレインスイッチング(IPS)液晶は暗状態において概ね1軸異方性であり，また，ここでは詳しく述べないが，偏光板の視野角補償という問題も同時に解決される必要[3,4]があるが，これらを補償するには1軸，2軸性となる延伸配向された非晶性高分子で光学補償することが可能である。これらLCDと位相差フィルムの関係をまとめたのが表3である。

5 位相差フィルムの広帯域化[12〜20]

図2で示したようにLCDモードによっては位相差フィルム単独で広帯域化を実現する必要がある。具体的には携帯電話等のモバイル用途でよく利用されている反射型や半透過反射型LCD向けの広帯域4分の1波長フィルムにおいてである。位相差フィルムの広帯域化とは理想的には以下の式(1)を満足することである。例えば，式(1)を満足する4分の1波長フィルムの場合には，可視光の全波長範囲においてリタデーションは測定波長の4分の1となる。

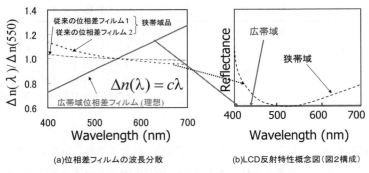

(a)位相差フィルムの波長分散　　　　(b)LCD反射特性概念図(図2構成)

図4　位相差フィルム波長分散とLCD特性の関係

$$\Delta n(\lambda) = c\lambda \tag{1}$$

（$\Delta n(\lambda)$：測定波長λにおける複屈折, c：定数, λ：測定波長）

しかし，図4(a)から明らかなように，一般の位相差フィルムの複屈折の波長依存性は屈折率の波長依存性と同様に波長に対して単調減少となる。図2で示したLCDにおいてこのような一般の位相差フィルムを用いると図4(b)の狭帯域のように広い範囲で反射率を0とすることができない。一方，理想の分散を有するものを用いると低反射率の広帯域化，すなわち理想的な暗状態が実現できる。従来はこのような理想に近い，波長に対して複屈折が単調増加となる位相差フィルムがなかったために，従来の分散特性を有する位相差フィルムを複数枚積層させて光学設計により，広帯域化を図っていた。この場合にはフィルム厚みが増加する，積層フィルムゆえに光学的な軸が複数存在することにより視野角が悪化する等の問題があることが知られている。

当社では既に世界初の1枚で広帯域化を実現できる位相差フィルムの開発に成功している。このフィルムは当社関連会社である帝人化成㈱から商品名「ピュアエース®WR」という名称で製造販売されている。原理，分子設計詳細等は既報に譲るが，正と負の分子分極率異方性を有するモノマー単位を共重合し，その成分比率を制御することで従来困難と言われていた複屈折の波長分散制御に成功し，複屈折の広帯域化をフィルム1枚で実現した。複屈折波長分散の制御結果の例を図5に示す。

直線偏光の偏光軸を90°回転させる作用のある2分の1波長フィルムを作製し平行ニコル偏光板間に，偏光板の吸収軸と位相差板の遅相軸角度が45°となるように配置して，従来の位相差フィルム1枚構成と光学設計により広帯域化された2枚構成との特性の違いを検討した。結果を図6に記す。新たに分子設計された正負モノマー2成分系1枚構成は，従来の位相差フィルム1枚構成よりも広帯域性に優れ，光学設計された従来の2枚構成とほぼ同程度の広帯域性を有することがわかる。

第12章 位相差フィルム

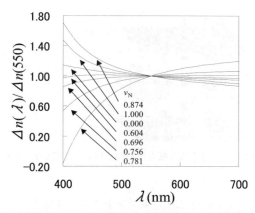

図5 正と負のモノマー成分からなる共重合PC位相差フィルムの波長分散特性（ν_N：負モノマーの体積分率）

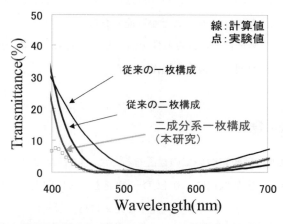

図6 従来構成と新規広帯域位相差フィルム1枚構成の透過率スペクトル
平行ニコル間に$\lambda/2$板挟持して暗状態で透過率測定

ピュアエース®WRは反射型や半透過反射型LCDにおける広帯域4分の1波長フィルムとして広く用いられ，フィルム使用枚数削減，視野角向上や薄膜化に貢献している。

また，最近ではOELDの反射防止膜としても利用されている。図7はOELDの断面概略図を記すが，一般にOELDでは発光層の裏面の金属電極において外光が反射し，特に屋外での使用においてはコントラストが著しく低下するといった問題がある。この反射を抑制するために偏光フィルムと$\lambda/4$板である位相差フィルムを組合せた円偏光フィルムが用いられている。他方式対比での円偏光フィルム方式の優位点としては，偏光変換を用いることで発光透過率と外光反射率の比率を最大に出来る点であり，簡便に金属電極からの外光反射率を0.1%以下に抑制できる

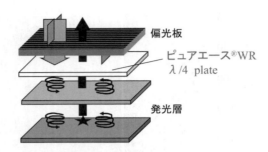

図7 広帯域円偏光板を反射防止膜として用いた OELD

点である。外光存在下においても OELD の高コントラストを保ち，その結果，発光輝度を下げられることによる消費電力の抑制も期待できる。ピュアエース®WR は1枚で広帯域性が満足できる上に，従来の2枚積層型広帯域位相差フィルムに比べて視野角特性にも優れる。それにより，様々な角度から外光が入射する実際の利用形態において，反射光とその色付きをより抑制し，OELD の表示品位を一層向上させることが可能である。

さらに，ピュアエース®WR はその広帯域性を活かして，従来，水晶等無機位相差板のみが使われていた光学機器用光学部材への検討も進んでいる。

6 まとめと今後の課題

位相差フィルムの原理，種類についての概説を行った。LCD は既に高い表示性能を有しているが，一層の広視野角化，広帯域化により LCD の性能をさらに向上させることは原理的に可能である。位相差フィルムによりこれらを実現化するためには，材料面，製法面，コスト面からのこれまでにない新たな発想のブレークスルーが必要である。

文　献

1) T. J. Scheffer *et al.*, SID '85 Digest, 120 (1985)
2) 岡田豊和ほか，高分子，**38**，380 (1989)
3) 石鍋隆宏，東北大学博士学位論文 (2000)
4) T. Ishinabe *et al.*, *Jpn. J. Appl. Phys.*, **41**, 4553 (2002)
5) 長江慶治ほか，テレビジョン学会技術報告，12, 29 (1988)
6) N. Koma *et al.*, SID '96 Digest, 558 (1996)

第 12 章 位相差フィルム

7) S. -T. Wu, *J. Appl. Phys.*, **76**, 5975 (1994)
8) Y. Takiguchi *et al.*, Proc. 10th IDRC, 96 (1990)
9) T. Toyooka *et al.*, SID '98 Digest, 698 (1998)
10) 森裕之, 第 21 回液晶討論会予稿集, 298 (1995)
11) H. Mori *et al.*, *Jpn. J. Appl. Phys.*, **36**, 143 (1997)
12) A. Uchiyama *et al.*, Proc. 7th Int. Display Workshops, p. 407 (2000)
13) A. Uchiyama, *et al.*, Proc. 20th International Liquid Crystal Conference, 61 (2004)
14) 内山昭彦, 液晶, **9**, 4, 11 (2005)
15) A. Uchiyama *et al.*, Proc. 11th Int. Display Workshops, p. 647 (2004)
16) A. Uchiyama *et al.*, *Jpn. J. Appl. Phys.*, **42**, 6941 (2003)
17) A. Uchiyama *et al.*, *Jpn. J. Appl. Phys.*, **42**, 5665 (2003)
18) A. Uchiyama *et al.*, *Jpn. J. Appl. Phys.*, **42**, 3503 (2003)
19) 内山昭彦, 東北大学博士学位論文 (2004)
20) A. Uchiyama *et al.*, WO00/26705

第13章　液晶バックライト用導光板の光学

カランタル　カリル*

1　はじめに

　液晶用バックライトの構造部品の中で，導光板（Light-Guide Plate：LGP）は光を制御する媒体として重要な部品である。LGP は光学的に透明な樹脂基板であり，その材料はポリメチルメタクリルレート樹脂（PMMA），ポリカーボネート樹脂（PC）またはポリオレフィン系樹脂などである。LGP の種類は輝度分布と出射角度分布を考慮した光線偏向機能パターン素子によって分類することができる。以下に，LGP の機能とその光整形について説明する。

2　印刷素子の導光板

　導光板の裏面上に印刷により付与されるパターン素子を図1(a)に示す。ここで LGP の表面をミラー（M），裏面をインク（I）とおき，MI-LGP として示す[1,2]。一般に印刷 LGP に使用するインクは屈折率が大きく光を散乱する性質がある二酸化チタン（TiO_2）を白色顔料，溶剤乾燥タイプの樹脂をメジュームとして用いる。また，紫外線硬化タイプの樹脂がマトリックスとして時々使われる。さらに，白色顔料に代えて球形，不定形ビーズを使用する場合もある。LGP 及びバックライトユニット（BLU）の画面上で均一な輝度分布を得るためにパターン素子のサイズを可変させるグラデーションが適用される。この素子形は四角形や菱形も可能であるが丸形が多く，その直径は LGP 内を光が伝播する方向に従って大きくなるように設計され，配列は正六角形の角に配置される。一例として，6型サイズの LGP において素子の直径は光源側近傍で 200μm 程度，その反対側では光源から遠いため 600μm 程度になる。

　素子のサイズが大きいと LGP の厚みによっては視認される。さらに，光源からの光は LGP 内で伝搬，散乱を繰り返すので波長分散を引き起こす原因となり，光源近傍は光源色と一致するが光源から遠ざかるほど赤味が大きくなる，言い換えれば，夕焼け現象が発生する。

＊　Kälil Käläntär　日本ライツ㈱ R&D センター　専務執行役員

第 13 章　液晶バックライト用導光板の光学

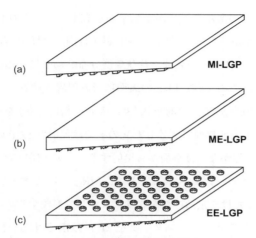

図 1　散乱要素を有する導光板
(a) 印刷散乱要素導光板, (b) エッチング転写型散乱導光板,
(c) 裏表面エッチング要素型導光板(入光は左側)。

3　エッチング素子の導光板

　上述の印刷散乱素子を付与する工程を削除するために，金型に精密エッチングまたは等方化学腐食によって微小散乱素子を施し，射出成形によって行う転写方式がある[1,2]。図 1(b)に示すように微小散乱素子は LGP の裏面及び表面に形成する。ここで LGP の表面をミラー (M) 及び裏面をエッチング (E) として，その LGP を ME-LGP や EE-LGP とする。素子の直径は 200 μm 程度に固定され，BLU の画面上で均一な輝度分布を得るために素子間の距離を可変させるグラデーションが適用される。図 1(c)に示すように LGP の表裏面に形成された素子によって BLU からの出射光の総量は増加する。散乱素子を転写することにより印刷工程及び印刷散乱素子が持つ光学的密度の変動，言い換えれば，インキのピグメント濃度の違いによる問題を回避できる。

　導光板内部での散乱を増加させるために，PMMA などの材料に散乱ビーズを混練させたタイプもあり，LGP の表面に粗面加工も施されているので散乱現象を制御したものである[3]。

　ここまでの導光板は散乱型であり，片面及び両面散乱によって光が抽出される。これらの LGP は散乱に起因した損失が存在するため高輝度化の妨げになっている。

4　光学反射素子の導光板

　微小反射型光学素子 (Micro Reflector：MR) を用いた LGP を図 2(a)，(b)，(c)に示す[1,4～6]。

これらの MR 素子は鏡面性のあるなめらかな光学面を有するマイクロレンズ及びマイクロプリズムであり LGP の裏面に形成される[7〜16]。各 MR 素子は内部全反射 (Total Internal Reflection: TIR) による機能を有し，LGP からの光抽出及び輝度分布を均一にするために，MR 素子アレイを金属駒に施し射出成形により一体で LGP の裏面に形成配置させる。その MR 素子は一種の小型レンズのような凸面（凹面）の幾何学的形状（丸，四角，楕円，菱）をしている[4, 8]。TIR の原理に基づくため MR 素子の内側界面に到達した光の多くは反射し LGP の表面に出射される。同時に条件を満たさなかった僅かな光は裏面から出射する。この LGP の表面をミラー（M），その裏面をリフレクターのグラデーション（R_G）として，MR_G–LGP とする。TIR の機能を向上するために凸面の曲率接線，または一定角の面をプリズムとして形成する。ここでユニフォームプリズム LGP を MP_U–LGP，グラデーションタイプを MP_G–LGP とする。MR 素子の特徴は反射光の方向制御であり，その結果として LGP から抽出した光を円錐状の光出射角度分布に導くことである。これにより MR 素子の形状や反射に関係する面の角度を調整することによって，反射光の総量及び BLU 上の光出射角度分布の範囲が制御できる。MR 素子のサイズは数十ミクロンであり，印刷やエッチングなどの散乱素子と比較して視認出来ないくらいに十分小さい。

主に使用される MR 素子の断面形状を図3に示す。図3(a)，(b)のプリズム形状によって LGP から抽出される光の極角は大きくなり，内部全反射特性プリズムフィルム（TIR Film）が必須部品となる[17]。また図3(c)–(f)に示すプリズム形状の機能として抽出される光の極角はより小さくなる方向である。輝度分布を均一に調整するためには，図3(a)のようにプリズム角を固定し，

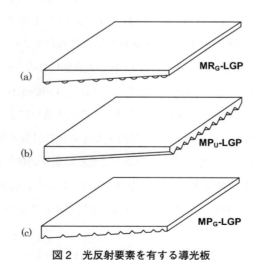

図2　光反射要素を有する導光板
(a) 全方位反射特性のマイクロリフレクターを LGP 裏面に配置された導光板，(b) ユニフォームプリズム配置(y 方向)型導光板（集光タイプ），(c) グラデーションプリズム(x 方向)型導光板。

第13章　液晶バックライト用導光板の光学

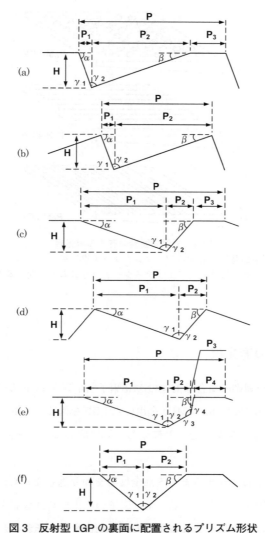

図3　反射型LGPの裏面に配置されるプリズム形状
(a), (b)抽出される光線の極角は大きくなる。(c), (d), (e), (f)抽出される光線の極角は小さくなる。ここで入射光は左側からと仮定する。

ピッチを可変させる，または，そのプリズム角を可変させ，ピッチを固定する。図中のパラメータはプリズム形状を選定するときの重要な要素であり，グラデーションパターンは何れかのパラメータの変化によって決定される。

　MR素子はLGP内に散乱または波長分散がなく色差も生じない。このLGPを使用したBLUからの光出射角度分布は散乱タイプよりも狭い円錐状に集光される。

光学材料の屈折率制御技術の最前線

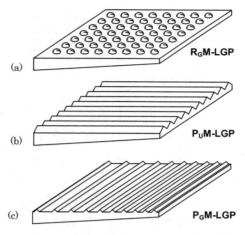

図4　光偏向要素を有する導光板
(a)全方位同偏向特性を有するディフレクターの導光板，(b)ユニフォームプリズムの偏向要素の導光板，(c)グラデーションプリズムの偏向要素の導光板。

5　光学偏向素子の導光板

LGP 表面上光出射方向制御の場合は前述の MR 素子(図3)が LGP の表面に形成される[1]。微小偏向型光学素子(Micro Deflector：MD)を用いた LGP を図4(a)，(b)，(c)に示す。光学反射素子の LGP と同様に MD 素子アレイを金型に施し，射出成形により一体で LGP の表裏面に形成配置させる。

LGP 内の光は MD 素子に到達するまで内部全反射を繰り返しながら伝播し，MD 素子に到達した光は屈折を経て LGP から出射される。MD 素子の光出射角度分布を制御するためその幾何学的形状を設計し，BLU から出射される光の方向を制御する。それぞれの形状設計を行った上で，LGP からの光抽出及び輝度を均一にするため，MD 素子の形状と適切なグラデーションの配置を行う。

6　光学偏光素子の導光板

微小プリズム形状を LGP の裏面上に形成することによって伝播される光の一部が反射光と屈折光に振分けられる[1]。図5に示すように，入射面に対する垂直な S 偏光及び平行な P 偏光では反射率が異なり，P 偏光の反射率がゼロになる入射角がブリュースター(Brewster)角となる。このときの入射角を θ_i，反射角を θ_r また屈折角を θ_t としたとき，反射光と屈折光のなす角度

第13章　液晶バックライト用導光板の光学

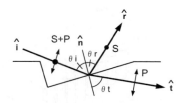

図5　偏光要素
導光板裏面上に配置されているマイクロプリズム上の
反射と屈折による光のS波とP波の分離。

は直角（$\theta_r + \theta_t = 90°$）になる。ブリュースター角$\theta_B$はLGP材料の屈折率をn($\lambda$)としたとき$\tan\theta_B = 1/n(\lambda)$で与えられる。材料がPMMAの場合は$n_D(\lambda) = 1.492$であり，$\theta_B = 33.8°$となる。尚，$n_D(\lambda)$はナトリウムのD線（$\lambda = 589.29$ nm）による屈折率である。ブリュースター角は一本の光線に対して伝播する光の一部を偏光として取り出すために，プリズムアレイとその光出射角度を設計し，ブリュースター角を用いた偏光LGPを形成する。

7　光整形プリズム

7.1　LGP入光面微小光学系による入射光の整形

エッジライト方式のBLUにおいて，光源をLGP側面に配置し，輝度，その均一性及び最適な光出射角度分布を得ることが目的である。LGPのサイズによって数個から数十個のLED光源を用いて側面に近接配置する[18]。

LGP側面が平らな鏡面の場合，LEDからの放射光はLGP側面上で屈折によって面法線方向に偏向される。LGP内の最大屈折角は$\theta_c\{=\sin^{-1}(1/n_{LGP})\}$であり，臨界角となる。材料がPMMAの場合，臨界角は$\theta_c = 42.1°$である。LGP内において臨界角以上の光は存在しなくなるため，LGP上法線方向から観察するとき，LED間には三角形の暗領域が発生する。これらの暗領域を少なくするために，LGPの入光面に微小な光学系を設ける。その一例を図6に示す。微小光学系の形状によってLGP内への入射光分布は広がり，暗領域は明るくなる。図7(a)，(b)，(c)に三つの形状パターンを示す。これらによるLGP内での入射光分布を図7(d)に示す。参考のため平らな鏡面(Flat)の結果も示している。平らな鏡面の半値角は±35°であるが，微小光学系を付与することによって最大半値角±57°まで広げることができる。また，微小光学系によって入射面積が増加することとフレネル損失が低減し，光結合効率は最大5%程度向上する。

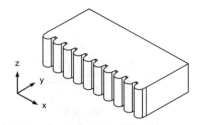

図6 導光板の入光部の微小光学要素
導光板の入光部光整形要素によって屈折光の強度分布は広がる。

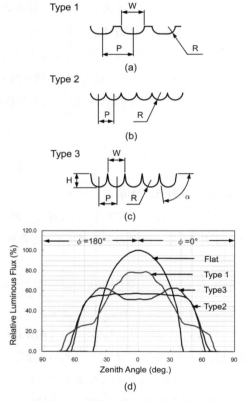

図7 導光板の入光部光成形要素の形状とその特性
(a), (b), (c)は3種類の要素の形状, (d)各要素による導光板内の光強度分布特性。

7.2 LGP裏面入光近傍のインコヒーレント回折格子による光整形

　LGPに入射された光をLGP内入光部に対して直角および斜め方向に伝播させるには，インコヒーレント回折格子を裏面入光近傍に設ける。これによって直進する光は本来到来不可能である領域に光が到達する，これらの格子を図8(a), LGP裏面上の形状を図8(b)に示す。ここでピッ

第13章 液晶バックライト用導光板の光学

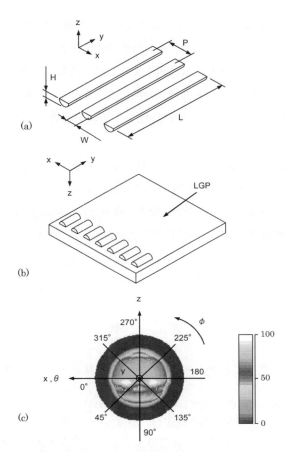

図8 導光板裏面に形成された光成形用インコヒーレント回折格子
(a)インコヒーレント回折格子，(b)導光板背面上の格子，(c)導光板内入光面法線方向の光強度分布

チ P = 120μm，幅 W = 120μm，高さ H = 32μm，半径 R = 72μm，及び長さ L = 2mm（導光板厚み 0.8mm）を設定したシミュレーション結果を図8(c)に示す．格子によってLGP内の入射光の方向が制御され，側面方向及び裏面斜め方向に光が伝播する．ここで極角はθ，方位角はϕである．これによってLGPより出射される光は整形され，光源近傍のLGP表面ではホットスポットによる明暗の輝度差が減少し，輝度分布の均一性が向上する．

8 おわりに

液晶用BLUにおける光制御とそのLGPの種類について解説した．LGPは光整形機能によって散乱，反射，偏向及び偏光に分類することができる．散乱素子は印刷，エッチング等があり，

光学材料の屈折率制御技術の最前線

　これらの散乱機能を有した LGP を使用することで広い光出射角度分布の BLU が実現できる。MR 素子を使用した LGP は光の伝播方向，その角度特性制御またはエネルギー損失を低減することができ，BLU の光出射角度分布は散乱素子よりも狭く出来る。MR 素子と MD 素子を使用することによって LGP 上の出射光の極角は相対的に大きくなる。出射光を法線方向に向けるためには光偏角プリズム，または内部全反射特性プリズムが必要となる。MD 素子を使用した LGP の光出射角度分布はさらに狭く出来る。

　これらの LGP は携帯電話，携帯情報端末，ビデオカメラ，カーナビ，アミューズメント，ノートパソコン，モニター，テレビ等の BLU に使用される。

　今後は，情報が多様化する中で，携帯情報端末に搭載される液晶表示が多くなると思われる。このためより一層，高機能性 LGP 及び BLU の開発が必須と考えている。

文　　献

1) 液晶ディスプレイ用バックライト技術，監修，カランタル カリル，シーエムシー出版 (2006)
2) カランタル カリル，月刊ディスプレイ，6月号 (2003)
3) 小池博康，第41回高分子学会春季講演会，講演番号 IL-27
4) カランタル カリル，第7回ファインプロセステクノロジー・ジャパン '97 セミナー要録 C5, pp. 11-18 (1997)
5) 大江誠，フラットパネルディスプレイ '93, pp. 137 (1992/11)
6) A. Tanaka：Proc IDW '98, pp. 347-350 (1998)
7) K. Käläntär, SID99 Technical Digest, pp. 764-766 (1997)
8) K. Käläntär et al., IEICE Trans. Electron., Vol. E84-C, No. 11, pp1637-1645 (2001)
9) K. Käläntär et al., SID00 Technical Digest, pp. 1029-1030 (2000)
10) K. Käläntär et al., Proc IDW '00, FMCp-8, pp. 463-466 (2000)
11) K. Käläntär, Proceedings, IDW '02 FMCp-10, pp. 549-552 (2002)
12) カランタル カリル，月刊ディスプレイ，Vol. 7, No. 1, pp. 68-72, 11月 (2001)
13) K. Käläntär, JSAP, AM-FPD 2008, pp. 101-104, 2008
14) カランタル カリル，EKISHO, Vol. 12, No. 1, pp. 31-38 (2008)
15) 「電子ディスプレイのすべて」監修内田龍男，工業調査会，pp. 96-100 (2006)
16) 「光学実務資料集」第15章，pp. 338-360 (2006)
17) 液晶バックライト用プリズムシート，ダイヤアート S/M16X シリーズ技術資料，三菱レイヨン㈱
18) K. Käläntär, SID 2007, Technical Digest, 33.3L, 1240-1243 (2007)

第14章 プリズムシート

山下友義*

1 はじめに

近年,液晶ディスプレイ業界においては,コスト競争が激化しており,またパネルの高精細化に伴う液晶開口率の低下,モバイルパソコンのバッテリー寿命や色再現性向上などの観点から,従来より高輝度で低コストなバックライト(BL)の要求が高まっている。同時に,環境問題や軽量薄型化,長寿命の観点から,小型から中型LCD用BLの光源は,従来の冷陰極管(CCFL)からLEDへと加速的に置き換わりつつある。

現在BLに用いられているシステムには,屈折型のプリズムシートを用いたシステムと,光学シートの部材点数が少なく,かつ高輝度な特性が得られる全反射型プリズムシートを用いたシステムが存在する。以下これらシステムについて詳述する。

2 屈折型プリズムシートを用いたBLシステム[1～3]

図1は,従来タイプの屈折型プリズムシート(BEF)を用いたBLシステムの概略図である。

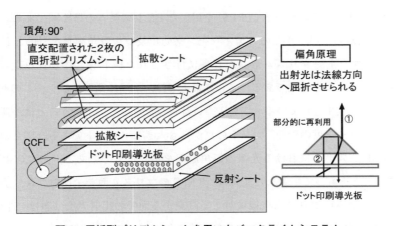

図1 屈折型プリズムシートを用いたバックライトシステム

---

* Tomoyoshi Yamashita 三菱レイヨン㈱ 研究企画推進室 主席研究員

構成としては液晶パネル側から，液晶パネルとのスティッキング防止を目的とした微弱拡散シート，2枚直交した屈折型プリズムシート，拡散偏角効果を目的とした下拡散シート，シルクドット印刷楔導光板，並びに反射シートからなる。屈折型プリズムシートに関しては，通常頂角90°のものが用いられている。このBLシステムにおける光線の偏角原理は，図1の右下図において，シルクドット印刷の散乱効果により法線方向から55°前後のピーク角度をもって導光板から出射した光束①は，その上に配置された下拡散シートと屈折型プリズムシートにより最終的に略法線方向へ偏角される。2枚の直交した前記プリズムにシートにより，光の水平／垂直成分は共に法線方向へ集光されるが，それらの光度分布は半値全幅で約40°～50°となる。下拡散シートを通過した光束には，略法線方向へ出射する成分（図1の光束②）がかなりの割合存在するが，これら光束は頂角90°のプリズム両斜面により全反射され導光板側へ再び戻される。その後，反射，散乱，屈折を繰り返し，それら光束の一部がプリズムシートにより法線方向へ偏角可能な光へと変換され再利用される。こうした機構では，光が多くの部材を何度となく通過することによるエネルギー損失は避けられないが，これによる光のミキシング作用や高ヘイズな下拡散シートを使用していることから光学欠陥が視認され難くなり，BL品位は著しく向上する。原理的にさほど高い輝度は得られ難いが，プリズムシートの屈折率をより高めに設定することで，屈折作用が強くなり法線方向への集光効果が増すことで，さらに多少ではあるが輝度向上が見込める。

3 全反射型プリズムシート（Total Reflection Prism Sheet：TRPS）を用いたBLシステム[1～3]

図2は，全反射型プリズムシート（TRPS）を用いたBLシステムの概略図である。構成としては，液晶パネル側から，パネルとのスティッキング防止及び視野角調整を目的とした微弱拡散シート，TRPS，マット―プリズム形状が表裏に付与された楔形導光体（MPLG），並びに反射シートの比較的シンプルな構成である。さらに最近では，上述の微弱拡散シートの機能をTRPSと一体化したものも使用されている。このように部材点数が少ないということは，薄型化アセンブリの容易さやクリーン度の管理，コストの点からも大きなメリットである。図2の右下図及び図3は，このBLシステムにおける光線の偏角原理を示したものである。MPLGより法線から65～70度にピークをもって出射した光束は，TRPSのプリズム面で全反射され，法線方向へと偏角される。このときのプリズム稜線に対して直交する面での出射光度分布は，半値全幅で21～26度と集光性が高く，従来のBLシステムでは得られない高い法線輝度が得られる。

TRPSを用いたBLシステムの特性を従来システム（BEF）との比較で表1に示す。本システムでは，従来のシステムに比べ非常に高い輝度性能が得られる。

第14章 プリズムシート

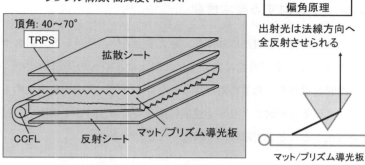

図2 全反射型プリズムシート(TRPS)を用いたバックライトシステム

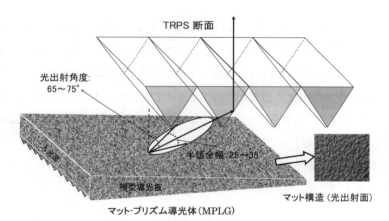

図3 マットプリズム導光板(MPLG)に要求される出射光特性

表1 バックライト性能の比較(15.4インチワイド型)

	従来BL	TRPS-BL
輝度(比較値)	〜2200 cd/m² (1.0)	2900〜5700 cd/m² (1.3〜2.6)
均斉度 (17点測定によるMin/Max)	65〜75%	60〜70%
半値全幅 (V:垂直/H:水平)	V:41度 H:45度	V:21〜26度 H:38〜50度
厚さ	—	より薄い
コスト	—	低コスト
シート部材点数	6	3〜4
導光板技術	容易	特有技術必要

4 プリズムシートに対する要求性能

プリズムシートには，輝度向上機能以外にも，耐光学密着性，低そり性，耐スクラッチ性などの諸特性が求められる。耐光学密着性に関しては，例えばTRPSの先端形状や，それに対向配置される導光板の出射面粗さを，光学密着が起こらないように，光の出射率制御も含め最適化する必要がある。また，低そりや耐スクラッチ性能に関しては，TRPSを構成する材料の組成や光重合条件などを最適化することで要求性能を満たすことができる。

5 高輝度全反射型プリズムシート（YタイプTRPS）[4〜7]

5.1 高輝度TRPS

図4の下図に示すように，従来型のTRPSでは導光板から出射した光は，その出射角度に広がりがあるため発散した光として全反射される。そこで，プリズム反射面の構造を詳細に光学シミュレーションし，その最適化を行った結果，図4の上図に示すように，プリズムピッチに対する適度な割合の曲率半径を有する曲面と，頂部近傍に平面形状を付与することで，反射光を法線方向へ効率よく集光させ，従来型に比べ15〜30％の輝度向上（輝度向上レベルはBLの構成にも依存）を図ることができた。

次節で説明する超高輝度TRPSも含め，これら改良型のTRPSを従来型のものと区別するため，総称してYタイプと呼んでいる。

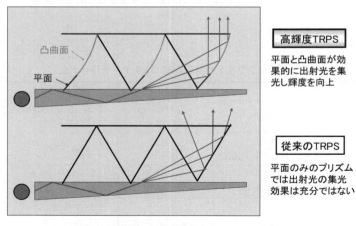

図4 高輝度TRPSの輝度向上メカニズム

5.2 超高輝度 TRPS

前節で述べた高輝度化技術に，さらに光の利用効率を高めた TRPS（超高輝度 TRPS）について説明する。従来型の TRPS や前節で述べた高輝度 TRPS に関しても同様であるが，図5の下図に示すように，導光板から出射した光束のうち比較的法線方向へ立ち上がって出射した光束は，プリズムの全反射面に到達することなく直接出射面に到達し，そのまま散乱するか，または導光板側へ戻され，その大部分がエネルギー損失となっていた。特に，MPLG からの出射光分布が広いものに関してはその傾向が強い。こうした問題を解決し光の利用効率を高める手段として，プリズム頂角に極端な非対称性を導入し，全反射プリズム面が平面と非球面で構成される独特な光学設計を採用することで，さらなる高輝度化を実現することに成功した。図5の上図に示すように，導光板からの光がプリズム部へ入射する際に，入射側のプリズム面で光束は大きく内側へと屈折させられ，もう一方の全反射面に到達する確率が高くなる。また，このプリズム形状においては全反射面のプリズム面積が大きいため，より多くの導光板からの光を受光し法線方向へ立ち上げることができる。このとき，プリズムシートの屈折率を高く設定すれば，内側へ屈折する効果はより高くなり，多くの光束を全反射面に向けて屈折させ，光利用効率をさらに高めることも可能である。ただし，この広いプリズム反射面において法線方向への高い集光性を持たせるためには，全反射側プリズム面の構造は平面と非球面構造からなることが必要不可欠である。この超高輝度 TRPS によって，従来型に比べ 25〜50％の輝度向上を図ることが可能となった。

以上述べてきた Y タイプ TRPS に関する出射光分布特性を図6に示す。高輝度 TRPS は従来タイプに比べ集光性を高める（半値全幅を狭める）ことで輝度向上を図っているが，超高輝度

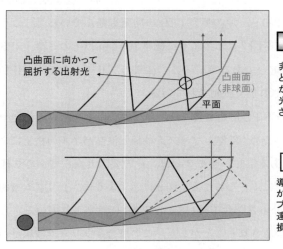

図5　超高輝度 TRPS の輝度向上メカニズム

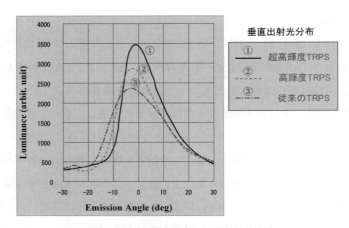

図6 各種TRPSの垂直出射光分布特性

TRPSでは，高輝度TRPSと集光性に大きな差はなく，先に述べた光利用効率を高めることでその輝度向上を実現している。

6 TRPSを用いたLED高輝度バックライト技術[3〜6,8]

6.1 小型モバイル用TRPS

特に携帯電話などの小型モバイル用途においては，極端なBLの軽量薄型化が進んでいる。現在BLユニット総厚として，薄いところで600〜700μm程度のものが商品化されている。近年LCD用BLにおいて，このサイズの薄型化が実現した理由は，高輝度な薄型LEDが商品化されてきたことにある。現在では220μm厚の薄型LEDの開発も進んでいる[9]。こうしたニーズに伴い，プリズムシートに関しても図7に示すように総厚100μm以下の薄型TRPSが商品化されており，今後さらに薄型化は進むであろう。一方，従来のプリズムシート(BEF)に関しては，既に62μm厚のものが商品化され広く使用されている。

モバイル用途のBLではノートPC用途と異なり，薄型のシートを用いることやプリズムシート上に拡散シートを使用しないため(図8)，プリズム稜線と液晶パネルの格子によるモアレパタンが視認され易くなる傾向にある。しかしモアレは，その要因となっている2種類の格子間のピッチ差が大きいほど視認されにくくなるため，図9に示すように，プリズム稜線のピッチは液晶パネル格子のそれよりも充分小さなサイズ(18μm以下)に設定されている。しかし，それでもパネルによってはモアレが視認されることがあり，この場合，プリズム稜線とパネルの格子が平行な配置関係にならないように数度の傾斜角(バイアス)を設けてBLユニットを構成するこ

第14章 プリズムシート

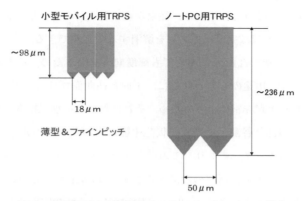

図7 小型モバイル用薄型ファインピッチTRPSの構造

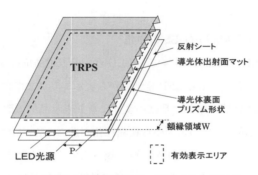

図8 モバイル用TRPSバックライトシステム

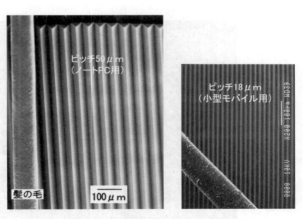

図9 小型モバイル並びにノートPC用TRPS

光学材料の屈折率制御技術の最前線

とで問題を解決している。こうした手法は，従来から多色刷りのスクリーン印刷にて行われていた手法であり，LCDにてもほぼ完全にモアレを解消することができる。

図9に示す18μmピッチのTRPSに関しても輝度向上を図るため，その断面構造は図4または図5に示したノートPC用途のものと同様に，平面と凸曲面プリズム形状が付与されている。この場合，プリズムピッチが非常に小さいため，それに伴い高い加工精度が要求される。ちなみに，TRPSのプリズム頂部と谷部とを結んだ仮想平面からの凸曲面の膨らみ(変位量)はサブミクロン($0.2 \sim 0.4 \mu m$)のオーダーであり，このディメンションにおいて正確なプリズム形状が形成されている。しかし，この値が所望の設計からわずか$0.1 \mu m$ずれるだけでTRPSの輝度性能を大きく損なう結果となる。このように$18 \mu m$以下のYタイプTRPSを製品化するに当たっては，上記精密なプリズム形状を付与するための金型加工技術，光重合賦形技術，そして，これら微細形状の検定を行う高精度評価技術など，様々な高度な生産技術が要求される。

6.2 TRPSを用いたモバイル用LED-BLの開発

TRPSを用いたLED-BLの商品化において，LED近傍の表示品位の改善が大きな課題である。図8において，LEDの配列ピッチPとLED発光面から表示エリアまでの距離(額縁幅)Wに対し，W/Pの値が小さいほどLED間の暗部が目立つようになり表示品位の改善が困難となる(図10)。近年LEDの高輝度化と表示エリアの増大から狭額縁化が進み，W/Pの値に対する要求はより小さい方へシフトしている。従って，LEDから導光板へ入射する光をできるだけ広げ暗部の領域を軽減する必要があり，導光板やBLシステム全体の設計にそれなりの工夫が必要である。

図10は上記LED間の暗部の発生原理を解明するために，導光板上にTRPSを載置した場合と，

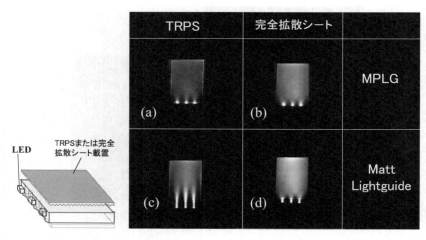

図10 TRPSを用いたLEDバックライトの光出射機構に関する解析

第 14 章　プリズムシート

代わって完全拡散シートを載置した場合の出射光パターンをCCDカメラでそれぞれ撮影したものである。この図の(a)と(b)ではMPLGを用いたもので，(c)と(d)はマット構造のみが付与された導光板を用いたものである．図10の(a)と(c)または(b)と(d)の結果をそれぞれ比較すると，導光板の裏面に縦プリズムを有するマット―プリズム導光板（MPLG）では，LED近傍の入光部品位が大きく改善していることがわかる．即ち縦プリズムは，LEDから入射した光を横方向へ広げる効果があることがわかる．

　導光板上に完全拡散シートを載置した実験では，導光板からの出射光は，その方向の如何にかかわらず等方的に散乱され，結果的に法線方向からCCDカメラによって撮影できるように可視化されることになる．従って，TRPSへ入射する以前の導光板からの出射光量の位置的分布（照度分布）を，言わばスカラー量としておおよそ観察することができる．このことを踏まえ，図10の(a)または(c)の結果に着目すると，LED間には著しい暗部領域が存在するが，完全拡散シートを載置した図10の(b)または(d)では，それら領域が明るくなっており，その部分で導光板から光が出射していたことが明白に理解できる．以上の実験結果からすると，TRPS–BLシステムにおいてはLED間の暗部領域の視認性に関しては，導光板から出射した光がTRPSに到達はしているものの，それがプリズムにより法線方向へ偏角されていないことが示唆される．このようにTRPSを用いたBLの入光部品位を改善するためには，LEDからの光を広げて暗部領域に向けるだけでは不充分であり，TRPSによって法線方向へ立ち上がる出射光成分（TRPSのプリズム稜線に対して略直交する出射光成分／縦プリズム方向の成分）が存在するようなMPLGの光学設計が必要であることが理解できる．

　図11は，そのための光学設計による光線追跡シミュレーションの様子を示したものであるが，MPLGへ入射した光が常に縦プリズム方向の成分を有するジグザグな導光モードを誘発しながら横方向へ広がっていく様子が見て伺える．こうしたジグザグ導光モードを制御するための設計

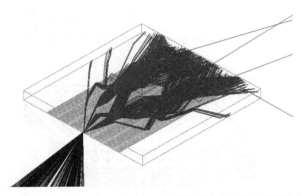

図11　光線追跡シミュレーションによるMPLG内部を導光する光のジグザグモードの様子

要素は，導光板裏面の縦プリズムの断面構造（傾斜成分）にあることが明らかとなっている[8]。また，こうした入光部品位の改善に関しては，500μm以下のより薄型の導光体を用いると原理的に有利に働き，高品位化が達成し易い。

LEDを光源に用いたBLはこれまで1.5〜3.8インチの携帯電話，デジタルカメラやPDAなどの小型アプリケーションが主流であったが，近年7.0〜14.1インチのモバイルノートPC用BLの商品化も進められている。

6.3 サーキュラー型 TRPS-LED バックライト[10]

これまで述べてきた高輝度化技術をさらに拡張し，LED光源1灯（または点光源）を使用したサーキュラー型TRPS-BLシステムについて説明する。図12に示すように，導光板のコーナー部にLED光源が1灯配置され，そこから導光板内部を放射状に導光し出射した光束は，上記LED光源を同心円状（サーキュラー状）に取り巻くように配置されたプリズム面に，常に直交するように進入する。次いで，その全ての光束が効率良く略法線方向に全反射される。即ちこの偏角プロセスにおいては，6.2節で述べたプリズム稜線がリニアタイプのTRPS-BLシステムに見られるような，全反射光が法線方向からずれて反射するような機構は原理的に存在せず，極めて光利用効率の高い高輝度なBLが得られる。その効果は絶大で，前節で述べたリニアタイプのTRPS-BLの輝度発現効率を大幅に上回るサーキュラー型BLが構築できた[10]。

LED光源の発光パワーが飛躍的に向上しつつある今日，ゲーム機，PDAや携帯電話などの比較的小型モバイル用途のアプリケーションにおいて，上記技術を用いたBLが今後益々有用になってくると思われる。

7 おわりに

韓国，台湾のメーカを始め，LCD部材のプリズムシートの市場に参入している企業は極めて多く，今後，価格競争の激化は避けられない。また，市場ニーズにおけるもう一つ大きな潮流と

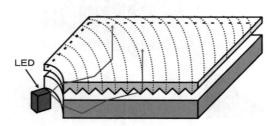

図12 サーキュラー型 TRPS-LED バックライト

第14章　プリズムシート

して，様々な部材統合による低コスト化の動きも加速しており，今後さらに機能性に優れた新たなプリズムシートの開発が望まれる。

文　　献

1)　山下友義，"バックライトユニット"，フラットパネルディスプレイ大事典，第1章，8節，p186 (2001)
2)　岡田博司，ディスプレイ，**10** (4), p14 (2004)
3)　山下友義，機能材料，**27** (4), p 34 (2007)
4)　Tomoyoshi Yamashita, "High Brightness LCD Backlight Technologies with Novel Light Reflection Films", Invited Lecture & Proceedings, FPD Taiwan 2004 Business & Technology Forum, p 1 (2004)
5)　山下友義，"新規輝度向上フィルムを用いた高輝度バックライト"，オルガノテクノ2006「有機ビジネステクニカルセミナーテキスト」(2006)
6)　山下友義，"高視野角・高輝度化を目的としたLCD用光学フィルムの技術トレンド"，セミナーテキスト (2006)
7)　Tomoyoshi Yamashita and Issei Chiba, USP7008009
8)　山下友義，林泰子，特開2004-6326
9)　山口裕，MATERIAL STAGE, **8** (3), p 61 (2008)
10)　Tomoyoshi Yamashita, Yasuko Hayashi and Issei Chiba, USP6669350

第15章　視野角拡大フィルム

熊谷吉弘*

1　はじめに

液晶ディスプレイ（LCD：Liquid Crystal Display）は，携帯電話，ノートパソコン，デジタルカメラ，デジタルオーディオプレイヤー，液晶テレビなど，多種多様な製品に使用されている。LCDの表示方式は，駆動方法や液晶の配列様式によって区別され，STN（Super Twisted Nematic）方式や，TN（Twisted Nematic），ECB（Electrically Controlled Birefringence），VA（Vertical Alignment），IPS（In-Plane Switching）などの表示モードを採用したTFT（Thin Film Transistor）方式があり，要求特性やコストなどによって使い分けが行われている。LCDの要求特性は多数あるが，視野角の狭さは開発当初から問題視されており，様々な改良が行われてきた。視野角の改善方法には様々な方法があるが，本章では位相差フィルムを用いた視野角の改善方法，特に液晶フィルムからなる視野角拡大フィルムを中心に説明する。

2　位相差フィルムの種類と製法

LCDに用いられる位相差フィルムは通常，有機系材料を用い，分子を配向させることにより作製される。使用する材料と配向方法によって分類すると表1のようになり，高分子系と液晶系のフィルムに大別することが出来る。高分子系では，ポリカーボネート（PC）やシクロオレフィンポリマー（COP）等のポリマーフィルムの延伸により光学的異方性を発現させたフィルムや，

表1　位相差フィルムの材料と製法による分類

材　料	分　類	製法（配向方法）
高分子系	延伸	ポリマーフィルムの延伸
	面配向	溶剤乾燥時のポリマー分子鎖の自発的配向
液晶系（液晶フィルム）	液晶ポリマー	液晶を配向後，ガラス状態で配向固定化
	反応性液晶	液晶を配向後，重合・架橋して配向固定化

---

*　Yoshihiro Kumagai　新日本石油㈱　研究開発本部　中央技術研究所　化学研究所
　　情報化学材料グループ　チーフスタッフ

第15章　視野角拡大フィルム

セルロースアセテートやポリイミド等を面配向させたフィルムが検討・実用化されている。製法や材料の適切な選択と組み合わせにより，光学的に1軸性や2軸性の異方性をもつフィルムが製造されている。

　一方，液晶系のフィルム（以降，液晶フィルムと呼ぶ）は，液晶分子がラビング等の配向処理方向に自発的に並ぶ特性を利用して作製される。ロール状のフィルムを連続的に配向処理することで，モノドメインの配向構造をもつ長尺の液晶フィルムを製造することができる。液晶フィルムの特徴は，①複屈折Δnが大きく，光学機能を有する部分の厚みを非常に薄くできること，②配向方向を自由に設定できること，③高分子系では実現不可能な液晶ならではの配向状態を実現できることにある。フィルム形態として使用するためには，液晶の配向を固定化する必要があるが，配向の固定化方法は2種類あり，液晶ポリマーを配向させた後，冷却してガラス状態として配向を固定化させる方法，反応性官能基を有する液晶材料を配向後に重合・架橋させることで配向を固定化させる方法が実用化されている[1]。

3　液晶フィルム

3.1　液晶フィルムの種類と配向構造[2]

　図1は液晶の配向を利用した位相差フィルムの種類と対応する液晶の配向を示している。液晶

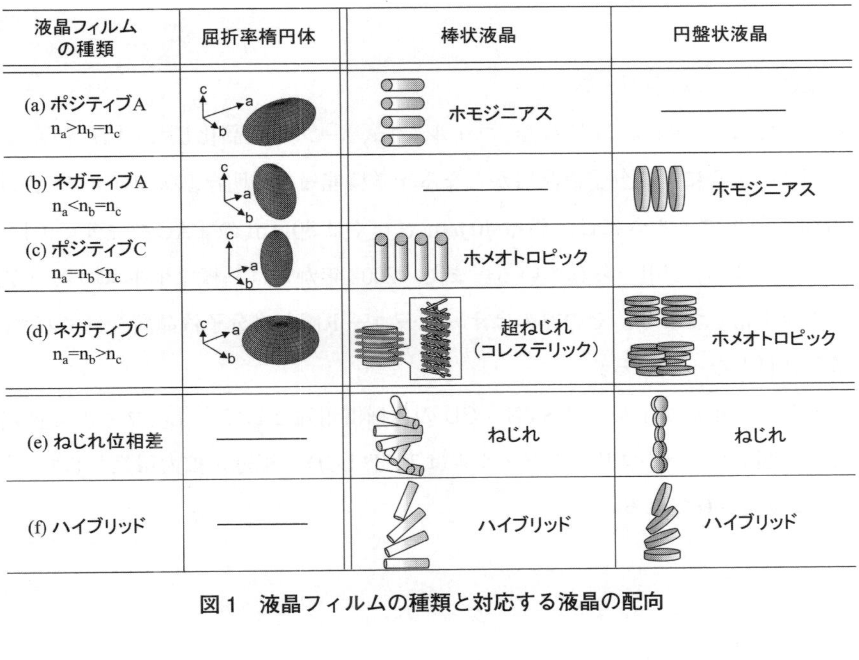

液晶フィルムの種類	屈折率楕円体	棒状液晶		円盤状液晶
(a) ポジティブA $n_a > n_b = n_c$		ホモジニアス		————
(b) ネガティブA $n_a < n_b = n_c$		————		ホモジニアス
(c) ポジティブC $n_a = n_b < n_c$		ホメオトロピック		————
(d) ネガティブC $n_a = n_b > n_c$			超ねじれ（コレステリック）	ホメオトロピック
(e) ねじれ位相差	————	ねじれ		ねじれ
(f) ハイブリッド	————	ハイブリッド		ハイブリッド

図1　液晶フィルムの種類と対応する液晶の配向

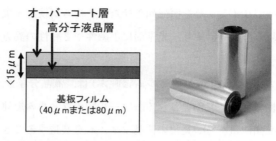

図2 「日石LCフィルム」シリーズの製品外観と層構成

は分子形状の違いにより棒状液晶と円盤状液晶(ディスコチック液晶)に分類できるが,それらをフィルム面上でどのように配向させるかで,様々な屈折率構造をもつフィルムを作製できる。棒状液晶を例として説明すると,ホモジニアス配向(水平配向)させた場合は,(a)ポジティブAプレートとなり,ホメオトロピック配向(垂直配向)させた場合は,(c)ポジティブCプレートとなる。棒状のネマチック液晶に光学活性成分を加えるとねじれ構造をもつ,(e)ねじれ位相差フィルムとなる。また,ネマチック液晶分子の配向方向をフィルム膜厚方向に徐々に変化させることも可能で,(f)ハイブリッド配向と呼ばれる。(e)ねじれ位相差フィルムと(f)ハイブリッドフィルムは,延伸などでは実現できない液晶系ならではの位相差フィルムであり,棒状液晶を使用した液晶フィルムとして,新日本石油㈱より,「日石LCフィルム」シリーズとして販売されている。また,円盤状液晶を使用した(f)ハイブリッド配向の液晶フィルムとしては,富士フイルム㈱より「WVフィルム」の商品名で販売されている。

3.2 「日石LCフィルム」シリーズ[3]

新日本石油㈱では,1995年に「日石LCフィルム」シリーズを製品化した。「日石LCフィルム」シリーズは図2のように,高分子液晶層からなる光学機能層を透明な基板フィルム上に形成させた構造をもつ。基板フィルムには,膜厚40μmもしくは80μmのTACフィルム(トリアセチルセルロースフィルム)が用いられている。また,2002年からは基板フィルムの無いTACレス型のフィルムも上市しており,その厚みはオーバーコート層と高分子液晶層合計でわずか15μm以下の超薄型仕様となっている。

図1(e)のねじれ位相差フィルムはSTN-LCDの色補償用途として,「LCフィルム」の名称で販売されており,図1(f)のハイブリッドフィルムはTFT-LCDの視野角拡大用途として,「NHフィルム」の名称で販売されている。

第15章 視野角拡大フィルム

4 視野角拡大フィルム

4.1 TNモード用液晶フィルム[2,4]

TNモードのTFT-LCDは90度ねじれのネマチック液晶を用いる表示方式であり、製造歩留りが高く、低コストであることから、ノートPCや液晶モニター、携帯電話などに幅広く用いられている。しかしながら、視野角が狭いという問題があり、斜めから見た場合にはコントラストが低下して白っぽい画像になったり、写真のネガのように階調反転する現象が見られる。そこで、図1(f)に示すハイブリッド配向をもつ液晶フィルムが視野角拡大フィルムとして用いられている。

TNモードのLCDでは、通常電圧印加時が黒表示であり、視野角拡大フィルムは黒表示の状態を補正するよう設計されている。図3のように黒表示では液晶セル中央部の液晶分子はガラス基板面に対して垂直に配向しているが、基板近傍では外部電場よりもアンカリングエネルギーが勝ることから、ハイブリッド構造をとる。この基板近傍のハイブリッド配向部分が視野角を悪化させる要因となっている。

視野角特性を屈折率楕円体を用いて考える場合、屈折率楕円体が球となることが理想である。すなわち、図1(a)や(c)のような細長い屈折率楕円体には、図1(b)や(d)のような平らな屈折率楕円体を合わせて球に近づけることが基本となる。基板近傍のハイブリッド配向部分は細長い屈折率楕円体が徐々にチルト角を変化させた構造と考えられることから、それらを打ち消すように同様なハイブリッド構造をもつ液晶フィルムを配置することが視野角補償には好適である。

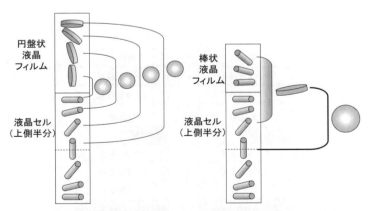

(a) 円盤状液晶フィルムによる補償　　(b) 棒状液晶フィルムによる補償

図3　ハイブリッド液晶フィルムによる視野角拡大の原理
（液晶セル上側半分の補償イメージ）

先に述べたように，ハイブリッド配向をもつ液晶フィルムとしては，図1(f)のように棒状液晶からなるものと，円盤状液晶からなるものの2種類があり，それぞれTNモード用の視野角拡大フィルムとして使用可能である。しかしながら，棒状液晶と円盤状液晶とで補償方法が異なる。

円盤状液晶からなる液晶フィルムでは，図3(a)のとおり，液晶セル中のハイブリッド配向した棒状液晶を円盤状液晶で逐次補償していく。これに対して，棒状液晶からなる液晶フィルムでは図3(b)のとおり，2段階の補償で液晶セル全体を補償する。まず初めに，液晶セル中のガラス基板近傍でハイブリッド配向している低分子棒状液晶と，液晶フィルム中の棒状分子とを互いに直交となるように配置して，屈折率楕円体を円盤状にする。次にこの円盤状の屈折率楕円体を液晶セル中央部の垂直配向している低分子棒状液晶を合わせることで屈折率楕円体を球に近づけ，セル全体を補償する。

以上の補償原理の違いにより，得られる効果も若干異なる。円盤状液晶からなる液晶フィルムで補償した場合はコントラスト重視の設計となり，棒状液晶からなる液晶フィルムで補償した場合は，画面左右方向の色変わりの少ない自然画表示に適した設計となる。

4.2 ECBモード用液晶フィルム[5〜7]

屋外でLCDを使用する場合，通常の透過型LCDでは外光の映り込みにより画面が見えにくくなるという問題があり，その解決方法の一つとして半透過型LCDが開発された。半透過型LCDとは，画素の半分は反射板を形成した反射型LCDとして機能し，残り半分はバックライトを利用する透過型LCDとして機能するよう設計されている。表示形式としてはECBモードやVAモードのTFT方式が主流である。

ECBモードの半透過型LCDでは円偏光モードが採用され，広帯域設計の円偏光板が使用され

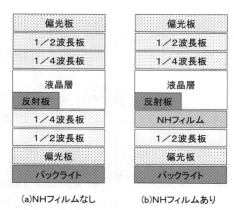

図4 ECBモード半透過型LCDの構造

第15章　視野角拡大フィルム

る。代表的な光学設計としては，図4(a)に示すように上下2枚ずつ計4枚の波長板が使用される。

ECBモードはねじれ構造はないものの，TNモードと同様に液晶セル内の液晶分子はハイブリッド構造を形成することから，透過表示時の視野角特性に問題があり，ここでもハイブリッド配向フィルムが視野角改善の観点で有効である。特に棒状液晶からなる当社の「NHフィルム」は，フィルム法線方向から見た場合は通常の波長板として機能させることができる一方，斜めから見た場合は非対称な内部構造をもつことから，図4(b)のように1枚の1/4波長板を「NHフィルム」に置き換えることで視野角を改善することが可能となる。

「NHフィルム」を使用した場合と未使用の場合の等コントラスト領域の比較を図5(a)，(b)に示す。図5(b)のとおり，「NHフィルム」を使用することで透過表示時の視野角特性を大幅に改善することができる。また，新日本石油では液晶分子の立ち上がり方（チルト角）を改善し，より高チルト化した「New NHフィルム」を2008年に製品化した。この「New NHフィルム」を使用す

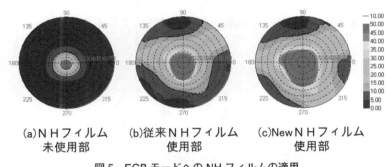

(a)NHフィルム　　(b)従来NHフィルム　　(c)New NHフィルム
　未使用部　　　　　　使用部　　　　　　　　使用部

図5　ECBモードへのNHフィルムの適用

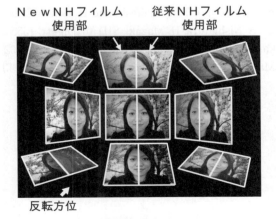

図6　実際の画像における効果

263

ることにより，図5(c)のようにさらに広視野角化が達成されている。図6は実際に写真を表示した状態で，正面および斜めに傾けて全方位から見た場合の画質の差を比較した例である。画面左側が「New NHフィルム」を1枚使用した場合で，画面右側が従来の「NHフィルム」を1枚使用した場合であるが，「New NHフィルム」を使用することで，斜めから見た場合でも階調反転のない，より良好な表示が実現できることが分かる。

5 おわりに

　液晶材料からなる視野角拡大フィルムを中心に解説を行った。液晶は延伸では実現できないねじれ配向やハイブリッド配向を含め，様々な配向状態を形成させることが出来ることから，多種多様な位相差フィルムを作製することができる。また，高分子系の延伸フィルムと比較して複屈折 Δn が大きいことから，薄型のフィルム設計にも最適である。近年，液晶ディスプレイの画質は飛躍的に向上しているものの，依然として液晶ディスプレイの画質や薄型化などに対する改善要求は厳しく，今後もニーズに適した液晶フィルムを開発していく予定である。

文　献

1) 豊岡武裕，小堀良浩，液晶，**4**(2)，p. 159 (2000)
2) 西村涼，液晶，**9**(4)，p. 237 (2005)
3) J. Mukai, T. Kurita, T. Kaminade, H. Hara, T. Toyooka and H. Itoh, SID '94 Digest, 241 (1994)
4) T. Toyooka, E. Yoda, Y. Kobori, T. Yamanashi and H. Itoh, SID '98 Digest, 698 (1998)
5) T. Uesaka, S. Ikeda, S. Nishimura, H. Mazaki, SID '07 Digest, 1555 (2007)
6) E. Yoda, T. Uesaka, T. Ogasawara, T. Toyooka, SID '02 Digest, 762 (2002)
7) S. Nishimura, H. Mazaki, *Mol. Cryst. Liq. Cryst.*, Vol. 458, pp. 35–43 (2006)

第16章 眼鏡用レンズ

高松 健*

1 はじめに

眼鏡レンズは,長い間ガラスで作られていたが,1940年代に入って,アメリカPPG社により図1のようなアリルジグリコールカーボネート（商品名：CR-39）が開発され,その重合体（ADC樹脂）が眼鏡レンズに応用されるようになった[1~3]。

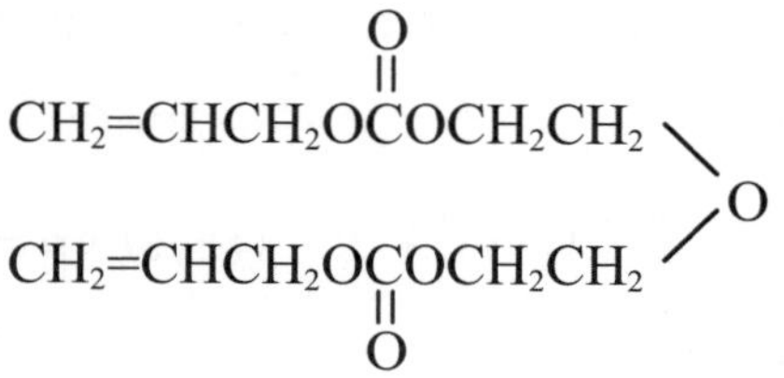

ADC樹脂は屈折率1.50,アッベ数58,比重1.32で,染色が容易に出来るというガラスレンズには無い特長が有り,さらにレンズ材料としての諸物性のバランスが良く,優れているため,現在

図1 アリルジグリコールカーボネート（ADC）

表1 おもな眼鏡レンズ素材

素材名	屈折率 (ne)	アッベ数 (νe)	比重
ガラスレンズ			
クラウンガラス	1.525	58	2.55
高屈折率ガラス	1.60	41	2.63
	1.71	41	3.21
	1.81	34	3.65
	1.89	30	3.99
プラスチックレンズ			
PMMA	1.49	58	1.19
ADC樹脂	1.50	58	1.32
PC	1.59	30	1.20
EYAS	1.60	41	1.32
EYNOA	1.67	31	1.37
EYRY	1.70	36	1.41
1.74レンズ	1.74	33	1.47
ベルーナZX	1.76	30	1.49

PMMA ：ポリメチルメタクリレート　　EYNOA ：商品名。HOYA㈱製
ADC　 ：アリルジグリコールカーボネート　EYRY　：商品名。HOYA㈱製
PC　　 ：ポリカーボネート　　　　　　　ベルーナZX：商品名。東海光学㈱製,データは同社カタログ値
EYAS　：商品名。HOYA㈱製

* Ken Takamatsu　HOYA㈱ ビジョンケアカンパニー　レンズテクノロジーセンター
　　開発部　ゼネラルマネジャー

に至るまでプラスチック眼鏡レンズのメイン素材として長く，広く使用されている。しかしながら，ADC樹脂は屈折率が1.50と低く，度数が強い眼鏡レンズでは，レンズの厚さが厚くなり，軽さのメリットも半減してしまうため，近年になって，プラスチック眼鏡レンズにおいても，さらに薄く，軽くというニーズが高まり，レンズ材料の高屈折率化が望まれるようになっていった。レンズ材料の屈折率を高くすると度数が強いレンズでも，より薄く，軽くすることが出来る。表1におもな眼鏡レンズ素材を示す。

2 プラスチック材料の分子構造と屈折率，分散

プラスチック材料の分子構造と屈折率との関係については，次のLorentz–Lorenzの式が有名である[4]。

$$(n^2 - 1)/(n^2 + 2) = (4\pi/3) N\alpha = R/V$$

ここで，
　n：屈折率，N：単位体積中の分子の数，α：分極率，R：分子屈折，V：分子容
である。

上式でも分かるように，分子構造中に分子屈折が高い構造を導入するとレンズ材料の屈折率が高くなる。

従来から高屈折率プラスチック透明材料の開発は，日本の材料メーカーとレンズメーカーを中心に盛んに行われており，重金属，フッ素以外のハロゲン，芳香環，あるいはイオウの導入など，検討されてきた。中でも芳香環を有する化合物は，数多く検討されている。

眼鏡レンズ材料の光学物性では，屈折率の他に光の分散の指標となるアッベ数も重要な物性であり，アッベ数が大きいほど分散が小さく，良好な光学特性を持っていることを意味している。一般的に材料の屈折率を上げるとアッベ数が下がる，すなわち分散が大きくなる傾向に有り，色収差の問題が生じるため，屈折率を上げても，それ程アッベ数を下げないような構造とすることが，分子設計の要である。

3 眼鏡レンズ用高屈折率プラスチック材料

分子設計の面からは，高屈折率プラスチック材料の分子構造を設計していくのは，比較的に容易であるが，実際の眼鏡レンズ用材料とするためには，他にも満足すべき性能が多々有り，分子設計で得られたものが，そのまま眼鏡レンズ用材料となるわけではない。

第16章　眼鏡用レンズ

　眼鏡レンズ用のプラスチック材料に求められるものは，屈折率，アッベ数，透明性，比重の基本的な物性の他に，耐熱性，耐溶剤性，耐擦傷性，耐衝撃性，耐候性や，染色性，加工性などが必要である。最近の表面処理技術の進歩により，これらすべての条件をプラスチック材料自身で満たす必要はなくなったが，それでも，レンズの総合的な物性は材料によるところが大きく，すべての特性を満足するものが，なかなか見つからないのが現状である。

　プラスチック材料には熱可塑性樹脂と，熱（あるいは光）硬化性樹脂とがあるが，現在市販されているプラスチック眼鏡レンズのほとんどは，熱硬化性樹脂であり，キャスト成形という，ガラスモールド内でモノマーを熱硬化させる方法で作られている。その理由は，熱（あるいは光）硬化性樹脂の方が，耐熱性や耐溶剤性が熱可塑性樹脂より優れており，また，多品種多量生産に，より適しているためであると考える。

4　プラスチック眼鏡レンズ高屈折率化の流れ

　プラスチック眼鏡レンズにおける，さらに薄く，軽くというニーズの高まりの中で，眼鏡レンズ用高屈折率材料の開発が本格的に始まったのは，1970年代になってからで，高屈折率とするため，芳香環やハロゲン基を有するアクリル，アリル化合物を中心に，さらに耐熱性，耐溶剤性を上げるため，多官能性モノマーを使用して分子内に架橋構造を有するものが検討された。

　1970～1980年にかけて，図2のビスフェノールAの誘導体を用いた眼鏡レンズ用高屈折率材料が開発され，特許出願された[5]。

　レンズとしては，1982年にポリカーボネート（PC）レンズを除いて初めての高屈折率プラスチック眼鏡レンズとして，セイコーエプソン（現セイコーオプティカルプロダクツ）から商品名「SEIKO Hi-Lord」というレンズが発売された。このレンズは，ハロゲン基を有するビスフェノールA誘導体を主成分とするレンズで，屈折率1.60，アッベ数32，比重1.38であった[6]。

　次いで，HOYAから商品名「Hi-Lux 2」というレンズが発売された。このレンズは，ジアリルフタレート系のレンズで，屈折率は1.55で，アッベ数は40を確保しており，比重も1.27と，汎用の眼鏡レンズの中では当時としては最も軽いレンズであった[7]。

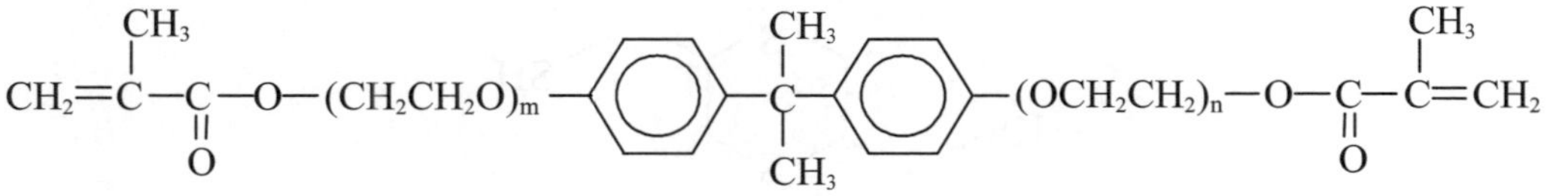

$$CH_2=\overset{CH_3}{\underset{O}{C}}-C-O-(CH_2CH_2O)_m-\text{[benzene]}-\overset{CH_3}{\underset{CH_3}{C}}-\text{[benzene]}-(OCH_2CH_2)_n-O-\overset{CH_3}{\underset{O}{C}}-C=CH_2$$

図2　ビスフェノールA誘導体

その後,各レンズメーカーから,ジアリルイソフタレート,ジアリルテレフタレート,ベンジルメタクリレートなどの芳香族系の(メタ)アクリル,アリル化合物の共重合体,さらには,初めて内部にウレタン結合を有するウレタンアクリル系などの高屈折率プラスチック眼鏡レンズが発売されてきた。

1987年,日本の三井東圧化学㈱(現三井化学㈱)が開発した商品名「MR-6」というモノマーを使用した高屈折率プラスチック眼鏡レンズが発売され,引き続いて数社から同様なレンズが発売された。

このMR-6を使用したレンズは,芳香族イソシアネートとチオールとを組み合わせた,チオウレタンプラスチック材料のレンズで,屈折率1.60,アッベ数36,比重1.35であった[8]。

チオウレタンプラスチック材料のレンズは,これまでの芳香族系アクリル,アリル化合物を中心とした高屈折率プラスチック眼鏡レンズに比べ,屈折率が高いがアッベ数も高く,また,割れにくく,安全性の面でも優れていたため,その後の高屈折率プラスチック眼鏡レンズの主流となっていった。

1992年には,同じチオウレタンプラスチック材料で,屈折率1.67,アッベ数32,比重1.35のレンズが発売された。

こうした,プラスチック眼鏡レンズの高屈折率化の流れの中で,視力補正の立場から,単に屈折率が高いだけでなく,アッベ数もさらに向上させたレンズの開発が望まれた。視力補正機能を考えた場合,眼鏡レンズ材料としては,アッベ数は出来る限り大きい方が望ましい。

1993年,HOYAから商品名「EYAS」というレンズが発売された。このレンズは,高屈折率レンズ用として最適な分子構造を持つ材料とするため,分子設計から見直しを行い,前述の芳香環やハロゲン化物を使用せず,図3のような2,5-ジメルカプトメチル-1,4-ジチアン(DMMD)という新規な環状化合物を開発し,これを主成分としたチオウレタンプラスチック材料のレンズで,屈折率が1.60であり,アッベ数も42と高く,初めてガラスレンズに匹敵する光学物性を持つレンズとなった。また脂肪族環状構造とすることにより,耐熱性,耐候性などが大幅に改良されたレンズになった[9]。

その後,数社から同様な,屈折率1.60で,アッベ数が40前後のレンズが発売されてきた。

1998年,HOYAから屈折率が1.71のレンズが初めて発売された。このレンズは,エピスル

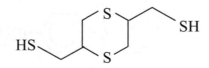

図3　2,5-ジメルカプトメチル-1,4-ジチアン(DMMD)

第 16 章　眼鏡用レンズ

フィド化合物を主成分とするレンズで，プラスチック眼鏡レンズとして，初めて屈折率 1.7 を越すレンズとなった(アッベ数 36，比重 1.40)。翌 1999 年には，東海光学からも同様なレンズが発売された。

2000 年 4 月になり，アサヒオプティカル，ニコンエシロール，ティーエスエル，セイコーオプティカルプロダクツの 4 社から屈折率 1.74 のレンズが発売された(アッベ数 33，比重 1.47)。これらのレンズもエピスルフィド化合物を主成分としているが，ジスルフィド結合の導入，イオウとの直接反応などにより，ポリマー材料のイオウ含有率をさらに高めたものであった。

2001 年には，HOYA から商品名「EYRY」というレンズが発売された。このレンズは，前述の屈折率 1.71 のレンズの強度をさらに改良したレンズで，屈折率 1.70，アッベ数 36，比重 1.41 であった。

2006 年 4 月には，東海光学から商品名「ベルーナ ZX」という屈折率 1.76，アッベ数 30，比重 1.49 とこれまでのプラスチック眼鏡レンズの中で最高の屈折率のレンズが発売された。

これら屈折率 1.7 以上のレンズに使用されているエピスルフィド化合物のモノマーは，三菱ガス化学㈱，三井化学㈱の 2 社が特許を有し，いずれも日本の化学メーカーが優勢を保っている[10,11]。

現在では，プラスチック材料の屈折率を上げる方法は，如何にしてポリマー構造内のイオウ含有率を高めていくかが主流となっており，屈折率 1.7 以上のレンズも数社から市販されているが，市販レンズとしては，高屈折率化したことによる効果と他物性とのバランスが重要である。イオウの含有率を高めていくと，着色や耐候性の問題が出てくるため，引き続きモノマー材料メーカーや，レンズメーカーの更なる改良が待たれる。さらに屈折率を上げていくためには，金属の導入など，イオウの導入以外の新たな手段が必要となってくる。

現状では屈折率 1.7 以上のレンズは，まだまだ高価であり，日本では，汎用の ADC 樹脂を使用した屈折率 1.5 のレンズの他，高屈折率レンズとしては屈折率 1.6 のレンズが主流となっている。

文　献

1) Dial, W. R., and Gould, C. (to Pittsburgh Plate Glass Co.), USP 2,379,218 (June 26, 1945)
2) Muskat, I. E., and Strain, F. (to Pittsburgh Plate Glass Co.), USP 2,370,565 (Feb. 27, 1945)
3) Beattie, John O., USP 2,542,386 (Feb. 20, 1951)
4) 大塚保治, 高分子, **43**, 266 (1994)
5) 特開昭 55-13747

6) 木田泰次，最上隆夫，日化協月報，**40**，No.8 27 (1987)
7) 特開昭 57-212401
8) 笹川勝好，日化協月報，**47**，No.2 8 (1994)
9) 特開平 03-236386
10) 特許 3491660 号 他
11) 特許 3621600 号 他

第 5 編
ナノテクノロジーを利用した屈折率制御と新規光学デバイス

第1章 ナノフォトニクスデバイス
~複屈折コントラスト近接場顕微鏡による観測~

梅田倫弘*

1 はじめに

偏光現象への興味には,科学史的には300年以上の歴史的背景があるが[1],日常生活を考えるとき,偏光はそれほどなじみのあるものではない。しかしながら,昨今の液晶ディスプレイや光ディスクに見られるように,いわゆるオプトエレクトロニクスの進展に伴って,偏光特性を積極的に使うことで性能を著しく向上させる光学機器が出現し,我々の生活に溶け込んでいる状況が出現した。

さらに,このようなオプトエレクトロニクスの発展のもう一つの側面として微細加工技術を始めとするマイクロ・ナノテクノロジーの発展がある。光学の分野でもマイクロテクノロジーは,可視光波長がマイクロメートルオーダーであるため,加工・計測等において積極的な研究開発が行われていたが,1980年後半から近接場光学が世界の研究者の注目を集めるところとなり,光でナノサイズを計る,加工する,操作する等の技術的発展に結びつきはじめた[2]。よく知られているように,光には回折限界という物理的限界により,光学顕微鏡で解像できる大きさには限界があった。これに対して近接場光学では,試料近傍に存在する近接場光がもつ高空間周波数成分が波長に依存しないことが明らかにされ,走査型近接場光学顕微鏡(SNOM)にとどまらずナノ空間に局在する光波を扱うナノフォトニクスが注目の的となっている。

さらに,ナノフォトニクスに偏光の概念を導入しようとする動きもある。例えば,近接場光学顕微鏡開発の初期段階で,直線偏光コントラストによるアルミリングの観測が行われ,観測像の偏光方位依存性が報告されている[3]。この他にも直交ニコルによる複屈折分布の定性的観測[4]や光弾性偏光変調器によるチタン酸ストロンチウム結晶の観測[5]などいくつかの報告がある。また,左右円偏光同時発振レーザーを光源とする高速複屈折測定法が提案され[6],その計測原理を近接場光学顕微鏡に導入した複屈折SNOMが新たに開発されている[7]。

---

* Norihiro Umeda 東京農工大学 大学院共生科学技術研究院 教授

2 近接場光学顕微鏡の構成

2.1 SNOM の観測モード

SNOM において検出される局所物理量が光であるために，多様な情報を利用できる。例えば，強度，波長（周波数），偏光，位相，時間パルス性，非線形光学現象の利用，あるいは蛍光によって試料の多様な情報を獲得できる。また，光の強度を検出する通常の SNOM にも様々な光学配置が提案されている。そのうち主な装置構成を図1に示す[2]。

図1(a)の集光モードは，試料表面近傍に存在する透過近接場光をプローブで散乱させて伝搬光に変換し検出器まで導波させる。光検出器の前に微小開口を設け，それを近接場領域で走査させている。図1(b)の照明モードは，(a)とは逆に，試料を光源で照明し光源からの光を光ファイバー等によってプローブまで導波させてプローブ先端開口から出射する光で試料を照明し，その透過光をレンズで集光して光検出し，試料の透過特性分布を求める。いわば，プローブ先端を微小光源とすることで超解像を実現させている。図1(c)は(a)と(b)を組み合わせた照明―集光モードであり，特に不透明な試料に適する。ただし，光がプローブの微小開口を二回通過することになるので，検出信号の SN 比を確保するための工夫が必要である。この他にも，金属プローブを利用したり，全反射におけるエバネッセント波を利用するなど様々な SNOM 光学系が提案されている。

2.2 プローブ

プローブは，SNOM の横分解能を決定する重要な構成要素であり，表1に示すようにこれまでに様々なプローブが提案されている。

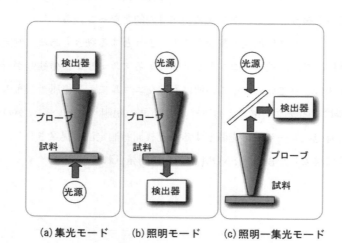

(a) 集光モード　(b) 照明モード　(c) 照明―集光モード

図1　SNOM の基本光学配置

第1章　ナノフォトニクスデバイス～複屈折コントラスト近接場顕微鏡による観測～

表1　近接場光学顕微鏡に使われる各種光プローブ

プローブ名称	特徴	先端開口径，曲率半径等
溶融延伸光ファイバープローブ	製作が容易で短時間，形状制御はやや困難	50nm 程度
選択化学エッチング光ファイバープローブ	製作が容易，形状制御性に優れ各種の形状の製作が可能	10nm 以下も可能
金属プローブ	STM用プローブを利用可能	10nm 以下
微小球プローブ	高い空間分解能，高いSN比	500nm ラテックス球
カンチレバー	AFM用窒化シリコン製カンチレバーの利用，形状が均一，低価格	20nm 以下

　光ファイバーを用いたプローブは，SNOMが開発され始めた当初から使われている。例えば，生物細胞用ガラス電極を作成するために市販されているピペットプラーによる溶融延伸法は簡便でよく使われている[8]。しかし，形状再現性にやや乏しく，最小の先端曲率半径は50nm前後と比較的大きくなるのが欠点である。これに対して，化学エッチングによる方法はいくつかの手法が提案されている。簡単にはフッ酸に直接浸漬させてエッチングさせたり，キシレンやブロモデカン等のフッ酸に混和性のない比重の軽い溶液をわずかに浮かせた保護層エッチングでメニスカスを利用して円錐形状のプローブが作られている[9]。

　一方，フッ化アンモニウムとフッ酸によるバッファフッ酸溶液に浸漬させて選択的に光ファイバーのクラッドとコアのエッチングレートをコントロールして様々な形状のプローブを製作する方法が開発されている[10]。選択化学エッチング法は，エッチング溶液の組成比を調節することによって様々な形状にできる制御性に優れ，また，その先端曲率半径も化学反応レベルでの加工であるため10nm以下に製作できる特徴がある。

3　複屈折近接場光学顕微鏡

3.1　複屈折分布の取得条件

　前述のように光は様々な物理量を検出物理量にすることができるので，検出したい光学情報に最適な計測光学系やそれに付随した各種の計測条件をクリアしなければならない。そこで，試料の複屈折分布を得るために，その基本光学系に要求される条件を考えてみる。

① 短い測定時間：近接場光学顕微鏡はプローブ顕微鏡の一種で，プローブによる一点計測である。したがって，測定時間が短くとも2次元情報を得るには2乗の法則で計測点が増える。このため，走査系のドリフトや試料複屈折の変動等の外乱が観測データに入り込む余地を与えてしまう。そのため，例えば64×64点の試料面上でのサンプル点を10秒以内で観測す

るには，一点あたり1ミリ秒オーダーの高速性が要求される。

② 必要な測定精度：複屈折は複屈折位相差と主軸の方位角によって表される。理想的には両方の値を高精度に測定できることであるが，現実的には測定時間やコストなどの制約があり，ある程度妥協せざるを得ない。一般的には1nmの複屈折位相差と0.1度程度の方位角分解能があれば十分である。

③ 適切な光学系：近接場光学顕微鏡の構成は，2.1項で述べたように大きく分けて集光モードと照明モードに分けられる。試料透過光の偏光状態は，試料の偏光特性のために微小な偏光変調を受けているので，検光子（アナライザー）・光検出器によって電気信号になる手前まで，できるだけ偏光状態を維持する必要がある。つまり，試料透過後の光学系は偏光状態が変化しないようにするためには，集光モードにおける光ファイバーのような偏光特性が不安定な光学素子は使わない方がよい。一方，照明モードでは，たとえ光ファイバーによって偏光状態が乱されても波長板や偏光補償器を用いてファイバー入射前に偏光補償を行うことによって所望の偏光状態で試料を照明できる。すなわち，照明モードが，複屈折SNOMに適している。

3.2 高速複屈折計測法

以上のような条件を満足する複屈折測定光学系として，直線偏光方位回転変調法を基本とする軸ゼーマンレーザを用いた高速複屈折測定法が考案されている[6]。その基本光学系を図2に示す。一般に等強度の左右円偏光の合成偏光状態は直線偏光である。もし，それらの円偏光成分に周波数差があるときには，直線偏光方位が回転し，その毎秒回転数は周波数差に相当する。図2に示した光学系に使用した回転直線偏光光源にはHe-Neレーザー管の光軸方向に数百ガウスの直流磁場を加えた軸ゼーマンレーザーを用いた。周波数差である左右円偏光のビート周波数は100kHz程度である。軸ゼーマンレーザーSAZLからの出射光は，試料を透過後，方位45度の4分の1波長板，方位0度の直線偏光子を通して検出器で軸ゼーマンレーザーの左右円偏光成分間のビート周波数を検出する。検出交流信号は2位相ロックインアンプ（LIA）とローパスフィルタ（LPF）に入力される。LIAの参照信号として軸ゼーマンレーザーの制御ビート信号を使用している。参照信号に対して検出信号の直交信号成分を同期検出する。直交信号成分I_x，I_yおよびLPF出力I_{DC}はパーソナルコンピュータに取り込まれ，下記のような式を用いて試料の複屈折位相差Δと進相軸方位ϕが計算される。

$$\Delta = sin^{-1}\left\{\frac{\sqrt{I_x^2+I_y^2}}{I_{DC}}\right\} \tag{1}$$

第1章　ナノフォトニクスデバイス～複屈折コントラスト近接場顕微鏡による観測～

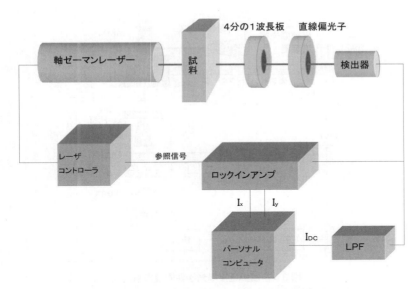

図2　軸ゼーマンレーザーによる高速複屈折測定の光学系

$$\phi = \frac{1}{2} tan^{-1}\left\{\frac{I_y}{I_x}\right\} \tag{2}$$

3.3　装置構成

図2に示した基本原理に基づいて開発された複屈折SNOM装置の構成を図3に示す[7]。光源のSAZL（波長632.8nm）から出射したレーザ光は対物レンズにより光ファイバーに入射され，光ファイバープローブから出射する。この際，光ファイバー内での複屈折の影響を打ち消すため，レーザーの直後に波長板からなる偏光補償装置を通して光ファイバープローブからの出射光を左右円偏光状態にする。出射光は試料を通過し，対物レンズにより平行光にされ，方位45°の1/4波長板（QWP），方位0°の直線偏光子（LP）を通過後，レンズにより集光され，光電子増倍管（PM）により光電検出される。この検出信号はI/V変換器を通過後，SAZLのビート周波数と同期した交流成分がロックインアンプ（LIA1）によって，また遮断周波数100Hzのローパスフィルタ（LPF）によって直流成分がそれぞれ検出される。これらの信号をパーソナルコンピュータ（PC）に取り込み，複屈折位相差，主軸方位を計算し，プローブの位置座標とともに画像データとなる。

光ファイバープローブ―試料間距離の制御には，シアフォース法を用いた。この力による光ファイバープローブの振動振幅の減少を検出し，光ファイバープローブの位置を制御することで

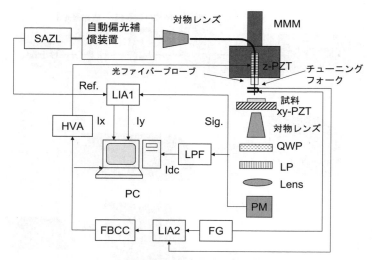

図3　複屈折近接場光学顕微鏡の構成

光ファイバープローブ―試料間距離を数十 nm で一定に保つことができる。光ファイバープローブには，CO_2 レーザーで光ファイバーを溶融・延伸することで先鋭化し，スパッタリングによりアルミニウム薄膜をコーティングして先端に微小開口を形成したものを使用した。プローブの先端曲率は約 100～200nm である。

4　液晶薄膜の分子配向観測

よく知られているように，液晶はその分子構造のために光学応答に大きな異方性を有する材料として注目され，平面ディスプレイの中心材料として使われている。このような液晶デバイスは，例えばネマティック液晶のような棒状高分子の基板表面およびそれに挟まれた内部における配向状態を如何に制御するか，あるいは電気的あるいは物理的相互作用のもとでどのように振る舞うかを見極めることが，デバイスの性能を決定づける。これまでに液晶分子の配向状態の評価については多くの先行研究があるが，透過光による評価法がほとんどであった。これに対して，最近，液晶薄膜の膜厚方向の複屈折応答を複屈折 SNOM で計測することによって，液晶と配向膜界面における液晶分子配向状態を推定する方法が開発されている[11]。

図4に示すように，試料である液晶薄膜に上方から複屈折 SNOM プローブを接近させながらその透過光を偏光計測することで，液晶膜厚方向における複屈折変化を計測する。この際，プローブ振動によるシアフォース測定によって，液晶表面と配向膜ガラス基板表面の位置をシアフォースのダンピングによる振幅減少点を検出してプローブ先端の膜厚方向の位置を知る。実験

第1章 ナノフォトニクスデバイス～複屈折コントラスト近接場顕微鏡による観測～

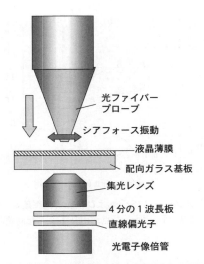

図4 液晶薄膜の膜厚方向の複屈折分布計測方法

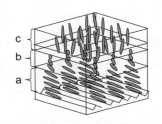

図5 液晶薄膜の分子配向状態のモデル図

では，ローラーラビングによって配向されたポリイミド水平配向膜が製膜されたガラス基板の上に，ネマティック液晶(6CB)をスピンコートして試料とした。

この実験において液晶薄膜を図5に示したモデルのように仮定した。基板に接する最下層(a)は完全配向層，そしてチルト層(b)，表層(c)である。表層の液晶分子は立っている状態（ホメオトロピック配向）にあると仮定する。

図6に，基板ラビング方向とシアフォースの振動方向が直交状態における液晶薄膜に対するシアフォース振幅SF，複屈折位相差Δ及び主軸方位Φのプローブ位置に対する変化を示す。シアフォース振幅の変化から，(a)点が液晶薄膜表面，(c)点がポリイミド基板表面であることが分かる。つまり，実験に用いた液晶薄膜の膜厚は，650nmであると推定できる。同様に，Δ，Φともに同じ点で変化が見られる。

一方，Δは液晶薄膜表面から急激に減少するものの，その後，増加して(b)の点で極大値をとり，再び減少していることが分かる。この原因は，液晶表層にファイバーが接触すると，ファイ

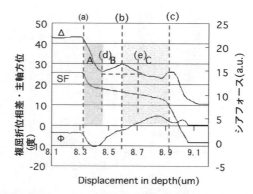

図6 液晶薄膜のシアフォース(SF)および複屈折位相差Δ・主軸方位φの変化
(a)点が，液晶薄膜表面，(c)点がポリイミド配向膜基板表面

バーの振動によって液晶の再配向が生じ，その再配向方向がラビング方向と直交するので，Aの領域で示すように，プローブ先端が進むにつれて複屈折位相差が減少すると考えられる。一方，Bの領域で示すように，ラビングされたポリイミドによる配向規制力が次第に強くなるため，シアフォースによる再配向は困難となる。その結果，プローブの挿入深さとともに，再配向層が薄くなるので，全体的に複屈折位相差が，一時的に増大する。さらに，プローブがチルト層に入ると，Cの領域で示すように，液晶膜厚の減少とともに，複屈折位相差は徐々に減少する。最後に，プローブが基板に接触する。

この測定結果は，シアフォースという外部の機械的剪断力を液晶に与えることで，ポリイミド配向基板による配向規制力が基板表面からどの程度の距離まで影響を与えているかを，液晶分子の複屈折応答を調べることで明らかにすることが出来たことを示している。この他にも，シアフォース振動を与えない場合やホメオトロピック配向基板における複屈折応答などによって，より多角的な液晶応答を調べることが可能である。

5 AFMナノラビングによる液晶薄膜デバイス

前述のように液晶分子は大きな光学異方性を持つため，その配向状態を精度良く制御できれば，様々なフォトニクスデバイスが実現できる。これまでに報告されている液晶の配向技術には，大きく分けてラビング法と光配向法がある。さらにラビング法には，ローラーラビング法，原子間力顕微鏡のナノプローブ(探針)によるナノラビング法[12]，ダイヤモンドやサファイア針を擦りつけるマイクロラビング法[13]が提案されている。ローラーラビング法は，ベルベット布をローラーに巻き付けて擦ることによって大面積における配向制御が高速に低コストで可能であ

第1章　ナノフォトニクスデバイス～複屈折コントラスト近接場顕微鏡による観測～

るため，液晶ディスプレイなどの民生品の製造段階において多用されている。しかし，発塵や静電気によるTFTの破壊等の問題がある。これに対して，ローラーラビングの欠点を克服する方法として偏光紫外光などをポリイミド配向膜に照射する光配向法[14]が研究されている。しかしながら，液晶分子配向を規制する力（アンカリング力）がローラーラビング法に比べて弱いのが欠点である。

一方，大面積には向かないものの微小面積における制御性の良さ，発塵のない方法として原子間力顕微鏡（AFM：Atomic Force Microscope）ナノラビング法やマイクロラビング法が提案されている。特に，前者はAFM探針によってポリイミド配向膜に深さ10nm以下の溝を形成してその溝に沿って液晶分子を配向させる。これによって双安定状態メモリの提案がなされている[15]。しかし，この方法もAFM探針の摩耗や配向パターンの書き換えが出来ないことなどの問題点がある。

そこで，配向膜に溝が形成されない程度の押しつけ力でAFM探針を液晶薄膜内において擦ることで液晶が安定に配向出来ることが見出されている[16]。

5.1　AFMナノラビング直接配向法

AFM探針による液晶分子の直接配向実験が行われた。まず，ポリイミド（CBDA/BAPP）薄膜が成膜されたガラス基板上に液晶（K-18（6CB），Merck社）を滴下してスピンコーターによって液晶を薄膜化させる。このガラス基板をAFM（SPA-300，SII）によって接触モードで走査させる。このとき，探針の押しつけ力，走査速度および走査密度をラビングパラメータとして，液晶分子の配向状態にどのように影響するか実験を行った。

液晶分子の配向状態の微細構造を観測するために，前述の複屈折近接場光学顕微鏡で定量的に評価した。

5.2　実験結果

図7は探針の試料への押しつけ力を変えてラビングしたときの複屈折主軸方位の画像である。下地のポリイミド基板のローラーラビング方向は水平0度に対して，AFMラビングの方向はそれに直交な垂直方向である。図7(a)の30nNや10nNでは再現性良く複屈折方位が下地に比べて90度だけ回転していることが分かる。また，図7(b)から0nNの押しつけ力でも十分液晶分子方位が回転していることがわかる。ただ，負の押しつけ力，すなわち探針先端がポリイミド表面から離れている場合には，複屈折の変化がないことを確認しており，探針とポリイミドの接触が液晶分子軸方位を回転させるのに重要な役割を果たしていることを示唆している。

この技術を用いて特殊な配向パターンを有する液晶デバイスを作製し，その有効性を確認する

光学材料の屈折率制御技術の最前線

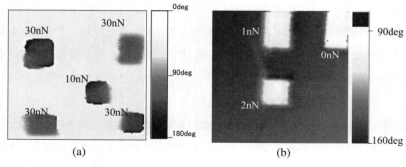

図7　AFMナノプローブの押しつけ力に対する複屈折主軸方位分布

ための基礎実験が行われている[16]。放射直線偏光子は，すべての方位角の直線偏光子が一度に得られる特殊な偏光子であり，直線偏光方位を判定したり，複屈折計測などに利用されている。そこで，放射液晶配向パターン基板とローラーラビングポリイミド基板を組み合わせた放射直線偏光子を作製した。

まず，放射配向パターン基板を作製するため，ポリイミド薄膜がコーティングされたガラス基板上にネマティック液晶（6CB）を滴下し，スピンキャスト（1000rpmで20秒，3500rpmで3分）することで膜厚1μmの液晶薄膜を作製する。次にSi_3N_4製カンチレバーを用いた原子間力顕微鏡によって一定圧力モードで放射状パターンを描く。カンチレバーの印加圧力は10nN，走査速度は32μm/sである。図8は，150μm四方の範囲内を放射状にAFM探針を走査して作製した放射液晶配向パターンの偏光顕微鏡の透過像である。直交ニコル状態で観測しているので，水平及び垂直方向に消光方位が観測されている。

このようにして作製した放射配向パターン基板とローラーラビングされたポリイミド基板を挟む。その際，それらの間に直径5μmのガラス球を散布してスペーサーとする。製作した放射直線偏光子の偏光応答特性を評価した。その結果を図9に示す。入射直線偏光方位をそれぞれ(a) 0度，(b) 45度，(c) 90度としたときの透過像である。消光線方位が，入射偏光方位の回転に応じて回転していることが明白である。これによって円偏光もしくは無偏光状態の光を入射させると，すべての方位を有する直線偏光，すなわち放射直線偏光が得られることが分かる。この偏光光源を使うことで一回の計測で瞬時に異方性物体の複屈折を計測できるワンショット複屈折計測法が報告されている[16]。

第1章　ナノフォトニクスデバイス～複屈折コントラスト近接場顕微鏡による観測～

図8　放射液晶配向パターンの偏光顕微鏡観察像

図9　入射直線偏光方位 θ に対する放射直線偏光子の透過像
(a) $\theta = 0°$，(b) $\theta = 45°$，(c) $\theta = 90°$

6　おわりに

　以上，SNOMの基本構成，実現する上でのポイント，およびSNOM装置の具体例として複屈折SNOMの装置構成について紹介した。試料の複屈折に対してコントラストが得られるため，固有複屈折，応力性複屈折，構造性複屈折などの解析が可能である。特に，液晶やナノファイバーなど光電界との相互作用に異方性を持つような試料の可視化には有用である。その一例として液晶薄膜の複屈折応答を，膜厚方向の関数として観測し，その観測結果から液晶配向に関する知見を得ることが出来る可能性を示した。また，液晶薄膜内を原子間力顕微鏡カンチレバープローブでラビングすることで液晶分子を配向できる手法について述べ，その応用として放射直線偏光子デバイスの作製について紹介した。

謝辞
　液晶膜厚の複屈折応答研究において有益な討論及び実験試料をご提供頂いた東京農工大学大学院飯村靖文准教授に感謝申し上げます。

文　　献

1) D. Goldstein, Polarized Light, Marcel Dekker, Inc (2003)
2) 大津元一，河田聡編，近接場ナノフォトニクスハンドブック，5, オプトロニクス社 (1997)
3) E. Betzig, J. K. Trautman, J. S. Weiner, T. D. Harris, and R. Woife, *Appl. Opt.*, **31**, 4563 (1992)
4) R. L. Williamson and M. J. Miles, *J. Vac. Sci. Technol.*, **B14**, 809 (1996)
5) E. B. McDaniel, S. C. McClain, and J. W. P. Hsu, *Appl. Opt.*, **37**, 84 (1998)
6) N. Umeda, S. Wakayama, S. Arakawa, A. Takayanagi, and H. Kowa, SPIE Proceedings, No. 2873, 119 (1996)
7) S. Ohkubo and N. Umeda, *Sensor and Materials*, **13**, 433 (2001)
8) M. G.-Parajo, T. Tate, and Y. Chen, *Ultramicroscopy*, 61-1-4, 155–163 (1995)
9) P. Hoffmann, B. Dutoit, and R-P Salathe, *Ultramicroscopy*, 61-1-4, 165–170 (1995)
10) M. Ohtsu, Near-Field Nano/Atom Optics and Technology, Springer-Verlag, 31–87 (1998)
11) J. Qing, K. Iwami and N. Umeda, *Appl. Phys. Exp.*, **1**, 111501. 1–3 (2008)
12) J. Kim, M. Yoneya J. Yamamoto, and H. Yokoyama, *Nanotechnology*, **13**, 133–137 (2002)
13) M. Honma, K. Yamamoto and T. Nose, *J. Appl. Phys.*, **96**, 5415–5419 (2004)
14) W. M. Gibbons, P. J. Shannon, S.-T. Sun and B. J. Swetlin, *Nature*, **351**, 49 (1991)
15) J. Kim, M. Yoneya, and H. Yokoyama, *Appl. Phys. lett.*, **83**, 3602–3604 (2003)
16) I. Nishiyama, N. Yoshida, Y. Otani and N. Umeda, *Meas. Sci. Technol.*, **18**, 1673–1677 (2007)

第2章　プラズモニック・メタマテリアル

田中拓男＊

1　はじめに

物質の屈折率 n は，電磁気学的には比誘電率 ε と比透磁率 μ を用いて

$$n = \sqrt{\varepsilon} \times \sqrt{\mu} \tag{1}$$

と記述される。しかし，光の世界，特に可視光の周波数領域に限定すると，なぜか自然界にあるほぼ全ての物質の透磁率は真空のそれと等しくなって比透磁率 μ は 1.0 に固定され，屈折率も

$$n = \sqrt{\varepsilon} \tag{2}$$

と簡略化される。この事実は，我々が透磁率という自由度を失い，誘電率1つで屈折率を制御しなければならないことを意味している。すなわち，例えば屈折率の高い物質を得るには高い誘電率をもつ物質を作り出さなければならず透磁率は助けてくれない。我々は2つしかない自由度の1つを失ったという極めて窮屈な世界に住んでいるのである。

本稿では，この制限を打ち破るプラズモニック・メタマテリアル（以下メタマテリアル）という人工物質を紹介し，特に物質の透磁率を人工的に制御する手法に焦点を当てながら，メタマテリアルの電磁気学的な特性とその設計方法を解説する。そして，メタマテリアルの応用例として，メタマテリアルが生み出す新奇な光学特性や，メタマテリアルによって物質の屈折率を制御する手法を紹介する。

2　メタマテリアルの構造

メタマテリアルでは，物質の透磁率を変化させるためにナノサイズの金属構造体を利用する。ここでいう金属構造体とは，具体的には光の周波数に共鳴周波数を持つ金属共振器の集合体であり，その動作原理は，1999年に Pendry が提案し，2000年に Smith が 4GHz のマイクロ波領域において実験的に示した Split Ring Resonator（SRR）と呼ばれる共振器構造に基礎をおく[1,2]注1)。

＊Takuo Tanaka　㈱理化学研究所　基幹研究所　田中メタマテリアル研究室　准主任研究員

光学材料の屈折率制御技術の最前線

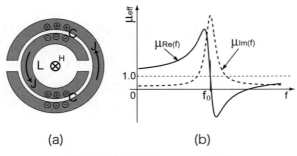

図1 Split Ring Resonator(SRR)

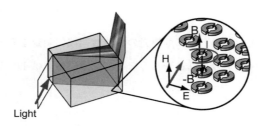

図2 プラズモニック・メタマテリアル

　Pendryが提案したSRRを図1(a)に示す．SRRは，同心円状のリングで構成され，磁場を受けるアンテナ部がインダクタンス(L)とキャパシタンス(C)で接続されたLC共振回路である．このSRRに，それを含む平面に対して垂直に振動する磁場を持つ光(電磁場)を照射すると，電磁誘導の原理でSRRに誘導電流(J)が励起されてSRR自身が磁場を生成し，結果としてSRRアレイの巨視的な透磁率(μ)が変化する．特にSRRの共振周波数と一致した周波数の光を照射すると，SRRはその光を強く吸収する．特定の周波数における強い光の吸収は，μの虚数部($\mu_{Im}(f)$)がその周波数付近で大きく変化することに対応するが，Kramers-Krönigの関係より，μの虚数部が変化するとμの実数部($\mu_{Re}(f)$)も変化する(図1(b))．このような磁性の起源となる共振器をホストとなる物質中に3次元的に集積化すると，巨視的なサイズで物質の透磁率を変化させることが可能となる(図2)．これがメタマテリアルを用いた透磁率制御の原理である．なお透磁率の実数部の変化は，虚数部の変化が急峻なほど大きくなるので，共振器のQ値が高いほど透磁率の実部の変化は大きい．

注1)　本節で解説するメタマテリアルは共振器を利用したもので，狭義には共振型メタマテリアルと呼ばれる．共振型ではないメタマテリアルというのも存在する．

3 可視光用メタマテリアルの設計

我々はこのメタマテリアルの動作原理を光の周波数領域に拡張し，可視光域で動作するメタマテリアルの実現を目指してその共振器構造の最適化を行ってきた[3~5]。光の周波数においても先に述べたメタマテリアルの動作原理はそのまま適用できる。問題は，可視光のような高い周波数領域では，共振器を構成する金属の誘電特性が大きな周波数分散を持つことを考慮しなければならないことである。つまりマイクロ波周波数では金属は完全導体と近似できるが，可視光域ではこの近似を適用することができずその分散特性を正確に記述しなければ共振器の動作特性を解析することはできない。

金属の誘電特性は導電率 σ が支配しており，

$$\sigma(f) = \frac{4\pi f_p^2 \varepsilon_0}{\gamma - 2\pi i f} \quad (3)$$

と記述できる。ここで f_p はプラズマ周波数[注2] ε_0 は真空中の誘電率，γ は金属の減衰定数である。式(3)を用いて，さらに誘導電流の位相遅れと金属内の変位電流の効果を考慮すると，単位幅，単位長さを持つ金属平板の内部インピーダンス $Z_s(f)$ は，

$$Z_s(f) = \frac{1}{\sigma(f)\int_0^\infty \exp\left[2\pi i f z \sqrt{\varepsilon_0 \mu_0 \left\{1 + i\frac{\sigma(f)}{2\pi f \varepsilon_0}\right\}}\right]dz} = R_s(f) + iX_s(f) \quad (4)$$

で与えられる。この式の実数部 R_s と虚数部 X_s はそれぞれ表面抵抗と内部リアクタンスに対応し，これら2つで金属の周波数分散特性を記述する。式(4)を用いて金，銀，銅の3つの金属について $R_s(f)$ と $X_s(f)$ の周波数依存性を計算した。その結果を図3に示す。計算における各金属の f_p と γ はそれぞれ金（$f_p = 2.2 \times 10^{15} \mathrm{s}^{-1}$，$\gamma = 107.5 \times 10^{12} \mathrm{s}^{-1}$），銀（$f_p = 2.2 \times 10^{15} \mathrm{s}^{-1}$，$\gamma = 32.2 \times 10^{12} \mathrm{s}^{-1}$），銅（$f_p = 2.1 \times 10^{15} \mathrm{s}^{-1}$，$\gamma = 144.9 \times 10^{12} \mathrm{s}^{-1}$）を用いた[6]。図3を見ると R_s はいずれの金属の場合も0.1THzから数10THzにかけて増加するが，100THzあたりになるとそれぞれの金属固有の値で飽和し，可視光から紫外域ではやや減少することがわかる。R_s の値が小さいということは，抵抗値が低く電流がよく流れる事に対応するが，可視から紫外域での R_s の減少は，金属の誘電体的な特性が顕著になって表皮深さが深くなり，電流の流れる断面積が大き

注2) プラズマ周波数は通常は角周波数で記述されるが，以降の式との整合性を保つため本節では周波数で記述する。

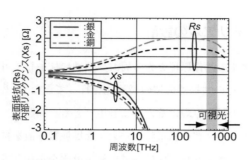

図3 金属の内部インピーダンスの分散特性

くなることに起因している。一方で，X_s の方は常に負の値を保ち，周波数が上がるとその絶対値が単調かつ急速に増加する。この両者の特性を比較すると，10THz 程度までは R_s の影響が大きいが，それ以上の周波数領域では X_s の影響が金属の分散特性を考える際に支配的になる。

式(4)で求めた内部インピーダンスを用いて，さらに共振器の形状が決めるキャパシタンスとインダクタンスを考慮すると，SRR の実効透磁率（μ_{eff}）は

$$\mu_{\mathrm{eff}}(f) = \mu_{\mathrm{Re}}(f) + i\mu_{\mathrm{Im}}(f) = 1 - \frac{Ff^2}{f^2 - \frac{1}{4\pi^2 CL} + i\frac{rZ_s(f)f}{wL}} \tag{5}$$

と導出できる。ここで F, C, L はそれぞれフィリングファクター，キャパシタンス，インダクタンスで，

$$F = \frac{\pi r^2}{a^2}, \ C = \frac{2\pi r}{3}\varepsilon_0\varepsilon_r\frac{K\left[(1-t^2)^{1/2}\right]}{K(t)}, \ t = \frac{g}{2w+g}, \ L = \frac{\mu_0 \pi r^2}{l} \tag{6}$$

で与えられる。式(6)の r, w はリングの半径と幅，g はリングに設けたギャップの間隔，a と l は SRR の x–y 平面内と z 軸方向の配列間隔で，K[] は第1種完全楕円積分を示す。この式(5),(6)を用いて金，銀，銅を材料とした SRR アレイの実効透磁率の周波数依存性を計算した（図4）。図4は r, w, g, a のパラメータをそれぞれの周波数に応じてスケーリングしながら μ_{eff} を計算し，その変化量の幅（μ_{eff} の最大値と最小値の差）をプロットしたものである。この結果から，金属の違いについては，銀が常に最大の透磁率変化を生み出すことがわかる。またいずれの金属の場合も周波数が高くなるにつれて透磁率の変化量は減少し，銀を材料とした場合でもおよそ 500THz 付近になると変化量は 2.0 未満に低下する。これは Z_s で記述される金属の分散特性のうち，特に $X_s(f)$ の絶対値が高周波数において急激に増加するためである。つまり，高い周波数

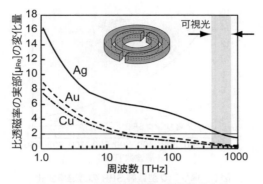

図4　SRRの透磁率変化の周波数依存性

領域において大きな透磁率変化を生み出すには，X_sの増加をどう抑制するかがポイントになる。

このX_sの抑制について，我々は式(5)のZ_sを含む項の分母にインダクタンスLのみがあることに注目した。そもそも，LC共振回路の共振周波数は，

$$f = \frac{1}{2\pi\sqrt{LC}} \tag{7}$$

で与えられ，その値はLとCとを小さくすれば高くなる。LとCを小さくするには，共振器のサイズを小さくすれば良いが，単純に共振器のサイズを縮小するとLとCの両方が同時に減少して，Lの減少はさらにX_sの影響を増大させてしまう。そこで我々は，LとCの両方を小さくするのではなく，Lを適度な値に保つことでX_sの増加を抑制しながら，Cを小さくすることで共振周波数を高めることが必要であると結論した。そしてそのための手段として，共振器の形状を図1に示した多重リング構造から，単リング型へ変化させることが最適であると考えた。この単リング構造のSRRでは，共振器のキャパシタンスは主にリングに設けたギャップ部が担っており，そのキャパシタンスは，

$$C = \frac{1}{N}\varepsilon_0\varepsilon_r\frac{wT}{g} \tag{8}$$

で与えられる。ここでNはギャップの数，ε_rは比誘電率である。リングに複数のギャップを開けると，これらは直列に接続されたキャパシターに対応するので，ギャップの数Nを増やすことで全体のキャパシタンスを減少させることができる。一方，インダクタンスは，主にリングの径によって決まるので，リング径を大きく変えなければ，ギャップの数が変わってもLの値は変化しない。

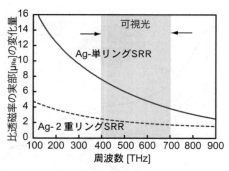

図5　単リング型銀製 SRR の透磁率変化

表1　共振器の設計指針とその特性

周波数	< 100THz	100THz <
構造	多重リング SRR	単リング SRR
要求	大きな C と幅広のリング	小さな C と大きな L
共振周波数	$f_0 = \dfrac{1}{2\pi\sqrt{CL}}$ スケーリングに対して線形	$f_0 < \dfrac{1}{2\pi\sqrt{CL}}$ スケーリングに対して非線形
磁気応答減少の原因	Rs の増加	スケーリングに伴う L の減少

図5に，4つのギャップを導入した単リング型の銀製 SRR で実現できる実効透磁率変化の周波数依存性を示す。図5には比較のために図4に示した銀製の2重リング SRR の実効透磁率の変化も併せて示した。図5より明らかなように，4分割単リング SRR の方が，2重リング SRR と比べて大きな透磁率変化を示しており，可視光領域全体を含む紫外域までの広い周波数領域で2.0を越える透磁率変化が得られている事がわかる。この傾向は他の金属でも同様なので，単リング型 SRR を用いる事で他の金属でも透磁率変化が大きくなり，目的となる動作周波数に合わせた材料選択の幅も広がる。

表1に各周波数領域における SRR の設計指針と SRR の特性をまとめた。電磁場の周波数が100THz 以下の領域では，大きなキャパシタンスと表面抵抗の低い幅広の共振器構造が望ましく，2重リング構造の SRR が良い。この場合は，共振周波数は SRR の形で決まる L と C の値だけに依存するので，共振周波数は SRR のサイズのスケーリングに対して線型に変化する。一

方周波数が100THzを越えると，高い共振周波数と大きな透磁率変化の両方を獲得するためには小さな C と大きな L を持つSRRが望ましく，そのための構造として単リング型SRRが良い。この周波数領域では，X_s の影響が顕著になるので，SRRの共振周波数はその構造で決まるものよりも低くなって，SRRのスケーリングに対して非線形に変化する。

4 メタマテリアルの新光学素子への応用

メタマテリアルを用いることによって発現する新奇な光学現象とその応用を2つ紹介する。ここで「新規」ではなく敢えて「新奇」と書いたのは，どの例も自然界に存在する物質をそのまま用いたのでは決して実現できない機能だからである。

4.1 反射抑制素子への応用

光が，ある媒質から屈折率の異なる別の媒質へと伝搬すると，光の一部はその境界面で反射される。この反射は物質間に屈折率の差がある限り避けられないものであるが，この反射光が消失する現象としてブリュースターが知られている。ブリュースターは物質界面に光が入射する時，p偏光の光がある特定の角度で入射する場合に起こり，その時の入射角をブリュースター角と呼んでいる。そもそも光の伝搬を記述するMaxwell方程式はp，s両偏光に対して対称なので，ブリュースターがp偏光のみで発現するという非対称性は奇妙である。実はこの非対称性は，物質の境界面において誘電率だけが不連続で，透磁率は変化せずに連続であるという非対称性に起因している。図6はFresnelの反射率の式を用いて物質界面での反射光強度の入射角依存性を示したものである。図6(a)は光が真空中からガラス（屈折率 = 1.5，$\varepsilon = 2.25 \varepsilon_0$，$\mu = \mu_0$）に入射した場合の計算結果である。確かに，反射率がゼロとなるのはp偏光だけである。ところが物

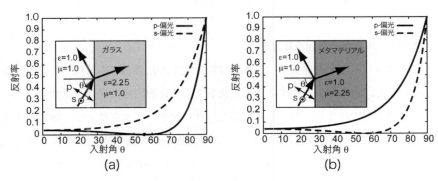

図6　p波, s波ブリュースター

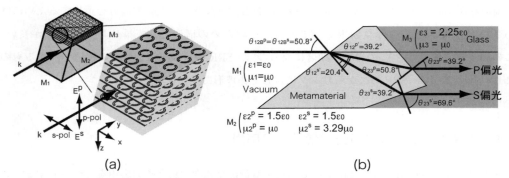

図7 異方性メタマテリアルを用いた偏光無依存ブリュースター素子

質2のεとμの値を入れ替えてみると，図6(b)のように，今度はブリュースターがs偏光で発現している。すなわち，物質の透磁率をメタマテリアルを使って操作して，境界面にμの非連続部をつくればs偏光のブリュースターを作り出すことができる。ただ，図6(a)と(b)を見比べるとわかるように，p偏光とs偏光のブリュースターは排他的であり，そのままでは両者を同時に実現することはできない。そこで我々は，図7(a)のように，ある特定の平面内（例えばx-y面）にのみ共振器が周期的に配列された異方性メタマテリアルを考案した。このメタマテリアルでは，共振器がx-y面内にしかないため，z方向の磁場成分をもつ光波に対してのみメタマテリアルとして振る舞う。そしてその結果としてp偏光とs偏光の両方に対して独立かつ同時に2つの偏光のブリュースターを発現させることが可能となる[7]。この現象を利用すれば，例えば屈折率の異なる媒質間でも反射ロスなく光を透過させるような光素子を作ることができる。図7(b)はその一例である。真空中からガラスに向かって光が伝搬している状況で，その界面に異方性メタマテリアルを挿入する。すると偏光に関係なく光が真空中からガラスへと完全に透過する。これはメタマテリアルが物質の屈折率差によって生じる空間の歪みを補償したとも解釈でき，この現象は自然界に存在するμが固定された物質だけでは決して実現できない光機能の一例である。

4.2 メタマテリアルを用いた屈折率制御

冒頭で述べたように，物質の屈折率は，本来は比誘電率と比透磁率のそれぞれの平方根の積で与えられる。しかし，自然界に存在するどんな物質もその比透磁率は光の周波数では1.0なので，屈折率は比誘電率だけで決まってしまう。しかし，メタマテリアルを使えば，物質の比透磁率を人工的に変化させることができるようになり，この制約から脱却できる。図8は横軸に比誘電率，縦軸に比透磁率を取ったものである。式(1)との整合性を取るために，それぞれの平方根を取っているが本質は変わらない。このグラフ上にそれぞれの物質をプロットすると，それぞれの

第2章 プラズモニック・メタマテリアル

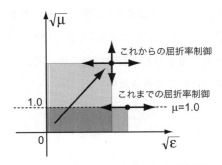

図8 メタマテリアルを用いた屈折率制御

物質の位置と原点とで決まる四角形の面積が屈折率に対応する。この図を見れば明らかなように，従来の比誘電率のみを変化させる屈折率制御法では，屈折率は高さ1.0で固定された長方形の横の長さだけを変えることに対応するので自由度が少ない。しかし，比透磁率も変化させることができれば，図の縦方向の変化も利用することができ，結果的に高い屈折率や低い屈折率など，より自在に屈折率を制御できるようになる。

例えば，現在プラスチックレンズに利用されている樹脂では，屈折率が高いものでも最大で1.76程度である。この屈折率をあと0.04上げて1.80にするだけでも，比誘電率に換算すると3.10から3.24まで0.14も上げなければならず，これはもはや容易な事ではない。しかし，1.80と1.76の比はわずか1.023であり，これを比透磁率の変化で賄うなら，比透磁率を1.0から0.046だけ上げるだけで済む。先に述べたようにメタマテリアルでは，共振器の共鳴を利用して透磁率を制御するため，透磁率変化が得られる周波数帯域幅と透磁率の変化量の間にはトレードオフの関係がある。しかし，わずか0.046程度の変化で良ければ，例えば可視全域にわたってこの変化率を確保することも不可能ではない。メタマテリアルによる透磁率制御は，これまでとは全く異なる屈折率制御技術の扉を開くのである。

5 おわりに

本稿では，プラズモニック・メタマテリアルを用いた屈折率制御のメカニズムと，光周波数で動作するメタマテリアルを実現するための共振器構造の設計指針について述べた。そしてメタマテリアルの応用例として，p, s両偏光の光に対して機能するブリュースター素子や，人工的に物質の透磁率を変化させることによる新しい屈折率制御の可能性を述べた。透磁率の操作を可能にするメタマテリアル技術は，電磁気学特性における物質のバラエティの拡大という意味で格段の効果を発揮する。これまでの比透磁率 $\mu = 1.0$ で縛られていた世界を「古典的な光の世界」とす

ると，メタマテリアルで実現される世界はまさに「新しい光の世界」である。筆者はこの新しい光の世界で実現される光技術を「メタフォトニクス」と名付けた。メタフォトニクスの世界には，我々がまだ知らない光機能や光学現象などの宝物がたくさん埋まっているに違いない。これからも継続してこれを1つずつ見つけ出してゆきたい。

文　　献

1) J. B. Pendry, A. J. Holden, D. J. Robbins and W. J. Stewart, *IEEE Trans. Microwave Theory Tech.*, **47**, 2075 (1999)
2) D. R. Smith, W. J. Padilla, D. C. Vier, S. C. Nemat-Nasser and S. Schultz, *Phys. Rev. Lett.*, **84**, 41847 (2000)
3) A. Ishikawa and T. Tanaka, *Opt. Commun.*, **258**, 300 (2006)
4) A. Ishikawa, T. Tanaka and S. Kawata, *Phys. Rev. Lett.*, **95**, 237401 (2005)
5) A. Ishikawa, T. Tanaka and S. Kawata, *J. Opt. Soc. Am. B*, **24**, 510 (2007)
6) P. B. Johnson and R. W. Christy, *Phys. Rev. B*, **6**, 4370 (1972)
7) T. Tanaka, A. Ishikawa and S. Kawata, *Phys. Rev. B*, **73**, 125423 (2006)

第3章　プラズモニクス

高原淳一＊

1　はじめに

　ステンドグラスの美しい色が金属微粒子の吸収によるものであることは良く知られている。金属フォトニクスはこの金属微粒子の研究にはじまる長い歴史を持つものの，基礎研究が中心であり，光学素子としての応用は金属ミラーや回折格子などにとどまっていた。ところが近年，金属フォトニクスはプラズモニクス(plasmonics)という新たな名前を得て注目を集めている[1〜5]。注目される理由として，プラズモニクスが光の回折限界を超えた数nm〜100nmオーダーの空間（ナノ空間）への光の閉じ込めと伝送に応用できることがわかり，超微細な光デバイスへの道が拓かれたことが大きい[6,7]。プラズモニクスのなかでもナノ空間でのフォトニクスを目指すものを，特にナノプラズモニクス(nanoplasmonics)とよぶ。

　本稿では，はじめにプラズモニクスの定義とそれが対象とする物理系について述べる。次に，プラズモニクスのユニークな特徴についてナノプラズモニクスを中心として述べる。現在，ナノプラズモニクスには新しい概念やトピックスが次々に登場しており，これらの概要を紹介する。

2　プラズモニクスとは

　プラズモニクスとはその名前からわかるように，金属中の自由電子の集団運動（素励起）であるプラズモン(plasmon)に関する光テクノロジーである。プラズモニクスという言葉は1999年にAtwaterらによってはじめて提案されたが，彼らはプラズモニクスを「the science and technology of metal-based optics and nanophotonics」と定義している[8,9]。

　プラズモンはもともとバルク金属中の素励起であるが，光を金属にあてても反射され，ほとんど金属中に侵入できないため励起できない。このためプラズモニクスでは光と結合できる金属表面や金属微粒子のプラズモンを利用する。すなわち金属・誘電体界面の表面プラズモン・ポラリトン(Surface Plasmon Polariton：SPP)や金属微粒子の局在表面プラズモン(Localized Surface Plasmon：LSP)を利用するのである。SPP，LSPは簡単のためまとめて「表面プラズモン」とよ

＊Junichi Takahara　大阪大学　大学院基礎工学研究科　准教授

光学材料の屈折率制御技術の最前線

図1 SPPとLSPのフォトニクス「プラズモニクス」

ばれることもある(図1参照)。SPPは非輻射モードであり、光と直接結合しないが、プリズムや回折格子を用いて波数整合させることにより外部光と結合し励起できる。LSPは輻射モードでありそのまま光をあてるだけで励起できる。SPPやLSPには優れた教科書や解説があるので、詳細は文献を参照してほしい[10〜13]。

プラズモニクスの中心となる材料は金属である。ただし、金属であれば何でも良いわけではなく、特に銀や金などの貴金属が典型的なプラズモニクス材料といえる。誘電率の実部が負である物質を負誘電体(Negative Dielectric)とよぶが、銀や金は近赤外〜可視光域において典型的な負誘電体である。なぜ貴金属が理想的かといえば損失が少ない(誘電率の虚部が小さい)からである。プラズモニクスの機能面での特徴は、この負誘電体からきている。従って、プラズモニクスを「負誘電体フォトニクス」ととらえると良い[6,7]。従来フォトニクスの中心的な材料は誘電体であったが(ここではそれを誘電体フォトニクスとよぶ)、負誘電体フォトニクスは誘電体フォトニクスにはないユニークな特徴をもつ。

3 プラズモニクスの特徴

プラズモニクスは光の閉じ込めとガイド方法が通常の誘電体光導波路とは原理的に異なっている。図2にその違いを模式的に示す。誘電体フォトニクスでは光は誘電体光導波路(光ファイバーなど)の屈折率の高い領域(コア)に閉じ込められガイドされる。閉じ込めの方法は誘電体・誘電体界面での全反射である(図2(a))。一方、負誘電体フォトニクスとしてのプラズモニクスでは、光は負誘電体である金属の表面にSPPとして薄く閉じ込められた電磁場として存在し、界面に沿ってガイドされる。SPPの電磁場は界面と垂直方向に局在し(両界面においてエバネッセント)、界面と平行方向には2次元的な伝搬波として伝播することができる(図2(b))。我々はこのような電磁場を2次元光波と名づけている[6]。全反射にともなうエバネッセント波も2次元

第3章 プラズモニクス

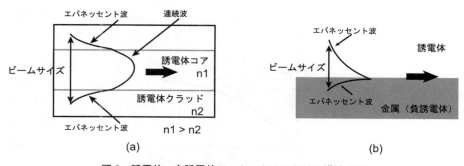

図2　誘電体，負誘電体フォトニクスにおける導波原理
(a) 誘電体光導波路におけるコアへの光の閉じ込めとガイド，
(b) 金属・誘電体界面への光の閉じ込めとガイド

光波であるが，一方の界面のみがエバネッセント波であり，SPPとは異なるので注意する必要がある。

　光の回折限界は光学顕微鏡の分解能を制限するだけでなく，光デバイスのサイズの微細化も制限している。回折限界のために，光を波長より十分小さなナノ空間に閉じ込めることはできない。例えば，光ファイバーを先鋭化しても，光のビームサイズ（モードフィールド径）は先端に向かうにつれて発散してしまう（図2(a)参照）。媒質の屈折率nを高くすると媒質内波長は1/nに小さくできるが，nを高くするにも限界がある。そこでSPPのような2次元光波を用いることによりナノ空間への光の閉じ込めを実現するのがプラズモニクスの特徴である。

　SPPは周波数は可視光領域にあるが，波長を紫外線〜軟X線なみに小さくできるので，ナノ空間に閉じ込めることができる。従来，ナノ空間にアクセスするには紫外線やX線などの波長の短い（フォトンエネルギーの高い）電磁波が必要であると考えられてきたが，SPPは可視光と同じフォトンエネルギーを持つので媒質にダメージを与えることもない。さらに後に述べる超集束やLSP共鳴によってナノ空間の電場が非常に大きくなる電場増強効果があり，ナノ空間においても十分な光エネルギー密度が得られる。このように，「ナノ空間への光の閉じ込め」と「電場増強効果」の二つがプラズモニクスの特徴といえる。

4　プラズモニクスの物理的原理

　プラズモニクスの「可視光領域の周波数を持ちながら，波長を紫外線〜軟X線なみに小さくできる」という特徴を，最も単純な金属・誘電体界面のSPPの分散関係にみてみよう。SPPの波数k_{SPP}と角周波数ωの分散関係は(1)式のようになる。

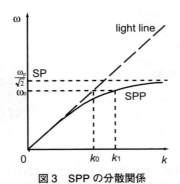

図3　SPPの分散関係
実線はSPPの分散，破線は誘電体中の光の分散（light line）

$$k_{\mathrm{spp}} = \frac{\omega}{c}\sqrt{\frac{\varepsilon\,\varepsilon_m}{\varepsilon+\varepsilon_m}} \tag{1}$$

ここで，εとε_mはそれぞれ誘電体，金属の比誘電率である．金属の比誘電率は(2)式のようなばねのないLorentzモデルで与えられるω依存性を持つ．

$$\varepsilon_m(\omega) = 1 - \frac{\omega_p^2}{\omega(\omega+i\gamma)} \tag{2}$$

ここで，ω_pはプラズマ角周波数，γは損失である．簡単のため，$\gamma=0$とおき，損失のないDrudeモデルを採用すると，真空中のSPPの分散関係は図3のようになる．

図3の直線（破線）は真空中の光の分散（light line）である．SPPの分散は長波長（$k \rightarrow 0$）の極限でlight lineに漸近し，短波長（$k \rightarrow \infty$）の極限で表面プラズモンの周波数$\omega_p/\sqrt{2}$に漸近する．SPPの分散カーブはlight lineに対して右側にあり，同じ周波数に対して波数が大きい（すなわち波長が小さい）．例えば，図3のω_0に対して$k_0 < k_1$である．したがって，SPP（2次元光波）を利用すると誘電体中の光（3次元光波）の回折限界を超えることができる．

SPPは誘電体中の光の回折限界（3次元光波の回折限界）を超えることができるが，波数k_1は金属と誘電体の誘電率に依存して決まるので自由に大きくすることはできない．そこで図4挿入図に示す金属ギャップや金属薄膜を考える．これらは二つの金属・誘電体界面をもち，SPPの結合系を作る．図4は金属・誘電体界面間距離hに対する結合SPPモードの波数βを示している．hが小さくなると，βが大きくなり発散することがわかる．

同様の効果は円筒型の金属・誘電体界面にもみることができる．図5に金属ロッドの軸に沿うSPP伝搬モードを示す．ロッド半径を小さくすることにより，波数をいくらでも大きくできることがわかる．このように周波数はそのままであっても構造によって自由にSPPの波数を変え，

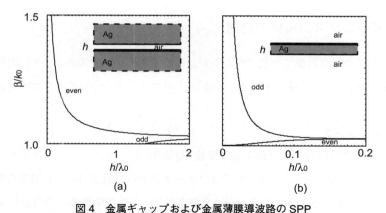

図4 金属ギャップおよび金属薄膜導波路のSPP
(a) 銀ギャップのギャップ間距離に対する結合SPPモードの波数，(b) 銀薄膜の膜厚に対する結合SPPモードの波数。光の真空波長は $\lambda_0 = 633$ nm

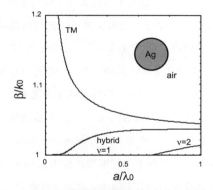

図5 金属ロッドの円筒界面におけるSPPモード
銀ロッドを伝搬するSPPの波数のロッド半径に対する依存性。光の真空波長は $\lambda_0 = 633$ nm

いくらでも波数を大きくできる[6,7]。これはSPPの波長をいくらでも小さくできることを意味するから，ビームサイズ（モードフィールド径）もナノメートルオーダーまで小さくできる。

もし波長に比べて十分ゆっくりとロッド半径を小さくしてゆくテーパー構造（金属コーン）とすると，入射パワーが保存されるために，先端に近づくにつれてエネルギー密度は高くなり，電場も大きくなる。電場増強率は 10^4 にもおよび，非常に大きな電場増強が実現できる[14]。これはマクロな系からミクロな系へシームレスにエネルギー集束ができることを意味し，超集束（superfocusing）またはナノ集束（nanofocusing）として知られている[15]。電場増強効果はプラズモニクスの特徴の一つであり，テーパー構造に限らず2個の金属微粒子間の狭いナノギャップなどでもLSP共鳴によっておこる。

5 プラズモニクスの最近の話題

プラズモニクスの研究対象は多岐にわたるが，ここではナノプラズモニクスに関係した項目について，最近の進展をまとめる。ただし，金属メタマテリアルについては2章の解説にゆずる。

5.1 ナノイメージング

プラズモニクスでは回折限界を超える分解能（超解像）をもつナノイメージングの新しい原理が提案され，実現されている。手法としてはプローブを用いる散乱型の走査型近接場光学顕微鏡（Scanning Near-Field Optical Microscope：SNOM）と，左手系媒質薄膜の負屈折効果を利用した平面レンズによる超解像の二つがある。

散乱型 SNOM は近接場の中に波長より十分小さな金属針を入れ走査することにより，近接場をイメージングする顕微鏡である。これは井上らによって提案され，プローブ型なので当然ながら超解像を実現できる[16]。ユニークな点は金属プローブ先端の電場増強効果を利用した近接場ラマン顕微鏡として発展していることである[17]。この分野は現在，TERS（Tip Enhamced Raman Scattering）とよばれ，プラズモニクスの中で一つの分野を形成している。最近では金属ナノロッドアレイを用いたカラーイメージングの理論的な提案もなされている[18,19]。

2000年に Pendry は左手系媒質（$\varepsilon = -1$ かつ $\mu = -1$）や負誘電体（$\varepsilon = -1$）の平面レンズが超解像をもつと主張し，これをパーフェクトレンズ（perfect lens）とよんだ[20,21]。負誘電体（$\varepsilon = -1$）の場合は可視光のレンズとして使え，超解像の原理は SPP 共鳴を用いたエバネッセント波の増幅である[22]。これは銀薄膜を用いて実験的に確認された[23]。

5.2 金属微粒子とホットスポット

表面増強ラマン散乱（Surface Enhanced Raman Scattering：SERS）を利用した単一分子ラマン分光はプラズモニクスのセンサー応用の基礎として重要である。超集束や LSP 共鳴により大きな電場増強を発生させることにより SERS をおこし，分子センサーなどへ応用することはプラズモニクスの目標である。このとき大きな電場増強の起こる場所をホットスポットとよぶが，金属ナノ構造においてホットスポットの場所を決め，電場増強度を高めることが工学的には重要である。これについては文献に詳しいので参照いただきたい[24]。

金属微粒子は楕円体，ロッド，プリズム，キューブなどの形状制御が自由に行えるようになっており，LSP 共鳴を形状により制御できる。ここでは最近のトピックスとして，金属殻微粒子（ナノシェル）をあげる[25]。金属微粒子の応用において特筆すべきは，ナノシェルを用いたがん治療への応用である[26]。ナノシェルはがん細胞に集まる性質があり，殻構造を適切に設計する

ことによりLSP共鳴を赤外線と共鳴させることが可能となり，がん治療に応用できる。

5.3 ナノ光導波路

1979年に福井らにより金属薄膜の長距離伝搬SPPモード（Long Range Surface Plasmon：LRSP）が見出された[27]。LRSPは伝送距離が長いことから当初から光集積デバイスへの応用が模索されてきた[9]。しかしLRSPのモードは構造を小さくするとビーム径が発散するのでナノ光導波路には応用できなかった。我々は円筒型の負誘電体光導波路（金属ナノロッド）がナノ光導波路として利用できることをはじめて提案した[28,29]。1990年代後半から金属薄膜にとどまらず微細加工を駆使した人工構造におけるプラズモン伝搬の実験が多数行われるようになり，金属光導波路はプラズモニック導波路とよばれるようになった[5,9,29]。現在では様々な導波路構造が提案されており，矩形導波路，V字溝導波路などの研究がすすんでいる。詳細は世界初のプラズモニック導波路の専門書である文献29）を参照していただきたい。理論面ではテーパー構造プラズモニック導波路（コーン，楔）の超集束について解析解が求められ，テーパー角度の効果が解明された[30]。

一般にプラズモニック導波路は閉じ込めと損失にトレードオフがあり，閉じ込めを強くすると伝搬距離が短くなる。V字溝導波路は閉じ込めと損失のバランスの取れた導波路であり曲がり損失も小さいことから実験がさかんに行われている[31]。プラズモニック導波路を利用した受動機能素子の提案と実験もさかんである。今まで，導波路の伝送実験はSNOMを用いた静的な光強度分布計測が多かった。久保らは金属表面のSPPの伝搬の様子をアト秒単位で映像化することに成功している[32]。

5.4 発光・受光デバイス

金属構造を用いることにより発光と受光の効率が大きく向上することがわかり，プラズモニクスと光エレクトロニクスとの融合に関して実験的な進展が著しい。

発光素子としては有機EL素子やLEDの発光効率の向上にプラズモニクスが応用されている[33,34]。量子ドットの反転分布を利用してプラズモンを直接発生するプラズモンレーザーの概念が理論的に提案されSPASER（Surface Plasmon Amplification of Stimulated Emission of Radiation）と命名されている[35]。

受光素子としてはナノ光アンテナという概念が重要になっている。Bull's Eye（牛の目）とよばれる同心円回折格子が良い例である[36]。光アンテナの研究は増加しており，様々なアンテナ構造の提案がある[37]。

6 おわりに

プラズモニクスの原理と最近の進展についてナノプラズモニクスを中心としてまとめた。古くからのSPPやLSPの研究は，プラズモニクスによって現代的なフォトニクスの分野としてよみがえった。近年，この分野には斬新なアイデアが次々に登場し，負誘電体フォトニクスのユニークな特徴が顔を見せ始めた。プラズモニクスの発展はナノプラズモニクス以外にも量子光学，太陽電池，輻射エミッターなどへ拡がりつつあり，今後の展開が期待される。

文　　献

1) H. H. Atwater, Scientific American, April (2007) (邦訳) 日経サイエンス, **7**, 18 (2007)
2) W. L. Barnes et al., Nature, **424**, 824 (2003)
3) 福井萬壽夫ら，応用物理，**73**, 1275 (2004)
4) 河田聡，レーザー研究，**36** (3), 111 (2008)
5) T. W. Ebbesen et al., Physics Today, **61**, 5, 44 (2008)
6) 高原淳一ら，応用物理，**68** (6), 673 (1999)
7) J. Takahara et al., Optics & Photonics News, **15**, 10, 54 (2004)
8) M. L. Brongersma, et al., Abstract of Molecular Electronics Symposium, 29 Nov.-2 Dec. Boston, USA (1999)
9) Eds. M. L. Brongersma and P. G. Kik, Surface Plasmon Nanophotonics (Springer, 2007)
10) 塚田捷編，表面の電子励起，丸善 (1996)
11) 福井萬壽夫，大津元一，「光ナノテクノロジーの基礎」，オーム社 (2003)
12) 林真至，ナノ光工学ハンドブック，大津，河田，堀編，86，朝倉書店 (2002)
13) 林真至，プラズモンナノ材料の設計と応用技術1章，山田淳編，シーエムシー出版 (2006)
14) M. Stockman, Phys. Rev. Lett., **93**, 137404 (2004)
15) 高原淳一，レーザー研究，**36** (3), 117 (2008)
16) Y. Inouye et al., Opt. Lett., **19**, 159 (1994)
17) Eds. S, Kawata and V. M. Shalaev, Tip Enhancement (Elsevier, 2007)
18) A. Ono et al., Phys. Rev. Lett., **95**, 267407 (2005)
19) S. Kawata et al., Nature Photonics, **2**, 438 (2008)
20) J. B. Pendry, Phys. Lev. Lett., **85**, 18, 3966 (2000)
21) J. B. Pendry et al., Physics Today, **6**, 37 (2004)
22) N. Fang et al., Opt. Express., **11**, 7, 682 (2004)
23) X. Zhang et al., Science, **308**, 534 (2005)
24) 二又政之ら，プラズモンナノ材料の設計と応用技術13，14章，山田淳編，シーエムシー出

版 (2006)
25) E. Prodan et al., *Science*, **302**, 419 (2003)
26) C. Loo et al., *Nano Lett.*, **5**, 709 (2005)
27) M. Fukui et al., *Phys. Status Solod.*, **B91**, K61 (1979)
28) J. Takahara et al., *Opt. Lett.*, **22**, 475 (1997)
29) J. Takahara, Plasmonic Nanoguides and Circuits, Ch. 2 ed. S. I. Bozhevolnyi (World Scientific, 2008)
30) K. Kurihara et al., *J. Physics. A : Math. Theor.*, **41**, 195401-1 (2008)
31) S. I. Bozhevolnyi et al., *Nature*, **440**, 23, 508 (2006)
32) A. Kubo et al., *Nano Lett.*, **7**, 470 (2007)
33) J. Feng et al., *Opt. Lett.*, **30**, 2302 (2005)
34) 岡本晃一, 電子情報通信学会誌, **91**, 11, 979 (2008)
35) D. J. Bergman, *Phys. Rev. Lett.*, **90**, 027402 (2003)
36) T. Ishi et al., *Jpn. J. Appl. Phys.*, **44**, L364 (2005)
37) L. Tang et al., *Nature photonics*, **2**, 227 (2008)

第4章 バイオミメティック

1 高分子コロイド微粒子結晶を用いた構造色発色

吉田哲也*

1.1 はじめに

　構造色という言葉は耳にしたことがなくても，比較的われわれの周りにあふれている。わかりやすく言えば光のいたずらで起こる色が構造色であり，単にそれを構造色と認識していないだけで，構造色自体は自然界にはごく当たり前に存在している。シャボン玉，虹，宝石のオパール，生物ではクジャクの羽，南米のアマゾンに生息するモルフォ蝶，カナブンや玉虫などがよく例として紹介される[1]。シャボン玉，虹，青い空や真っ赤な夕焼け，欧米人の青い瞳も構造色である。この構造色は通常目にする色素による発色とは発色機構が異なる。色素着色は白色光が物体に照射された後の特定の波長を選択吸収して残りの反射光を視認しているのに対し，構造色は光の方向変更による屈折・干渉・回折・散乱などの光学現象の光を見ている。色素着色の欠点である化学変化に基づく褪色が基本的に起こらず，また，多くの構造色は見る角度で色が変化するので色材としては非常に興味深い。

　粒子径が均一な粒子の周期構造体（コロイド結晶）に光を照射すると，いわゆるブラッグ回折に則って回折干渉が起こり特定波長の光が強調される。粒子径が可視光の半分程度のサブミクロンサイズならば，可視光の干渉が起こり色光として認識される。これがコロイド粒子による構造色の発現である。

　著者らは粒子径分布が非常に狭いサブミクロンサイズのポリマー単分散微粒子の作製を得意としており，これを用いたコロイド結晶の検討を比較的容易に行うことができる。そこで本稿ではポリマー微粒子サスペンジョンを用いた3次元積層体の作製から固定化，さらに色材としての応用例について述べる。

1.2 構造発色のメカニズム

　構造色の発色メカニズムは三次元結晶の波長オーダーの規則性に由来する回折光を利用する。具体的には以下のブラッグ反射式(1)に則った波長の光が強調され色光として確認される。

＊Tetsuya Yoshida　綜研化学㈱　研究開発センター商品開発室　主任研究員

第4章 バイオミメティック

表1 粒子径と色との関係

粒径 (nm)	260–310	230–260	190–220
垂直反射光*	赤	緑	青
45°方向*	緑	青	紫

*粒子間隙が空気の場合

$$m\lambda = 2D(n^2 - \sin^2\theta)^{1/2} \tag{1}$$

$$n = (n_p^2 f + n_v^2(1-f))^{1/2} \tag{2}$$

m:回折次数 λ:波長 n:屈折率 D:格子面間隔 θ:試料面の法線方向を0°とする観察角度 n_p:粒子の屈折率 n_v:粒子間隙の屈折率 f:粒子の占める体積分率

格子面は結晶体の中には無数に存在するものだが,粒子が最密充填すると仮定すると$D = \sqrt{2d}/\sqrt{3}$(d:粒子径)で表される[2,3]。ここでの屈折率nは系全体の有効屈折率であり粒子と粒子間隙の屈折率の体積比で表される。また(1)式からわかるように発色は粒径および観察方向によって規定できるが,材料として重要になるのは,①微粒子の単分散度を高める,②粒子径は特定の可視光が干渉されるように150〜300nmの領域に設定して10nm単位に制御する,③規則的に配列積層させることである。また,X線回折とは異なり可視光程度の大きさなので屈折率の影響も無視できず発色に影響する。この点についての詳細は後述する。

RGBに対応するコロイド結晶の粒子径(垂直反射光の場合)と観察角度を変えたときの色変化を表1に示す。微粒子はポリメチルメタクリレート(PMMA)である。角度を変化させることで干渉波長が短波長に移行するので,観察色も長波長から短波長に変化することが確認される。

1.3 3次元コロイド結晶の作製法

微粒子を一度に大量に並べる方法としては種々提案されている[4]。その中ではコロイド分散液を静置し,粒子を沈殿させることが最も簡便であるが,膨大な時間を要し,その後の処理を考えると使用しにくいことは明白であるため省略する。図1にコロイド結晶の作製方法の特徴を示す。以下,各方法について詳しく述べる。

1.3.1 キャピラリー移流集積

沈殿法の次に簡便なのは,水を乾燥除去する際の毛細管現象を利用することである。すなわち原料である微粒子濃度10%程度の微粒子サスペンジョンを適当な容器に流し込み強制乾燥を行うと,ランダムに存在していた気液界面付近の微粒子が水の蒸発とともに横毛管力により粒子が集合し始める。このまま乾燥が進むことにより規則的に配列したまま最密充填構造をとり,粒径に見合った発色が観察される。毛管力利用法による発色は,サスペンジョン中で電気的反発力に

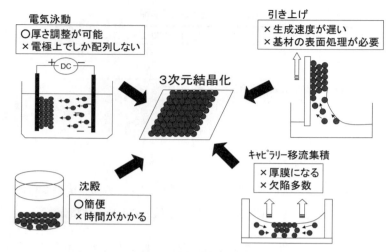

図1　3次元結晶化の方法

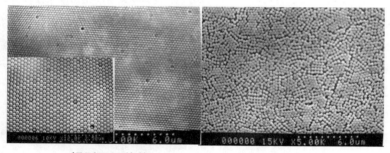

図2　規則配列とランダム状態の表面の SEM 写真

よって安定に分散していた微粒子を規則配列させるエネルギーが必要である。室温程度の低温では，微粒子がランダムのまま乾燥体になりやすく，その結果規則的に配列した部分が少なくなり，発色が不鮮明になる。この場合は50℃以上で強制的に水分を蒸発させると，気液界面の微粒子が効率良く最密充填されるので発色が鮮やかになる。図2に50℃で乾燥した場合（規則配列）と室温で乾燥した場合（不規則状態）の表面電子顕微鏡写真を示す。不規則状態ではほとんど発色が確認できないが，規則配列では鮮やかな発色が観察される。ただし，この方法では界面に近い部分は配列しているが内部の構造は乱れており，発色に寄与しておらず，全体的に積層配列した状態を作り出すことは難しい。また亀裂が多く存在し見た目にも美しいとは言えない。また，毛管力を利用した優れた方法として，基板をコロイド液に浸漬し基板をゆっくり引き上げることも提案されているが，基材の処理が必要であり引き上げる速度が非常にゆっくりであるため，効

第4章　バイオミメティック

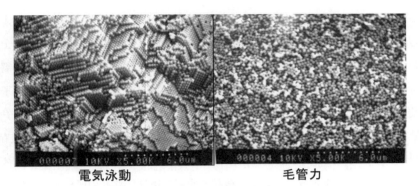

電気泳動　　　　　　　　　　　毛管力

図3　粒子積層体内部のSEM写真（電気泳動と毛管力の違い）

率的側面からみると疑問符がつく。

1.3.2　電気泳動

　サスペンジョン中の微粒子は通常プラス・マイナスどちらかの電荷を持っているため，サスペンジョンに電極を浸漬，電場を印加することにより，電極基盤上に配列積層させることができると考えられる。このような方法を電気泳動堆積[5]や泳動電着などと呼ぶ。そこでマイナス帯電するようにアクリル微粒子サスペンジョンを調製する。このサスペンジョンに電圧を印加するとプラス極側に泳動し，電極基盤上に微粒子膜を形成させることができる。微粒子膜の厚さはサスペンジョン濃度・電圧・印加時間などで制御可能であり，毛管力利用法と違い粒子膜内部も配列していると考えられるため，乾燥法と比較してより薄層で鮮やかな発色が得られることが特徴である。電気泳動法と毛管力利用法による乾燥体内部の電子顕微鏡写真を図3に示す。電気泳動法は内部まで結晶構造をとっているが，毛管力利用法によるものでは秩序性がなく発色に寄与していないことがわかる。電気泳動は金属部分に選択的に粒子を積層配列することが可能なため，金属材料などには有利な方法だが，プラスチックなどには適用できず用途が限定される。

1.3.3　高濃度コロイド

　微粒子を大量に配列させるには，はやり毛管力による自己組織化を利用する方が手っ取り早い。しかし，毛管力利用法による配列発色では乾燥すると表面に亀裂欠陥が発生することは前述したとおりである。亀裂は肉眼では確認できない$1\mu m$程度のものから，肉眼ではっきり確認できる数mm程度の大きさのものまで存在する。この現象は気液界面を満たしていた微粒子と水のうち，水が蒸発するにしたがって表面を微粒子だけで支えることが困難になり，崩壊してしまうことに起因する。原料に微粒子サスペンジョンを用いている限り，亀裂自体の発生を抑えることは非常に難しいが，肉眼で見えるレベルの亀裂を軽減することは可能である。亀裂が発生する原因は粒子が少なく水が多いことによるもの，すなわち微粒子濃度が低いことなのでサスペン

ジョンの濃度を上げれば良い。サスペンジョンの濃度を上げることで気液界面に存在する粒子を増加させる。このとき，原料のサスペンジョン濃度を上げるだけでは，いずれ粒子同士がランダムのまま合一凝集してしまい規則配列しなくなってしまうため，液中のイオン強度を調整して高濃度下でもサスペンジョンの分散安定性を保つことが必須条件となる。コロイド微粒子の分散媒中での安定性についてはDLVO理論[注)]を参考にできる。具体的には重合後の微粒子サスペンジョンを濃縮し，イオン強度の調整には透析やイオン交換樹脂を添加して乳化剤・残存開始剤・重合安定剤などのイオン性物質を極力取り除く。われわれはこの濃縮と脱塩を工業的スケールの装置で行うことで効率化を達成している。微粒子濃度と電気伝導度の関係を図4に示す。Aは微粒子が水中でランダムにブラウン運動し安定に分散している領域，Dは系が不安定になり粒子同士が接触し凝集してしまう領域，Cは自由な粒子同士は接触していないものの自由なブラウン運動が抑制されているために結晶化している領域，BはAとCの中間で分散状態から結晶化する過程の領域である。すなわち電気伝導度が低く濃度が高い状態になると，粒子が流動性を保ったまま結晶化し液体状態で発色する現象が見られる。

　イオン強度を調整し，分散安定性を維持しながら粒子濃度を25〜40％にした高濃度サスペンジョンは，亀裂を抑制する以外に強制乾燥せずとも室温で放置するだけで発色する。さらには電気泳動でのみ観察された粒子積層体の内部まで規則配列させることも可能になるといった付随的効果も現われる（図5）。これは高濃度化することでブラウン運動をしていた微粒子の動きが抑制され，エントロピー的な安定性を確保するために液中において規則構造を取らざるを得なくなっ

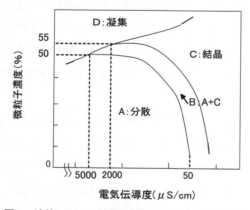

図4　液状コロイド結晶の電気伝導度と濃度の関係

注)　DLVO理論　コロイド分散系の安定性に関する理論。粒子間に働く反発力と引力についての相対的大きさをそれぞれ論じた4人の研究者（Derjagin, Landau, Verwey, Overbeek）の頭文字を取って呼ばれる。

第 4 章　バイオミメティック

図 5　高濃度コロイドを使用したコロイド結晶の SEM 写真

たためであると考えられる[6]。すなわち水分散状態でほぼ配列している状態を作り出し，室温程度という低エネルギー下の僅かな毛管力で規則構造を形成し，なおかつ，気液界面だけでなく，内部まで最密充填構造を採ったものと推察される。電気泳動堆積が電極基板上でしか発色できないのに対し，この方法ならば材質を選ばないため，さまざまな材料上にコロイド結晶を形成することができる。

1.4　発色に影響する因子

発色には，粒子の粒子層厚・屈折率・光の透過具合などが複雑に絡まって影響する。最も影響が大きいのは屈折率である。粒子と粒子間隙に存在する物質の屈折率差が大きいと回折干渉光より散乱効果の因子が強くなり，真珠の様な淡い色調になって鮮やかな構造色は得られない。そこで粒子自体をあるいは積層体の低部を暗色，黒色化する。暗色にすることで散乱光を吸収し，純粋に干渉光のみを取り出すことができるようになる。

また，屈折率が変わることで色相，鮮やかさが変化する。例えば，屈折率 1.49 の PMMA 粒子を使用した場合に，屈折率が 1.0 の空気中と屈折率が 1.33 の水中では水中の方の屈折率が高いため，干渉される光路長が伸びるので干渉波長も長波長に移行する。この現象は粒子間隙の屈折率を上げていくと顕著になるが，同時に鮮やかさも失われていき暗くなってしまう。微粒子と屈折率がほぼ同じ物質で間隙を埋めると，ついには微粒子界面が見かけ上消失してしまうため，発色そのものが見えなくなってしまうといったことが起こる。

次に配列した粒子の固定化を考えなければならない。色材として構造色を利用するには，配列した粒子をなんらかの方法で固定する必要があるが，理想的には屈折率差は大きくした方が良い。そのために粒子表面に官能基を持たせて配列させた後に反応させて粒子間で固着させたり，

粒子をコアシェル構造にし，シェル部分を配列後に融着させる方法によって固定化することが研究されている[7]。あるいは，配列粒子を型として考え，バインダーで粒子間隙を硬化させた後，粒子部分を除去する，いわゆる逆オパール構造にすることでも鮮やかな構造色が得られるとの報告もある[4]。われわれは，高効率低コスト化といった観点から，固定化の方法として高屈折率粒子であるポリスチレン（PSt）を配列させた粒子間隙に低屈折率樹脂を浸透させる方法と，配列したPMMA粒子膜に特殊な樹脂をコーティングして，粒子間隙に空気が残った状態のまま固定化する方法を提案している。前者の方法では，どうしても屈折率差が小さくなってしまうため，鮮やかな構造色を得るために粒子層厚を厚くし，干渉面を増加させて反射光の量を補填する必要がある。粒子層を厚くすれば発色は鮮やかになっていくが，外観不良（亀裂）が起きやすくなるので限界がある。現時点では，亀裂が目立ってくるので粒子層厚を$30\mu m$（粒子層で約150層）以上にすることは難しい。また，光が深層部まで届くように無着色粒子を使用する方が好ましい。後者の場合には屈折率差が大きいため，散乱光の影響を小さくするように粒子あるいは樹脂を暗色にする方が望ましい。また，粒子層厚はそれほど厚くなく$5\sim10\mu m$以下で十分である。

1.5 色材への応用

われわれはこれまで述べた高濃度コロイドの利用，固定化の方法の検討から，フィルム化することに成功している。あらかじめ，プライマー等で易接着処理したPETなどの基材に，高濃度微粒子サスペンジョンを所定の厚さになるように塗工する。これを乾燥して水分を除去した後，固定化用の特殊な樹脂で微粒子積層体を覆うように塗工し，固定化してフィルムとする。この方

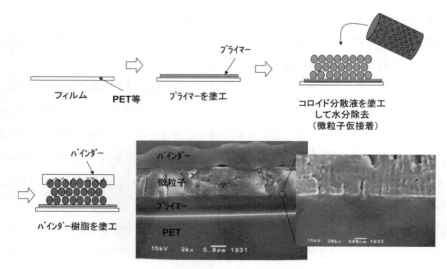

図6 構造色フィルム作製工程

第4章　バイオミメティック

図7　発色が不鮮明な部分のSEM写真

法ならば連続的に行えるので，安価に大量生産が可能である(図6)。

このフィルムを効率的に作製する条件はサスペンジョンの分散状態にあり，これは濃度，電気伝導度，pHなどで制御できるが，イメージとしては濃度が高くある程度粒子の運動が抑制されているが，まだ若干自由度がある状態のサスペンジョンを使用するといった方がわかり易いかもしれない。

より具体的には濃度30〜35%程度で電気伝導度が500〜1000μS/cmのものを使用する。これ以下の濃度や電気伝導度の高いサスペンジョンを使用すると，微粒子膜表面に亀裂が目立ち外観不良の原因になる。逆に，濃度が30%より高く，伝導度が低いサスペンジョンを使用すると一部発色が得られなくなる。この現象は非常に興味深い。発色の鈍さがランダム状態に似ているので，粒子が配列していないものと考えていたが異なる現象である。不鮮明に見える部分の微粒子膜表面の電子顕微鏡写真を図7に示す。鮮明な部分は大部分が面心立方構造の(111)ミラー面が全体を覆っているのに対し，不鮮明な部分ではヘキサゴナルの(111)面とテトラゴナルの(100)(110)面が混在していることがわかる。格子間隔が異なる2種類の結晶構造をわれわれは見ていることになり，均一な発色として認識できないことは明らかであろう。この原因についてははっきりとしたことはわかっていないが，おそらく，濃度が高く伝導度が低いことから，分散液の状態で既に多結晶体となっており，水分の蒸発過程で様々な結晶面がそのまま気液界面に出現し，そのまま乾燥体になったものと考えられる。

1.6　おわりに

本稿ではコロイド粒子を用いた構造色発現に関し，大面積化を想定した効率的に微粒子配列を達成する方法，並びにそれを利用した構造色フィルムの作製例までを述べた。コロイド結晶の研

究はひところのブームが収束し，実際の用途に向かっての開発が盛んになってはいるが，微粒子ゆえのハンドリングの悪さに起因するためか，やや閉塞感が漂い始めている。しかし，研究者のより一層の努力によりこの閉塞感が打開，相応しいアプリケーションが見いだされ，商品としての完成度が高められることを期待する。

文　献

1) 木下修一，総論 OplusE 23, 298 (2001)
2) 特公昭 48-44653
3) 特開 2001-239661
4) 井上宮雄，芳賀正明，色材，76〔1〕, 24-33 (2003)
5) 打越哲郎, Materials Integration, Vol. 13, No. 11, pp18-24 (2000)
6) 大久保恒夫，"美しいコロイドと界面の世界"，まつお出版
7) 特開 2001-329197

2 光干渉構造発色繊維モルフォテックス®

神山三枝*

2.1 緒言

従来の染色技術によらない光学物理現象を利用した発色は、構造性発色と総称され自然界生物に多く存在し、バイオミメティックの観点および環境への配慮から注目されている。そこで、青く輝く羽根をもつ南米のモルフォ蝶の発色原理を探求し、その薄膜干渉発色を利用して開発した光干渉発色繊維 MORPHOTEX®（モルフォテックス®）を紹介する。

2.2 発色原理

ブルーに発色する色素は存在しないにもかかわらず、モルフォ蝶の羽（図1）は鮮やかなブルーに輝き、かつ見る角度により色相が変化する。羽根の構造は、リッジの繰り返し（X軸方向）とラメラの積層構造（Z軸方向）からなるラメラリッジ構造を呈する。屈折率1.4〜1.5のラメラ層（たんぱく質：クチクラ）と空気層が規則正しく、各々 $0.08\mu m$、$0.14〜0.16\mu m$ の厚みで交互に積層された構造を有し（図2, 3）、その薄膜干渉色がブルー発色であることが分かった[1]。

そこで、2つの屈折率の異なるポリマーの積層構造を繊維断面内にもつ繊維の完成を目指して研究に着手した。

図1　スルコウスキーモルフォ蝶（♂）　　図2　鱗粉断面SEM写真

---

* Mie Kamiyama　帝人ファイバー㈱　新規事業推進プロジェクト　ナノファイバー推進チーム　ナノファイバー推進チーム長；研究開発部門長付　技術主幹

光学材料の屈折率制御技術の最前線

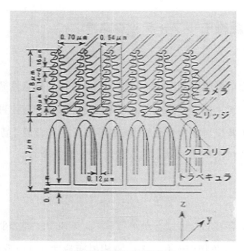

図3 鱗粉断面模式図

2.3 繊維化技術

薄膜干渉理論[2,3]（図4）から，その干渉色波長，強度は以下の式で表される。

$$\lambda = 2(n_1 d_1 \cos\theta_1 + n_2 d_2 \cos\theta_2) \tag{1}$$

$$R = (n_1^2 - n_2^2) / (n_1^2 + n_2^2) \tag{2}$$

ここで，n_1，n_2は各々ポリマーの屈折率，d_1，d_2は層の厚み，θ_1，θ_2は屈折角を示す。
さらに，両成分の光学厚みが，$n_1 d_1 = n_2 d_2 = \lambda/4$の時，干渉発色効果は最大となる。

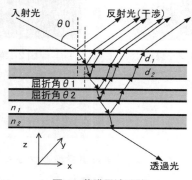

図4 薄膜干渉理論

第 4 章　バイオミメティック

　ポリマーの屈折率差が大きい程，発色強度は強くなるが工業用ポリマーでは高々0.1〜0.2と小さいために，積層数を多くすることが必要である[4]。また，積層厚みは，平均的な高分子の屈折率 $n = 1.55$ をもとに計算すると，可視光波長（紫〜赤）に対応し，0.07〜0.10μm の薄膜が要求される（表1）。従って，特殊な口金設計と光学サイズ厚に制御可能なポリマーの改質が課題であった。

　口金設計については，予め現行の口金加工精度に対応したサイズで2種のポリマー流れを積層分に分割した後，お互いを合流させ，圧縮を繰り返して光学サイズまで薄膜化した。また，積層部を包み込む保護層の流れを工夫して，積層部全体の厚みが均一になるように設計した。繊維断

表1　発色波長と薄膜厚み
（入射光 0°　平均 $n = 1.55$）

発色	波長	層厚さ
紫	430nm	0.069μm
青	480nm	0.076μm
緑	520nm	0.083μm
赤	630nm	0.101μm

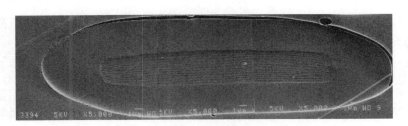

図5　MORPHOTEX® 繊維断面写真

図6　積層部拡大 TEM 写真

表2 ポリマー物性

高屈折率ポリマー	屈折率	Δn	Tg(℃)	溶融温度(℃)
PEN	1.63	0.49	121	270
PC	1.59	0.2	145	280
PSt	1.59	−0.19	100	240
PET	1.58	0.22	69	260

低屈折率ポリマー	屈折率	Δn	Tg(℃)	溶融温度(℃)
Ny	1.53	0.08	40	260
PMMA	1.49	〜0	105	180
ポリメチルペンテン	1.46	—	80	240
フッ素系PMMA	1.40	—	—	160

面(図5)と積層部拡大(図6)を示す。

ポリマーについては,高い干渉発色を実現する為には,2種のポリマーの屈折率差が大きい事,ポリマー合流による積層構造形成と非常に界面の大きな積層構造を安定に保持できるように,ポリマーの親和性や適正粘度,繊維構造発現の類似性の条件を満たす必要がある。表2に記載のポリマーについて,PEN-PMMA, PC-PMMA, PEN-Ny-6, PST-PMMA, PE-PET, PET-ポリ4-メチルペンテン等種々の組合せ検討の結果,改質PETとNyの組合せからなる積層構造をもつ光干渉繊維を完成した[5]。

2.4 モルフォテックス® の特徴

銘柄は,単糸dtex = 10および4dtex(dtexは,繊維1万メートルの重さ),色調は紫・青・緑・赤の4色である。引張強度は,3〜4cN/dtex(cN = N×10^{-2})で衣料・産業資材用に適用可能であり,発色品質は,耐熱収縮率を4%以下とすることで安定化を図った(表3)。4dtex銘柄は,

表3 MORPHOTEX® 物性

発色	波長 nm	単繊度 dtex/f	強度 cN/dtex	伸度 %	乾熱収縮 %(150℃)
紫	430	10	3.2	35	3
青	480	10	3.4	40	3
緑	520	10	3.5	45	3
赤	630	10	3.5	50	3
赤外	〜1000	10	3.5	50	3
細dtex紫	430	4.0	4.2	25	4
細dtex緑	520	4.0	4.1	30	4

第4章　バイオミメティック

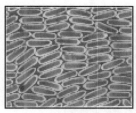
4dtex 緑

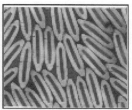
10dtex 緑

図7　銘柄別繊維断面

　積層部周囲の保護層を減少させることにより，10dtexと同等以上の発色強度と，細繊度化を実現したものである（図7）。繊維特有の柔らかさと透明発色を生かした衣料用繊維や粒度の細かい光輝くカットファイバーとして期待される。カット長は数十μ～数mmの商品が可能である。

2.5　用途開発状況（図8，9）

　光干渉繊維の主な目的として長繊維では，婦人アウター・インナー，ドレス，スポーツ衣料，ロゴ刺繍糸やカーシート・インテリア資材等の広い分野での適用が考えられる。特に，新しい質感・外観を生かした商品開発が注目される。また，もう一つの有力ゾーンである塗料分野（モルフォトーン®）では，自動車車体塗装・内装部品塗装・化粧品・人工皮革へのコーティング，さらに漆器製品の新規光輝剤などへの適用が興味深い。また，低屈折率ポリマーをマトリックスとする塗料やコーティング加工において，繊維断面からの散乱光を抑制して，鮮明な干渉色の表現が可能である。

＜車体塗装＞
Morphotone®

＜カーシート＞
Morphotex®

図8　用途開発事例

図9　'02年ソルトレークシティオリンピック
スイスチームオフィシャルウェア

2.6　今後の展開

　精密断面設計思想の具現化は，光学機能サイズまで可能になり，断面形成の多元ポリマー化および複雑化により，今後の繊維の新しい方向性を示唆する．この技術を生かしてさらなる機能繊維の研究開発に繋げて行きたい．

文　　献

1) H. Tabata, K. Kumazawa, M. Funakawa, J. Takimoto, M.Akimoto, *Optical Review*, **3**(2), 139(1996)
2) 筒井俊正ら共著，応用光学概論，金原出版
3) J. A. Radford, T. Alfrey, Jr. and W. J. Schrenk, *Polymer Engineering and Science*, **13**(3), 216(1973)
4) 特許公報2890984号
5) US 6430438

3 モスアイ型反射防止フィルム

魚津吉弘*

3.1 はじめに

デジタル情報が氾濫する時代となってきた。現在、テレビはパーソナル化し、パーソナルコンピュータもその名の通りパーソナル化の傾向にあり、それぞれ1家に数台ある家庭もできてきた。更に携帯電話にいたっては国民すべて以上の台数が使用されているという時代となってきた。また、自動車の中でもカーナビゲーションシステムの保有台数も確実に増え、車の中でエンタテイメントを満喫できるような時代となってきた。それらモバイル機器の導入に伴って、ワンセグテレビ放送の供給も開始され、益々画像情報の量が増えつつある。それぞれの機器において画面の大きさは異なるものの、すべての機器には画像を映すためにディスプレイがついており、我々の身の回りにはディスプレイが氾濫している。また、市街地において道を歩けば、様々な大型ディスプレイを用いた、広告を目にするものである。

これらのディスプレイにとっては外光から生じる反射光の影響で、画像が見えにくくなるという現象が生じ、その反射光の影響を低減化することがディスプレイの特性を改善するための大きなポイントとなっている。

この反射光の影響を防ぐフィルムとしては、反射光をぼやかすAG（Anti-Glare）フィルムと反射光自体を低減化するAR（Anti-Reflection）フィルムとがある。現在、AGフィルムは、液晶ディスプレイに多く用いられており、ARフィルムはプラズマディスプレイに用いられている。AGフィルムはフィルム表面や内面に光を散乱するためにミクロンオーダーの散乱体を有しており、光を散乱させて反射光をぼやかすという機能を有しているために、ディスプレイの解像度を落とすという欠点も有している。一方、反射防止フィルムの一番単純な構成は、表面に低屈折率の膜を設けることである。このフィルムでは図1に示すように、表面反射光と界面での反射光とを強度を弱めるように互いに干渉させることで、反射を弱めるという原理である。

基材ポリマーの屈折率n_s、反射防止膜の屈折率n_1、空気の屈折率n_0とすると、反射率Rは次式 $R = (n_1^2 - n_0n_s)^2/(n_1^2 + n_0n_s)^2$ で規定される。基材ポリマーの屈折率を1.49とすると、波長580nmで反射率をゼロとするためには、反射防止膜の屈折率は1.22であることが要求される。しかし、世の中にはこのような低屈折率のポリマーは存在しない。このために現在各社より上市されている反射防止（AR）フィルムは多層構造を有しており、各層の屈折率及び膜厚の制御を行うことで反射光同士が干渉して打ち消しあうように設計されている。この多層タイプのものは多

---

* Yoshihiro Uozu 三菱レイヨン㈱ 東京技術・情報センター アソシエイトリサーチフェロー

くの層を積み重ねることで，かなり広い波長範囲の光の反射を抑えることが可能である[1]。ただ，一般的にディスプレイ用途で用いられているフィルムは層を重ねることで製造工程が増え製造コストが高くなるため，コストとの折り合いをつけるために2層フィルムであり，図2に示すように広い波長範囲の反射を防止するのではなく，視感度の最も大きな580nm付近の光の反射を強く防止するような設計となっている。

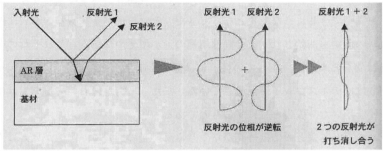

$$R=(n_1^2 - n_0 n_s)^2/(n_1^2 + n_0 n_s)^2$$

R：反射率、n_1：AR層の屈折率、
n_0：空気の屈折率　n_s：基材の屈折率

n_0は1.00、基材をPMMAとするとn_sは1.49となり、
R=0の条件では、n_1は1.22となる。
サイトップでさえ1.34である。（旭硝子　アークトップ）

図1　反射防止(AR)フィルムの構成と機能

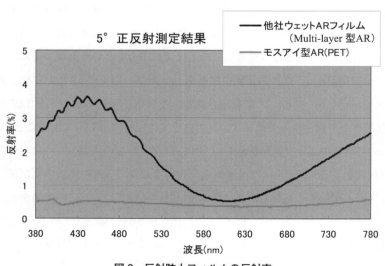

図2　反射防止フィルムの反射率

第4章 バイオミメティック

Web-site from
Display optics Co.

図3 ハエの目の表面構造

　これとは異なる原理で，いわゆるナノオーダーの微細な凹凸構造を表面に形成することで空気と基材の界面で屈折率を連続的に変化させて表面反射を防止できることは，学術的には以前から知られていた[2]。この構造は図3に示すハエの目の表面構造を模倣したものであり，一般にモスアイ構造と呼ばれ，バイオミメティクスの代表的な例である。従来，このモスアイ構造はレーザー光の干渉露光や電子線描画により金型を作製し，その金型を用いてナノインプリントの手法で作製されていた。しかし，干渉露光等従来の手法で形成される突起のサイズは300nm程度が限界であり，可視光域全域で特性を出すために必要と考えられる200nm以下までの微小化は困難である。また，電子線描画では高精細のパターン形成は可能であるが，パターン形成の時間が非常に長いこと並びにコストが非常に高いという欠点を有している。現状として，ナノオーダーの微細な凹凸構造を大面積で作製することは難しく工業的には実現されていない[3]。

　本節では，ナノオーダーの微細な凹凸構造形成の工業的製造技術へと期待されている大型のロール金型を用いた連続光ナノインプリントによるモスアイ型反射防止フィルムの製造方法並びに形成されたモスアイ型反射防止フィルムの特性に関して解説する。

3.2 テーパー状アルミナノホールアレイの作製

　アルミニウムを酸性電解液中で陽極酸化すると，表面に多孔性の酸化被膜が形成される。この酸化被膜はアルミニウムに耐食性を付与するための表面処理として古くから用いられてきた[4]。

光学材料の屈折率制御技術の最前線

この陽極酸化被膜はアルミナノホールアレイと呼称されている。アルミナノホールアレイの構造は，セルと呼ばれる一定サイズの円柱状の構造体が細密充填した構造となっている。各セルの中心には均一な径の細孔が配置しており，各細孔が膜面に垂直に配向して配列している。それぞれのセルのサイズ（細孔の間隔）は，陽極酸化の際の電圧に比例する。陽極酸化時の電圧を変化させることによって，細孔間隔を10nmから500nm程度の範囲で制御することが可能である[5〜7]。各細孔の径は細孔間隔に比較してかなり小さいものであるが，エッチングにより孔径を拡張することが可能である。孔径拡大したアルミナノホールアレイの表面構造のTEM写真を，図4に示す。

テーパー形状を有するアルミナノホールアレイを有するモスアイ鋳型の形成方法を，図5を

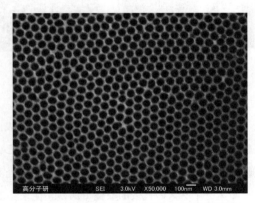

図4　アルミナノホールアレイの表面構造

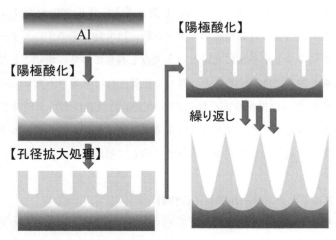

図5　テーパー状アルミナノホールアレイの作製の模式図

用いて説明する。まず，シュウ酸水溶液を電解液として用い定電圧下で，アルミニウムの陽極酸化を行う。次に形成した細孔をエッチングにより拡大する処理を行った。エッチングにより孔径拡大処理を行ったものを，シュウ酸水溶液を電解液として用い定電圧下で，アルミニウムの陽極酸化を行う。この一連の処理を複数回繰り返すことによりテーパー形状を有するモスアイ鋳型が形成される[8]。

3.3　モスアイフィルムの光インプリント

　光インプリントは光硬化性樹脂を用いるために，硬化前の樹脂の流動性が高く転写性が極めて高い，架橋性の樹脂を用いるために転写後のパターンが剥離時にも変形が少なく耐熱性も高い，プロセスの汎用性がある等，多くの有利な点を有している。液晶ディスプレイのバックライトに用いられているプリズムシートも，光インプリントのプロセスで製造されている。モスアイフィルムの作製にも，この光インプリントのプロセスが適用されている。モスアイフィルムの作製プロセスのイメージを図6に示す。まず，アルミナナノホールアレイ鋳型に光硬化性樹脂を充填し，PET等の透明な保護フィルムをかぶせる。保護フィルムは酸素による重合阻害を防止するという目的も持っている。次に，保護フィルム側からUV光を照射し，光硬化性樹脂を硬化させる。最後に保護フィルムと一体化した形状を付与した樹脂を鋳型から剥離する。この一連の工程を経由して，モスアイ型反射防止フィルムが作製される。図6の下側の写真は，左は作製したテーパー形状を有するアルミナナノホールアレイを有するモスアイ鋳型の断面のTEM写真であり，中央がモスアイ鋳型の表面のTEM写真である。直径約100nmのテーパー状の細孔がきれ

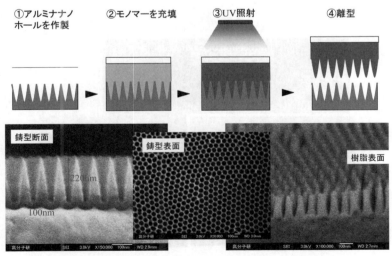

図6　モスアイ反射防止フィルム作製プロセスの模式図

いに配列した形状となっている。また、右の図はUVナノインプリントにより形成したモスアイフィルムのSEM写真である。モスアイ鋳型の形状がきれいに転写されていることが確認できる。

3.4 反射率と写り込み

標準的な5度の角度を持たせた正反射を測定する方法により、反射率の測定を行った。測定結果を図2に示す。従来品のARフィルムは二層タイプのものを用いた。このフィルムは視感度の最も高い570nm付近の反射を選択的に防止するような特性を有しており、580nm付近の波長では反射率は1%を切っているが、それ以外の波長域では反射率は大きくなっていることが分かる。それに対し、モスアイフィルムは580nm付近も含め可視広域全域において、反射率が0.5%以下の値となっているのが分かる。

また、図7はモスアイフィルムの後方に黒色の紙を配置した状態で、フィルムの前方から写真を撮影した際の映り込みの評価を行った結果である。黒色の紙を置くと反射光が無い場合には、真っ黒に写る。左側は従来の二層型ARフィルムで行った実験の結果であるが、人の輪郭がはっきりと見える。それに対し、右側のモスアイフィルムでは映り込みはほぼ確認できなかった。

このように、モスアイ型反射防止フィルムは可視光域全域での反射率の低減を実現できること、並びに実用時の映り込みの劇的な改善効果が確認されている。

3.5 大型ロール金型を用いた連続賦形

アルミナナノホールアレイは大面積に、しかも、曲面に形成できるという特徴を有しており、このことが産業上特に重要である。この特性を利用して、アルミニウムロールへの陽極酸化を行

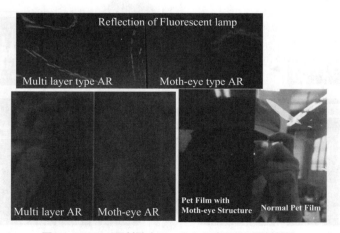

図7 モスアイ反射防止フィルムの映り込み評価結果

い大型のロール鋳型を作製し，このロール鋳型を用いて連続的に樹脂フィルム上にモスアイ構造を光ナノインプリントにより形成できることが確認されている。

　直径200mm，幅320mmのロール形状の鏡面加工したアルミニウムをシュウ酸水溶液を電解液として定電圧下で陽極酸化を行い，次に細孔径を拡大する処理を行った。これらの操作を複数回繰り返して，表面にテーパー形状のアルミナナノホールアレイを有するロール鋳型を得た。

　得られたロール鋳型を用いて光硬化性樹脂を用いてロール to ロールで，連続的に樹脂フィルム上にモスアイ構造を転写した。樹脂表面及び断面を電顕観察結果したところ，100nm周期の均一なサイズのモスアイ構造がナノインプリントされていることが判った。本フィルムの反射率測定を行ったところ，可視光波長域において反射率及び反射率の波長依存性が低いことがわかった。

3.6　おわりに

　今後も，益々社会におけるディスプレイの数は増加傾向にあると予想される。また，ユビキタス時代の到来とともに，モバイルディスプレイの重要度が非常に大きくなってくるものと思われる。モバイルディスプレイは屋内だけでなく屋外での使用が前提となっており，外光による影響の低減が今後益々重要な課題となってくる。この課題解決の最も有効な手段がモスアイ反射防止フィルムである。モスアイフィルムを大量に安価に製造することが望まれており，その課題解決の最有力候補が本節で紹介したアルミナナノホールアレイを用いた連続光インプリントの技術である。アルミナナノホールアレイの研究は，長年にわたって首都大学東京益田秀樹教授の下に積み重ねられてきたものである。その技術を利用して，神奈川技術アカデミー益田グループと三菱レイヨンとの共同研究において，本技術開発は進められている。

文　　献

1) 小崎哲生，小倉繁太郎，"光学薄膜とは何か"，O Plus E，Vol. 30，No. 8，pp. 816-820
2) P. B. Clapham & M. C. Hultley, *Nature* **244**, 281 (1973)
3) 都市エリア産学官連携促進事業（大阪／和泉エリア）光ナノ構造創生技術の研究開発拠点／光ナノ構造創生技術の産学官連携拠点〔成果育成事業A〕表面無反射構造作製技術の開発
http：//www.ostec.or.jp/tec/area/index2.html
4) H. Masuda and K. Fukuda, *Science*, **268**, 1466 (1995)
5) H. Masuda, M. Yotsuya, M. Asano, K. Nishio, M. Nakao, A. Yokoo, and T. Tamamura,

Appl. Phys. Lett., **78**, 826 (2001)
6) T. Yanagishita, K. Nishio, and H. Masuda, *Jpn. J. Appl. Phys.*, **45**, L804 (2006)
7) T. Yanagishita, K. Nishio, and H. Masuda, *J. Vac. Sci. B*, **25**, L35 (2007)
8) T. Yanagishita, K. Yasui, T. Kondo, K. Kawamoto K. Nishio, and H. Masuda, *Chem. Lett.*, **36**, 530 (2007)

光学材料の屈折率制御技術の最前線《普及版》

(B1122)

2009年 4月 9日　初　版　第1刷発行
2015年 5月11日　普及版　第1刷発行

監　修　　渡辺敏行，魚津吉弘　　　　　　Printed in Japan
発行者　　辻　賢司
発行所　　株式会社シーエムシー出版
　　　　　東京都千代田区神田錦町1-17-1
　　　　　電話 03(3293)7066
　　　　　大阪市中央区内平野町1-3-12
　　　　　電話 06(4794)8234
　　　　　http://www.cmcbooks.co.jp/

〔印刷　倉敷印刷株式会社〕　　　© T. Watanabe, Y. Uozu, 2015

落丁・乱丁本はお取替えいたします。

本書の内容の一部あるいは全部を無断で複写（コピー）することは，法律で認められた場合を除き，著作者および出版社の権利の侵害になります。

ISBN978-4-7813-1015-2　C3054　¥5200E